Maximilian Schoichet / Stefan Dreßler

Excel-Tipps für die Jahresabschlussprüfung

Lösungsvorschläge für typische Prüfungsfragen

2., aktualisierte Auflage

IDW

IDW VERLAG GMBH

Das Thema Nachhaltigkeit liegt uns am Herzen:

FSC MIX Papier aus verantwortungsvollen Quellen FSC® C019821 www.fsc.org

Klimaneutral Druckprodukt ClimatePartner.com/12325-2306-1002

Die IDW Verlag GmbH ist ein Unternehmen des Instituts der Wirtschaftsprüfer in Deutschland e.V. (IDW).

Satz: Merlin Digital, Essen
Druck und Bindung: Druckerei C.H.Beck, Nördlingen
KN 12032/0

ISBN 978-3-8021-2713-7

Bibliografische Information der Deutschen Bibliothek
Die Deutsche Bibliothek verzeichnet diese Publikation in der Deutschen Nationalbibliografie; detaillierte bibliografische Daten sind im Internet über http://www.d-nb.de abrufbar.

Coverfoto: ©Adobe Stock/lucadp

www.idw-verlag.de

Inhaltsverzeichnis

Einleitung

Bereits 1985 wurde die erste Version von Microsoft Excel veröffentlicht, damals für das System Macintosh. 1987 erschien mit Excel 2.0 die erste Version für Windows. Seither folgten viele Erweiterungen und Verbesserungen und heute ist Excel aus den Büros der Welt sicher genauso wenig wegzudenken wie Kaffee.

In vielen Branchen gehört Excel zum beruflichen Alltag, so auch in der Wirtschaftsprüfung. Kaum eine Prüfung eines Jahresabschlusses wird ohne Excel-Tabellen durchgeführt, was nicht zuletzt der Wirtschaftlichkeit bei der Durchführung der Abschlussprüfung geschuldet ist. Excel ist eine unentbehrliche Hilfe, um effizient zu einer Prüfungsaussage zu gelangen und darüber hinaus auch die Dokumentationserfordernisse zu erfüllen.

Das vorliegende Buch richtet sich insbesondere an Prüfungsassistenten, die als Berufseinsteiger in der Wirtschaftsprüfung tätig sind. Da diese vorwiegend aussagebezogene Prüfungshandlungen durchführen, konzentrieren sich die in diesem Buch ausgewählten Lösungsansätze und Vorlagen hauptsächlich auf diesen Bereich. Die einzelnen Abschnitte werden stets mit einem allgemeinen Themenüberblick aus prüferischer Sicht eingeleitet. Dann folgt eine Schritt-für-Schritt-Anleitung zur Erarbeitung des jeweiligen Lösungsansatzes. Um diesen praktisch nachvollziehen zu können, stehen zu jedem Kapitel Arbeitshilfen in Form von Ausgangstabellen / Vorlagen und zugehörigen Ergebnisbeispielen als Download-Dateien bereit.

Die aktuelle zweite Auflage aktualisiert die erste Auflage nicht nur in Bezug auf die zugrunde liegende Excel-Version (während für die erste Auflage des Buches die Excel-Version 2016 verwendet wurde, haben wir bei der Aktualisierung die Abonnement-Version Microsoft 365 eingesetzt). Wir haben bestehende Kapitel mit neuen Beispielen für die Tools und Funktionen erweitert und nahezu alle Erläuterungen vollständig überarbeitet sowie alle Screenshots neu erstellt. Die vollständig überarbeitete zweite Auflage bietet dem Leser somit viele spannende und durch neue Inhalte ergänzte Themen an.

Wir bedanken uns bei unseren Ehefrauen und Familien, die uns nicht nur mit Ratschlägen zur Seite standen, sondern auch oft auf uns verzichten mussten, damit wir die Zeit finden, dieses Buch zu verfassen. Darüber hinaus geht unser Dank an Frau Natalie Becker, die uns bei unserer Arbeit an der Neuauflage tatkräftig unterstützt hat.

1 Absolute und relative Bezüge

Download-Datei:

Absolute und relative Zellbezüge.xlsx

Excel-Werkzeuge:

- Absolute und relative Zellbezüge

Zwar sind absolute und relative Zellbezüge vielen Excel-Nutzern bereits bekannt, allerdings sind sie für die Arbeit mit Formeln und Funktionen so wichtig und so grundlegend, dass wir anhand eines einfachen Beispiels dazu den gemeinsamen Einstieg in dieses Buch finden wollen.

Hinweis 1:
In den nachfolgenden Kapiteln werden wir uns mit diversen Formeln und Funktionen beschäftigen und folglich die relativen und absoluten Zellbezüge verwenden. Um erläuternde Wiederholungen zu diesen beiden Zellbezügen zu vermeiden, stellen wir die Erörterung des Themas allem anderen voran.

In der Spalte B der unteren Abbildung sind beispielhafte Umsätze für zehn Produkte dargestellt. In der Spalte C soll der Umsatzanteil für jedes einzelne Produkt berechnet werden. Die entsprechende Formel in der Zelle C2 lautet:

=B2/B12

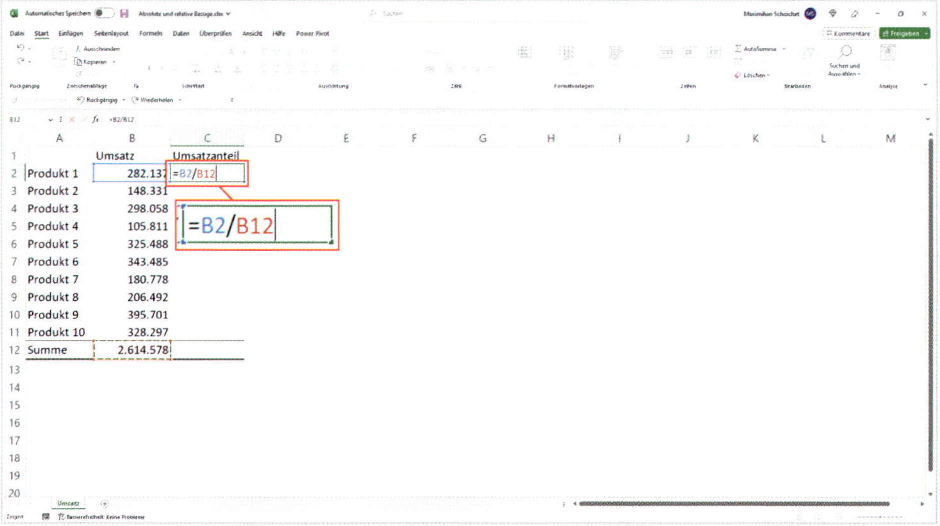

Für das erste Produkt ergibt sich ein Umsatzanteil von 0,1079 bzw. nach entsprechender Umformatierung in Prozent von 10,79%. Im nächsten Schritt soll die Formel auf die weiteren relevanten

Zellen übertragen werden. Die Übertragung kann dadurch erfolgen, dass der Anwender den Punkt in der unteren rechten Ecke der Zelle C2 (siehe nachfolgende Abbildung) anklickt und mit gedrückter Maustaste die Formel manuell nach unten zieht oder den Punkt einfach doppelt anklickt und die Formel automatisch nach unten übertragen lässt.

Im Ergebnis wird in den Zellen C3 bis C12 durchgehend der Fehlerwert *#DIV/0!* angezeigt und damit auf eine Division durch die Zahl 0 verwiesen.

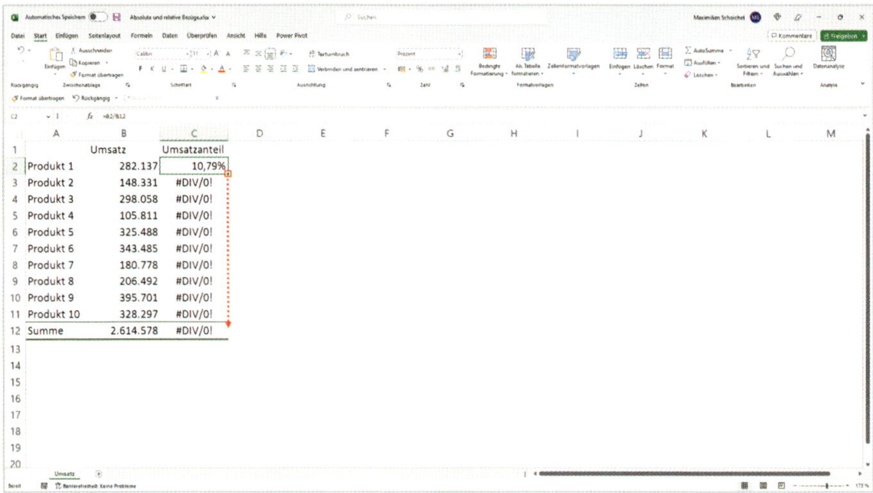

Durch einen Doppelklick auf den ersten Fehlerwert in der Zelle C3 wird die Fehlerursache erkennbar: Beide ursprünglichen Bezüge auf die Zellen B2 und B12 wandern bei der Formelübertragung schrittweise mit nach unten, sodass bei der Berechnung des Umsatzanteils für das zweite Produkt die Formel anstelle des Zellbezugs B2 den Zellbezug B3 und anstelle des Zellbezugs B12 den Zellbezug B13 beinhaltet. Alle Zellbezüge in dieser Berechnung sind relative Zellbezüge und wandern somit bei der Übertragung der Formel immer mit in die jeweilige Übertragungsrichtung.

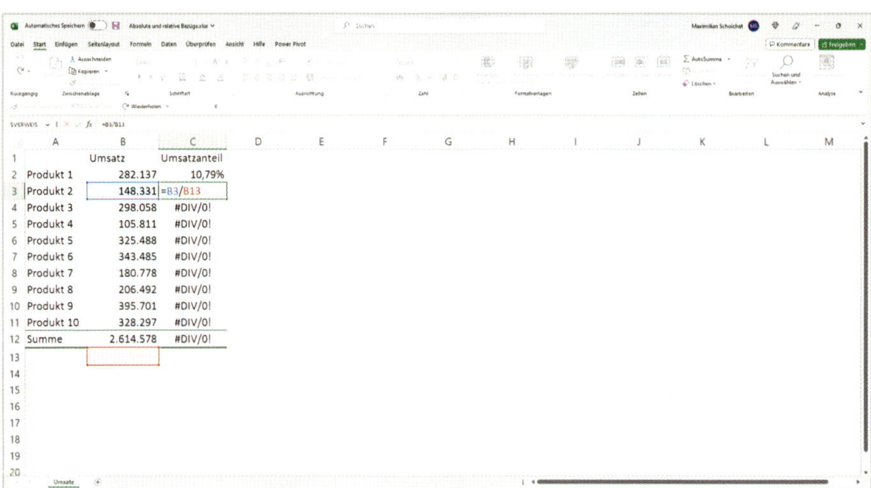

Um die Umsatzanteile für die restlichen Produkte zu berechnen, ist eine kleine Anpassung in der ursprünglichen Formel der Zelle C2 vonnöten: Der Bezug auf die Zelle B12 und somit auf die Summe des Umsatzes muss fixiert werden, denn dieser Zellbezug darf bei der Übertragung der Formel auf die unteren Zellen nicht mit nach unten wandern. Durch die Fixierung wird aus dem relativen Zellbezug B12 ein absoluter Zellbezug $B$12. Das erste Dollarzeichen fixiert die Spalte B und das zweite Dollarzeichen die Zeile 12.

Die beiden Dollarzeichen müssen nicht unbedingt manuell gesetzt werden, sondern lassen sich schneller mit der Taste *F4* (bei einigen Laptop-Tastaturen mit der Tastenkombination *Fn F4*) erzeugen. Dazu muss sich der Cursor in der Formel bei dem zu fixierenden Zellbezug befinden, folglich in unserem Beispiel entweder vor dem Buchstaben B oder vor bzw. nach der Zahl 12.

Am einfachsten erfolgt die Fixierung – wie beschrieben mit der Taste *F4* bzw. der Tastenkombination *Fn F4* – direkt nachdem der entsprechende Zellbezug in die Formel aufgenommen wurde.

Die angepasste Formel in der Zelle C2 lautet:

=B2/$B$12

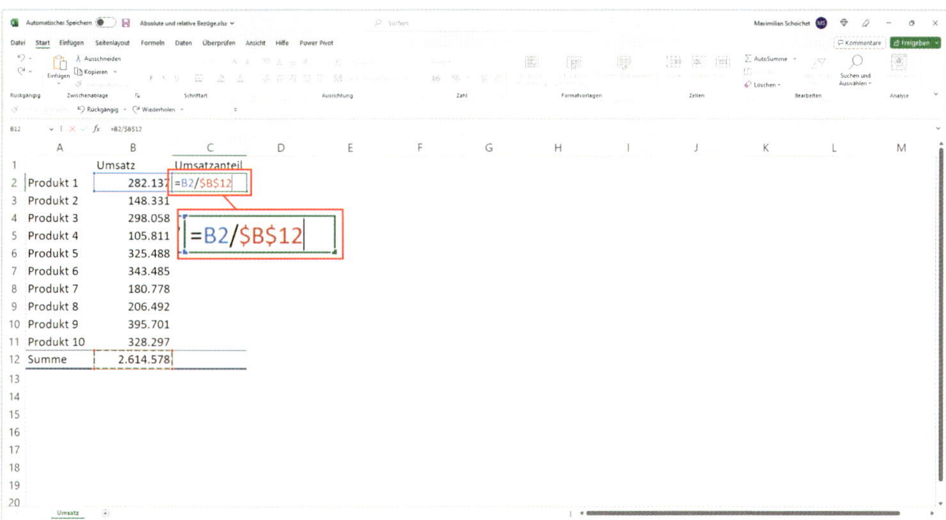

Nach der Übertragung der angepassten Formel auf die unteren relevanten Zellen erscheint der berechnete Umsatzanteil für jedes Produkt.

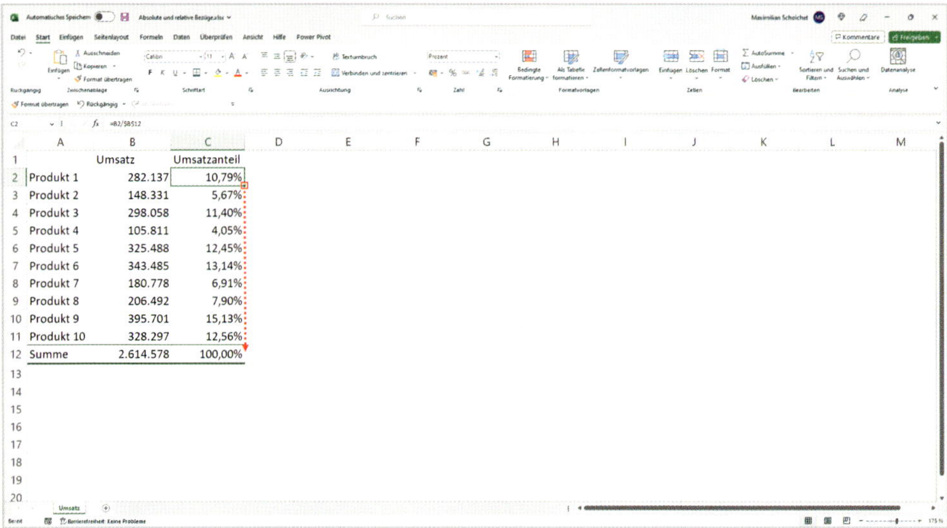

Durch einen Doppelklick auf die Zelle C3 wird sichtbar, dass der relative Zellbezug schrittweise mit nach unten wandert, während der absolute Zellbezug bei der Summe des Umsatzes fixiert bleibt.

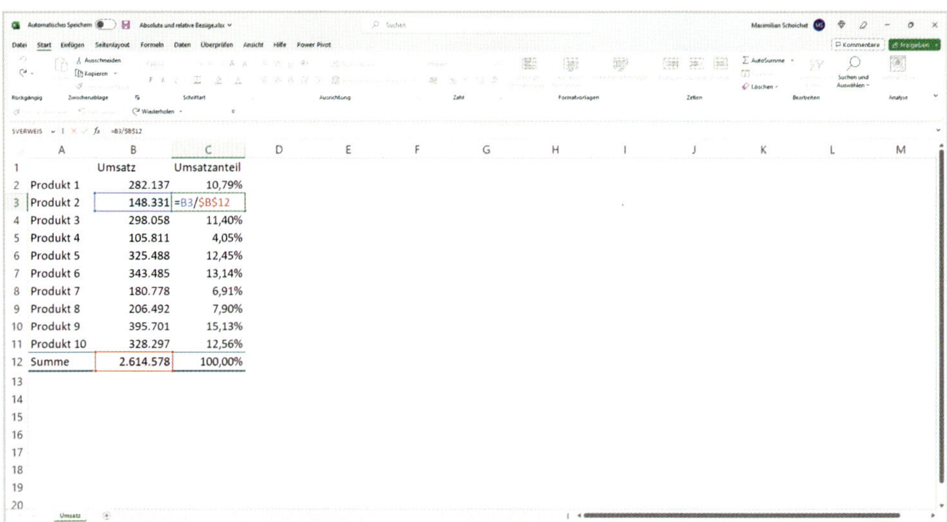

2 Vorbereitung der Summen- und Saldenliste der Sachkonten für den Import in ein Prüfungsprogramm

Download-Datei:
SuSa_31.12.2023.xlsx

Excel-Werkzeuge:

- Blitzvorschau (verfügbar ab Excel-Version 2013)
- Benutzerdefinierte Formatierung
- Funktion WENN()

Die Verwendung von Prüfprogrammen im Bereich der Jahresabschlussprüfung ist gängige Praxis. Die Entwicklung der Prüfungsstrategie und des Prüfungsplans sowie die Dokumentation der Prüfung und die abschließende Berichtsarbeit erfolgen an zentraler Stelle. Ganz am Beginn der Arbeit steht der Import der zu prüfenden Zahlenbasis. Gibt es keine automatischen Schnittstellen, wird die Summen- und Saldenliste der Sachkonten meist über eine Datei im Format .csv, .txt oder .xslx importiert. Zu den klassischen Aufgaben eines Prüfungsassistenten gehört in diesem Zusammenhang die Transformation der Summen- und Saldenliste in eine importfähige Form. Die einzelnen Transformationsschritte können dabei die folgenden sein:

1. Werte aus einer Spalte auf mehrere Spalten verteilen (z.B. stehen Kontonummer und Kontobezeichnung in der Spalte A und sollen auf die Spalten A und B verteilt werden)
2. Vereinheitlichung der Stellenanzahl bei den Kontonummern (z.B. bei einer Summen- und Saldenliste, die sowohl zweistellige als auch dreistellige und vierstellige Kontonummern beinhaltet)
3. Änderung der Darstellung von S (Soll) und H (Haben) zu positiven und negativen Salden (in manchen Prüfungsprogrammen wird diese Art der Darstellung beim Import vorausgesetzt)

In diesem Kapitel schauen wir uns an, wie diese oft wiederkehrenden Aufgaben schnell und unkompliziert in Excel gelöst werden und welche zusätzlichen Tipps & Tricks die ausgewählten Lösungsansätze noch ein wenig beschleunigen können.

Die folgende Abbildung zeigt einen Auszug aus einer Summen- und Saldenliste der Sachkonten zum 31.12.2023, die in der Download-Datei SuSa_31.12.2023.xlsx zu finden ist.

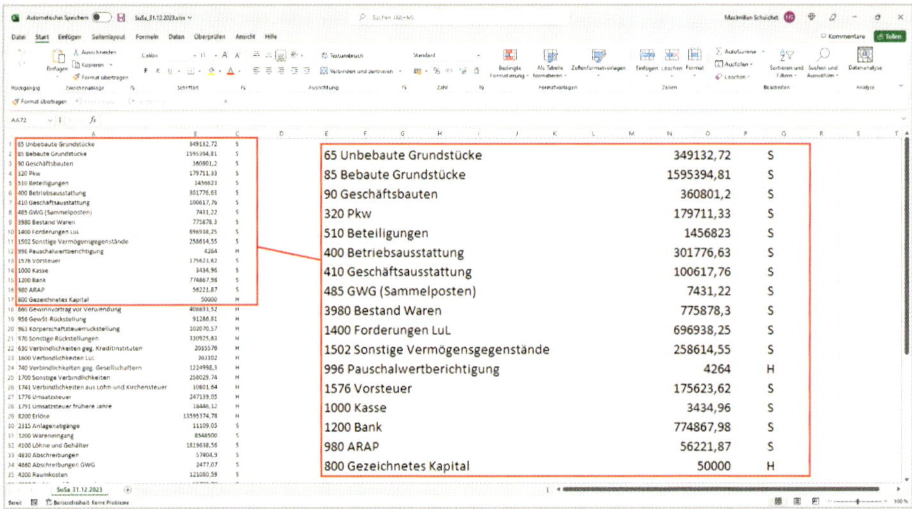

Unsere erste Aufgabe besteht darin, die Werte der Spalte A (Kontonummern und Kontobezeichnungen) auf zwei Spalten zu verteilen. Hierzu sollen zunächst zwischen den Spalten A und B zwei neue Spalten eingefügt werden.

Sehr häufig wird zum Einfügen einer neuen Spalte, wie in der nachfolgenden Abbildung gezeigt, der Spaltenkopf einer Spalte mit der rechten Maustaste angeklickt und aus dem daraufhin erscheinenden Kontextmenü der Befehl *Zellen einfügen* ausgewählt.

Eine nicht selten verwendete Lösung zum Einfügen gleich mehrerer neuer Spalten besteht darin, die gewünschte Anzahl neuer Spalten zu markieren, den Spaltenkopf einer der markierten Spalte mit der rechten Maustaste anzuklicken und wie oben den Befehl *Zellen einfügen* aus dem Kontextmenü auszuwählen.

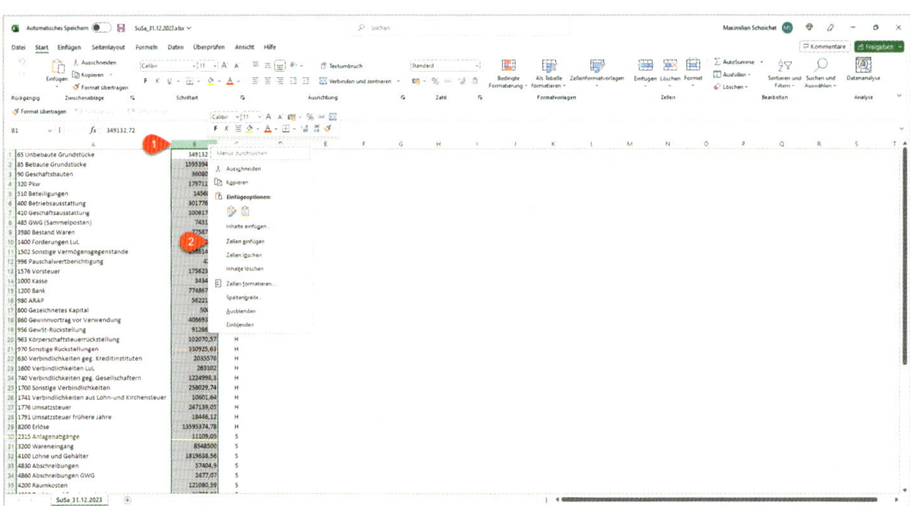

Die vermutlich einfachste Art und Weise, eine oder mehrere Spalten (aber auch Zeilen) einzufügen, verbirgt sich jedoch hinter der Tastenkombination STRG + – damit lassen sich neue Spalten oder Zeilen ganz leicht vor einer zuvor markierten Spalte bzw. Zeile einfügen.

Die Kontonummern und Kontobezeichnungen aus der Spalte A sollen nun auf die zwei neu eingefügten Spalten verteilt werden. Wie die nachfolgende Abbildung zeigt, muss dazu in der Zelle B1 die Kontonummer *65* und in der Zelle C1 die Kontobezeichnung *Unbebaute Grundstücke* manuell eingegeben werden.

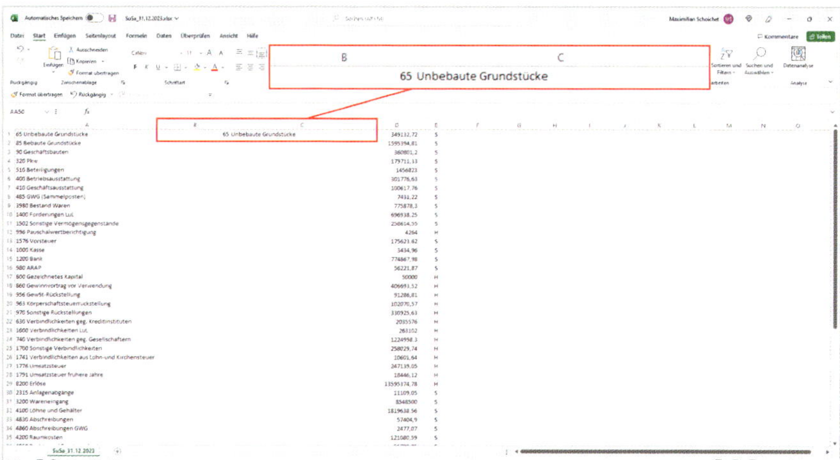

Jetzt wird das ab der Excel-Version 2013 vorhandene Tool *Blitzvorschau* eingesetzt, welches das in den Zellen B1 und C1 manuell erfasste Beispiel für die Trennung der Werte sukzessive auf die nachfolgenden Zellen überträgt.

Hierzu wird zunächst die Zelle B1 (mit der Kontonummer *65*) angeklickt und die darin erfasste Trennungslogik mit der Tastenkombination STRG E auf die nachfolgenden Zellen der Spalte übertragen. Die gleiche Tastenkombination wird anschließend auf die Zelle C1 (mit der Kontobezeichnung *Unbebaute Grundstücke*) angewendet.

1 die Zelle B1 anklicken 2 die Tastenkombination *STRG E* verwenden

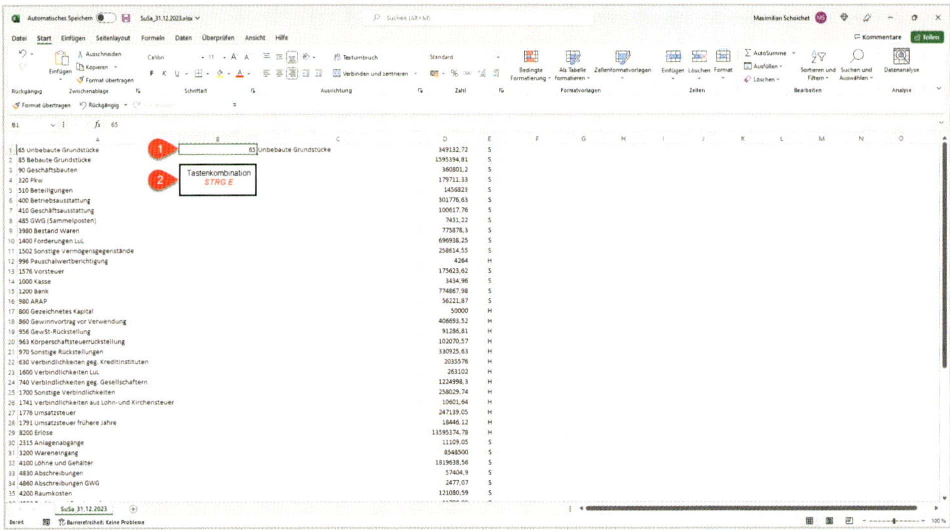

1 die Zelle C1 anklicken 2 die Tastenkombination *STRG E* verwenden

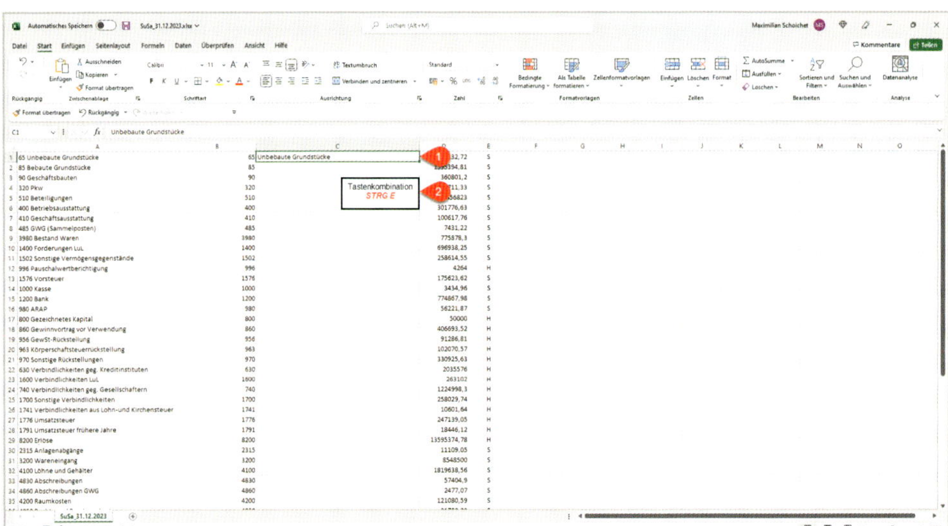

Nachdem die Spalten B und C mit Kontonummern und Kontobezeichnungen aus der Spalte A ausgefüllt wurden, kann die Spalte A gelöscht werden. Die nachfolgende Abbildung zeigt unser bisheriges Zwischenergebnis.

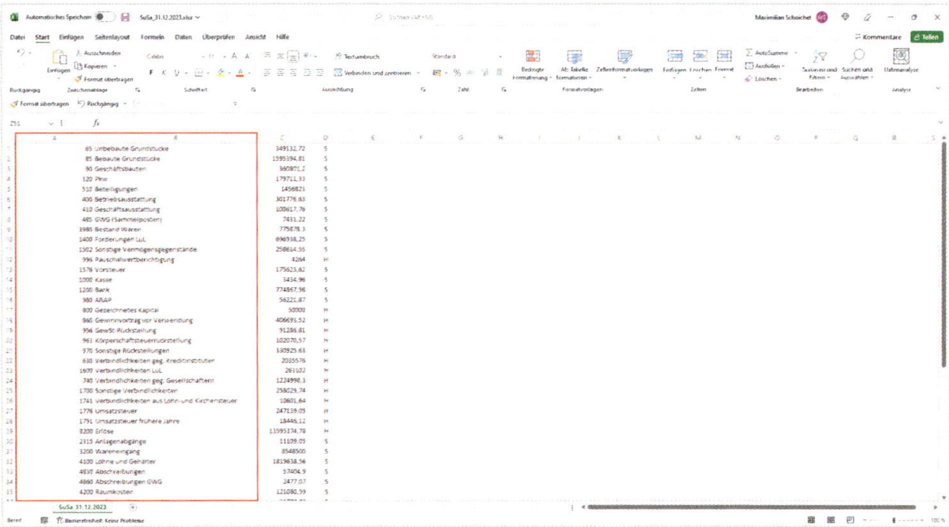

Im nächsten Schritt soll die Stellenanzahl der Kontonummern von aktuell zwei, drei und vier Stellen auf durchgehend vier Stellen vereinheitlicht werden. Beim Import könnte das Prüfprogramm sonst Konto *65* und Konto *0065* als zwei verschiedene Konten interpretieren, was zu Doppelarbeit in der Zuordnung der Konten zu Bilanz- und GuV-Positionen sowie zu unübersichtlichen Kontennachweisen im Vor- oder Mehrjahresvergleich führen würde.

Die Vereinheitlichung der Stellenanzahl erfolgt mithilfe der benutzerdefinierten Formatierung durch einige wenige Klicks.

1 den Spaltenkopf der Spalte A mit der rechten Maustaste anklicken 2 aus dem angezeigten Kontextmenü die Option *Zellen formatieren* wählen

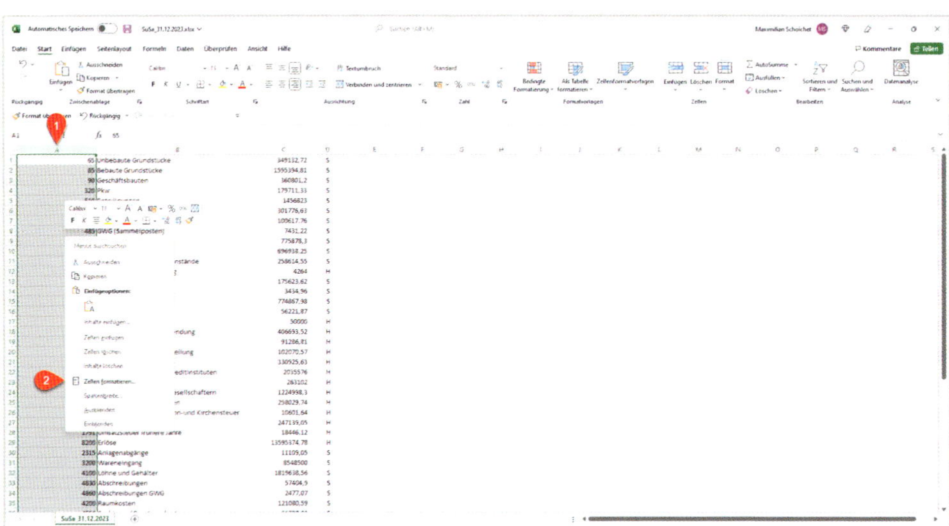

> **Hinweis 2:**
> Das Dialogfenster *Zellen formatieren* kann auch mit der Tastenkombination *STRG 1* aufgerufen werden.

3 als Kategorie die Option *Benutzerdefiniert* anklicken 4 in das Eingabefeld *Typ:* das Format *0000* eintragen 5 mit Klick auf *OK* bestätigen

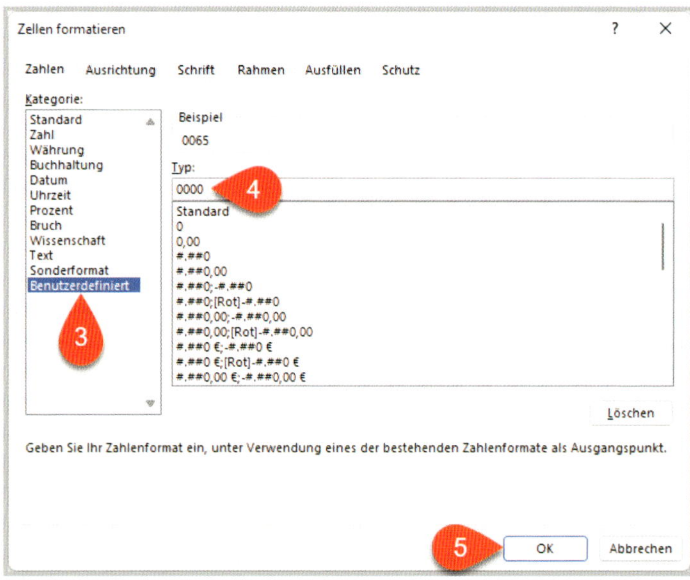

Im abschließenden Schritt werden die Salden in der Spalte C mithilfe der Funktion WENN() anhand der S- und H-Angaben in der Spalte D in positive und negative Salden umgewandelt. Zum einen kann man so anschließend überprüfen, ob die Salden in der Summe auf null aufgehen, und zum anderen wird genau diese Darstellungsform oft zum Einspielen der Salden in ein Prüfungsprogramm gebraucht.

In die Zelle E1 wird die nachfolgende Funktion WENN() eingegeben und mit der Taste *Enter* bestätigt:

=WENN(D1="S";C1;-C1)

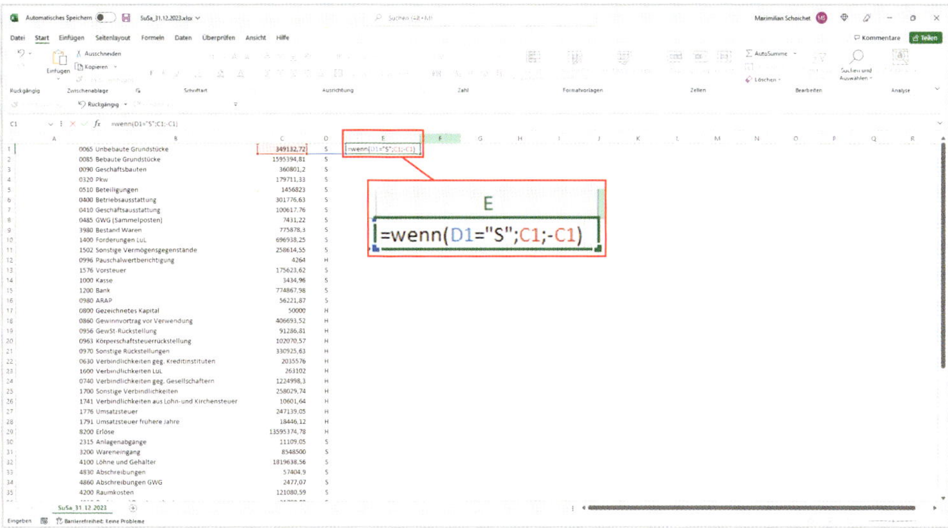

Die Funktion WENN() prüft, ob der Wert der Zelle D1 gleich *S* ist. Falls die Prüfungsbedingung erfüllt ist, wird die Zahl aus der Zelle C1 einfach so, wie sie ist, und anderenfalls mit einem negativen Vorzeichen versehen übernommen.

Die Funktion WENN() soll jetzt auf die nachfolgenden Zellen der Spalte E übertragen werden. Die Übertragung kann dadurch erfolgen, dass der Anwender den Punkt in der unteren rechten Ecke der Zelle E1 (siehe nachfolgende Abbildung) anklickt und mit gedrückter Maustaste die Funktion manuell nach unten zieht, oder dadurch, dass er den Punkt einfach doppelt anklickt und die Funktion automatisch nach unten übertragen lässt.

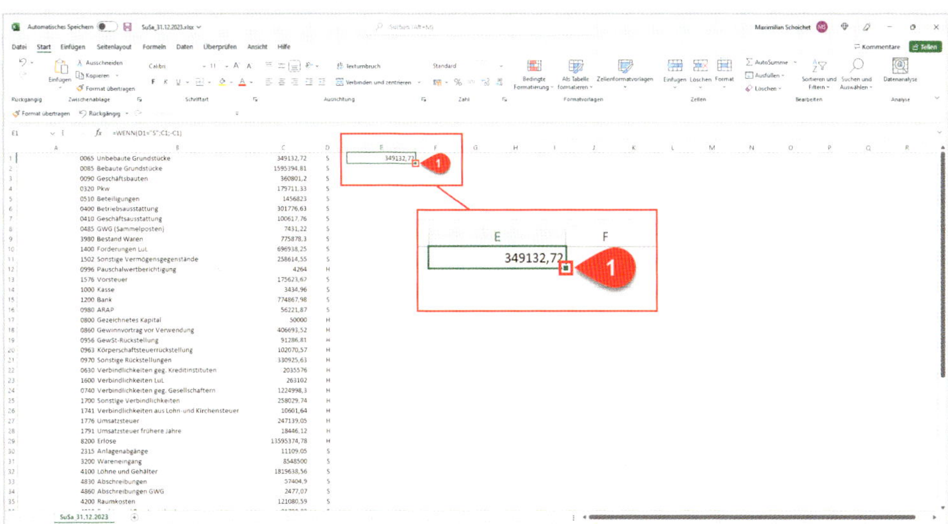

Um im nächsten Schritt die (jetzt redundanten) Spalten C und D zu entfernen, müssen zuerst die Salden der Spalte E in feste Werte umgewandelt werden. Diese Aufgabe lässt sich wie folgt erledigen:

❶ den Spaltenkopf der Spalte E mit der rechten Maustaste anklicken ❷ in dem angezeigten Kontextmenü die Option *Kopieren* anklicken

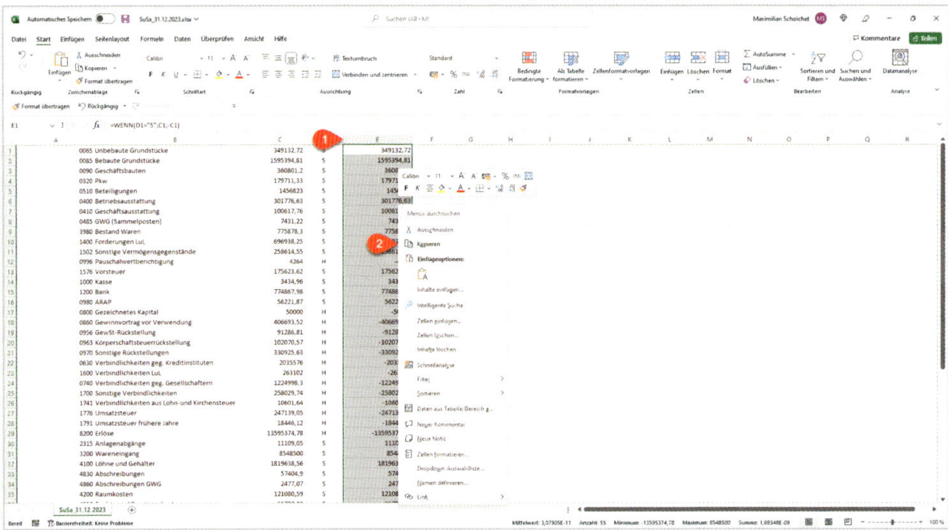

❸ den Spaltenkopf der Spalte E mit der rechten Maustaste erneut anklicken ❹ in dem angezeigten Kontextmenü die Einfügeoption *Werte* anklicken

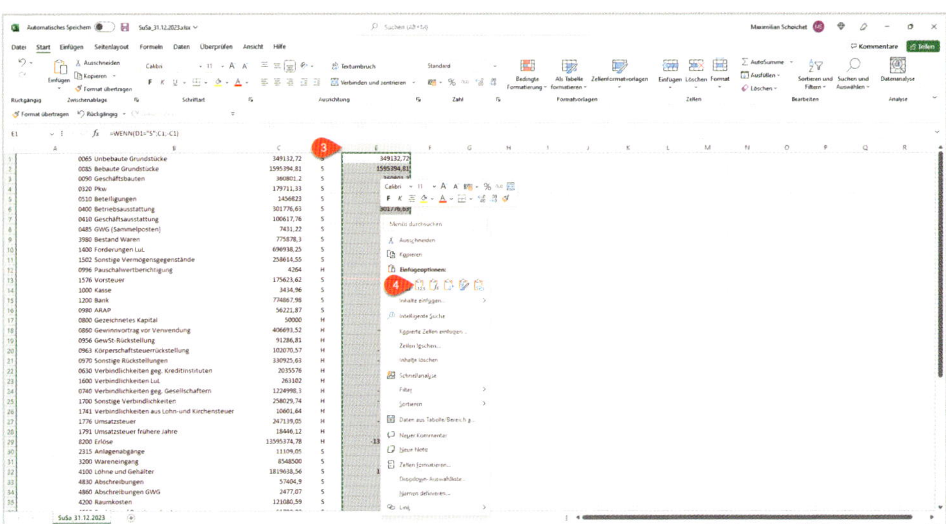

Damit wurde die Funktion WENN() aus den Zellen der Spalte E entfernt und die Salden stehen jetzt als feste Werte da. Den aktuell markierten Bereich der Spalte E nutzen wir sogleich für den nächsten Tipp: Die Formatierung der Zahlen soll so geändert werden, dass überall ein Tausendertrennzeichen und zwei Nachkommastellen erscheinen. Es gibt dazu mehrere Möglichkeiten; die kürzeste davon ist die Tastenkombination *STRG SHIFT 1*.

Hinweis 3:
Die Taste *SHIFT* (auch *Umschalttaste* genannt) befindet sich direkt über der Taste *STRG*. Für die Tastenkombination *STRG SHIFT 1* wird die Taste *1* oben links auf der Tastatur gedrückt; die Taste *1* aus dem Ziffernblock kann nicht verwendet werden.

Im letzten Schritt löschen wir die nun nicht mehr benötigten Spalten C und D, sodass das Gesamtergebnis wie folgt aussieht.

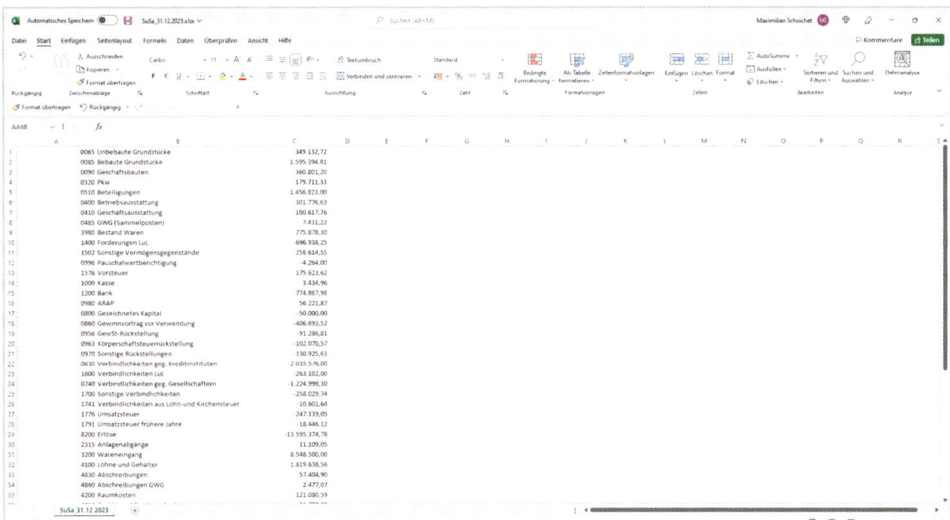

	A	B	C
1		0065 Unbebaute Grundstücke	349.132,72
2		0085 Bebaute Grundstücke	1.595.394,81
3		0090 Geschäftsbauten	360.801,20
4		0320 Pkw	179.711,33
5		0510 Beteiligungen	1.456.823,00
6		0400 Betriebsausstattung	301.776,63
7		0410 Geschäftsausstattung	100.617,76
8		0485 GWG (Sammelposten)	7.431,22
9		3980 Bestand Waren	775.878,30
10		1400 Forderungen LuL	696.938,25
11		1502 Sonstige Vermögensgegenstände	258.614,55
12		0996 Pauschalwertberichtigung	-4.264,00
13		1576 Vorsteuer	175.623,62
14		1000 Kasse	3.434,96
15		1200 Bank	774.867,98
16		0980 ARAP	56.221,87
17		0800 Gezeichnetes Kapital	-50.000,00
18		0860 Gewinnvortrag vor Verwendung	-406.693,52
19		0956 GewSt-Rückstellung	-91.286,81
20		0963 Körperschaftsteuerrückstellung	-102.070,57
21		0970 Sonstige Rückstellungen	-330.925,63
22		0630 Verbindlichkeiten geg. Kreditinstituten	-2.035.576,00
23		1600 Verbindlichkeiten LuL	-263.102,00
24		0740 Verbindlichkeiten geg. Gesellschaftern	-1.224.998,30
25		1700 Sonstige Verbindlichkeiten	-258.029,74
26		1741 Verbindlichkeiten aus Lohn-und Kirchensteuer	-10.601,64
27		1776 Umsatzsteuer	-247.139,05
28		1791 Umsatzsteuer frühere Jahre	-18.446,12
29		8200 Erlöse	-13.595.374,78
30		2315 Anlagenabgänge	11.109,05
31		3200 Wareneingang	8.548.500,00
32		4100 Löhne und Gehälter	1.819.638,56
33		4830 Abschreibungen	57.404,90
34		4860 Abschreibungen GWG	2.477,07
35		4200 Raumkosten	121.080,59

3 Prüfung der Abwertung der Vorräte nach dem Reichweitenverfahren

Download-Datei:

Vorräte_Reichweitenverfahren.xlsx

Excel-Werkzeuge:

- Benutzerdefinierte Formatierung
- Funktion FORMELTEXT()
- Funktion WENN*
- Funktion WENNS()* (verfügbar ab Excel-Version 2019)
- Funktion XVERWEIS()* (verfügbar ab Excel-Version 2021)
- Funktion SUMMEWENNS()
- Funktion SUMME()

* alternativer Einsatz einer der drei Funktionen

Bei der Bewertung von Vorratsbeständen wird zur Abwertung der Artikel aufgrund ihrer abnehmenden Gängigkeit häufig das sogenannte Reichweitenverfahren eingesetzt. Zuerst werden hierbei, ausgehend vom vorhandenen Lagerbestand und der erwarteten jährlichen Absatzmenge, die voraussichtlichen Reichweiten der einzelnen Vorräte ermittelt. Anhand der errechneten Reichweiten erfolgt anschließend eine Zuordnung der entsprechenden Artikel in bestimmte Gängigkeitsklassen mit vorab festgelegten Abwertungssätzen.

Inhaltlich ist bei dem Reichweitenverfahren zu berücksichtigen, dass steuerrechtlich eine Abwertung nicht alleine aufgrund einer übermäßig langen Reichweite anerkannt wird, sondern dass sie auch stets einer plausiblen Begründung bedarf, die sich zum Beispiel aus technischem Fortschritt oder Modewandel herleiten kann (vgl. Kemper/Beck/Konold, Irritationen um das Reichweitenverfahren, DStR 2014, S. 1370).

Die Bestimmung der Abwertungssätze für die unterschiedlichen Gängigkeitsklassen unterliegt allein der subjektiven Einschätzung der Verantwortlichen. Die Dokumentation umfasst dabei nicht nur die Bildung der Klassen, sondern auch den inhaltlichen Hintergrund, also die Begründung für die Anwendung des Verfahrens. Eine nachvollziehbare Unterlage zur Abwertung der Vorräte nach dem Reichweitenverfahren ist ebenfalls zu erstellen.

Auf den nächsten Seiten wird eine solche Unterlage für Prüfungszwecke in Excel erstellt, mitsamt Erläuterungen zu ihren einzelnen Bausteinen inklusive Formeln bzw. Funktionen.

Die nachfolgende Abbildung zeigt zwei Tabellen, die für den Aufbau der Prüfung als Datengrundlage vorausgesetzt werden und in der Download-Datei Vorräte_Reichweitenverfahren.xlsx enthalten sind.

In der oberen Tabelle sind die Gängigkeitsklassen, Hinweise zu ihrer Bestimmung und die entsprechenden prozentualen Abwertungssätze für das Reichweitenverfahren definiert. Die Tabelle besteht ausschließlich aus festen Werten, sodass sich weitergehende formeltechnische Erläuterungen an dieser Stelle erübrigen.

In der unteren Tabelle sind beispielhafte Inventurergebnisse für die vorhandenen Vorräte zum Abschlussstichtag dargestellt. Basierend auf den Daten aus den beiden Tabellen soll für jeden Artikel sein eventuell erforderlicher Abwertungsbedarf zum Abschlussstichtag ermittelt werden.

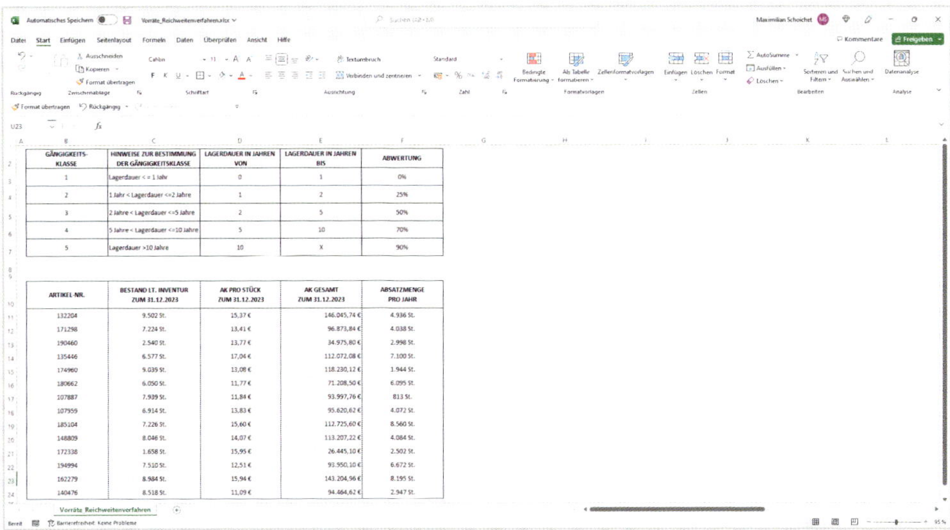

GÄNGIGKEITS-KLASSE	HINWEISE ZUR BESTIMMUNG DER GÄNGIGKEITSKLASSE	LAGERDAUER IN JAHREN VON	LAGERDAUER IN JAHREN BIS	ABWERTUNG
1	Lagerdauer < = 1 Jahr	0	1	0%
2	1 Jahr < Lagerdauer <=2 Jahre	1	2	25%
3	2 Jahre < Lagerdauer <=5 Jahre	2	5	50%
4	5 Jahre < Lagerdauer <=10 Jahre	5	10	70%
5	Lagerdauer >10 Jahre	10	X	90%

ARTIKEL-NR.	BESTAND LT. INVENTUR ZUM 31.12.2023	AK PRO STÜCK ZUM 31.12.2023	AK GESAMT ZUM 31.12.2023	ABSATZMENGE PRO JAHR
132204	9.502 St.	15,37 €	146.045,74 €	4.936 St.
171298	7.224 St.	13,41 €	96.873,84 €	4.038 St.
190460	2.540 St.	13,77 €	34.975,80 €	2.998 St.
135446	6.577 St.	17,04 €	112.072,08 €	7.100 St.
174960	9.039 St.	13,08 €	118.230,12 €	1.944 St.
180662	6.050 St.	11,77 €	71.208,50 €	6.095 St.
107887	7.939 St.	11,84 €	93.997,76 €	813 St.
107959	6.914 St.	13,83 €	95.620,62 €	4.072 St.
185104	7.226 St.	15,60 €	112.725,60 €	8.560 St.
148809	8.046 St.	14,07 €	113.207,22 €	4.084 St.
172338	1.658 St.	15,95 €	26.445,10 €	2.502 St.
194994	7.510 St.	12,51 €	93.950,10 €	6.672 St.
162279	8.984 St.	15,94 €	143.204,96 €	8.195 St.
140476	8.518 St.	11,09 €	94.464,62 €	2.947 St.

Die beiden Tabellen werden in den nächsten Schritten im Rahmen der Erstellung einer Prüfungsunterlage von uns mit weiteren Spalten ergänzt.

Die folgende Abbildung zeigt unser angestrebtes Zwischenergebnis: eine Erweiterung der Inventurtabelle mit sechs zusätzlichen Spalten, bestehend aus folgenden Berechnungen:

1. Reichweite in Jahren
2. Abwertungssatz unter Verwendung von Funktion WENN()
3. Abwertungssatz unter Verwendung von Funktion WENNS() als **Alternative**
4. Abwertungssatz unter Verwendung von Funktion XVERWEIS() als **Alternative**
5. Abwertungsbetrag eines jeden Artikels
6. Wert nach Abwertung eines jeden Artikels

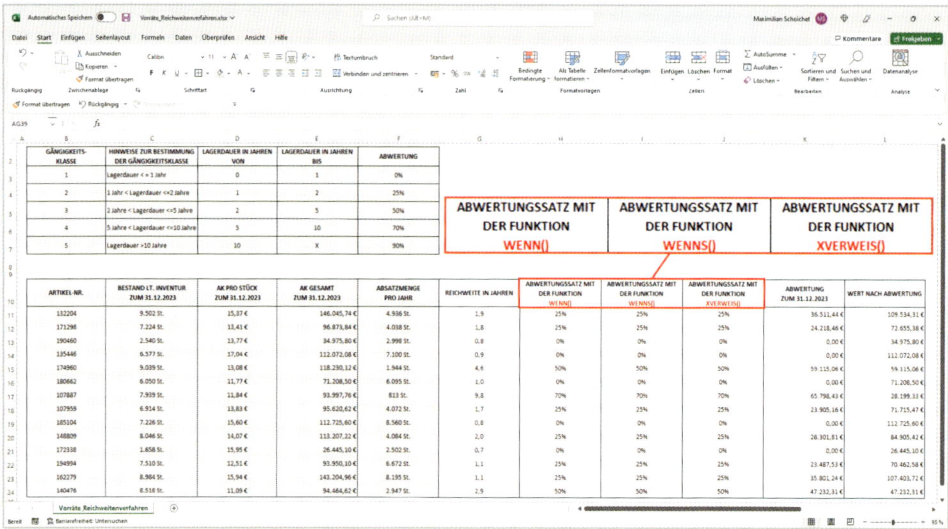

Zur Berechnung der Reichweite wird der Gesamtbestand lt. Inventur durch die Absatzmenge pro Jahr geteilt. Die simple Formel in der Zelle G11 lautet:

=C11/F11

Um die Reichweite für jeden einzelnen Artikel zu ermitteln, wird die oben genannte Formel auf die nachfolgenden relevanten Zellen in der Spalte G übertragen.

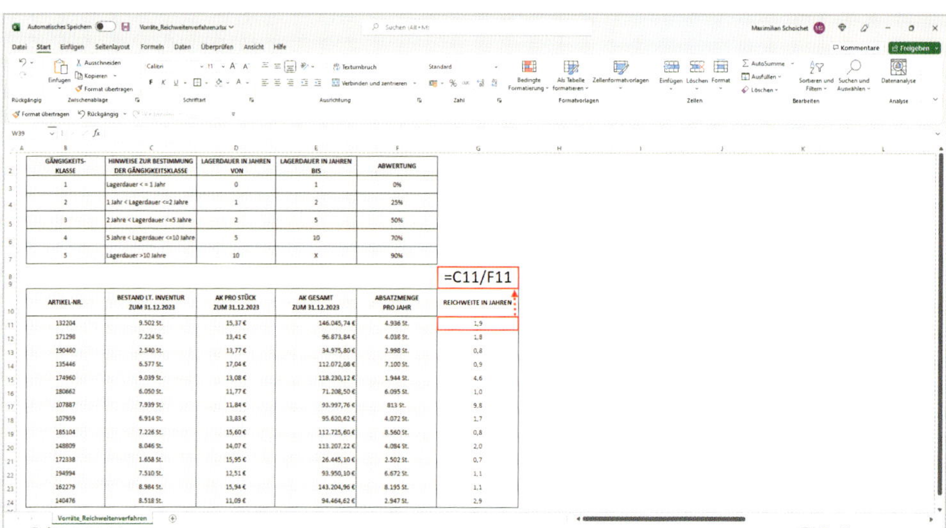

Beim genaueren Betrachten der Bereiche C11 bis C24 (Bestand lt. Inventur zum 31.12.2023) und F11 bis F24 (Absatzmenge pro Jahr) mag sich der eine oder andere die durchaus berechtigte Frage stellen, wie die Division in diesem Beispiel überhaupt funktioniert, wenn in den Zellen der beiden Spalten neben den Zahlen auch die Einheiten *St.* abgebildet sind. Würde es sich bei den Einheiten *St.* tatsächlich um einen Text handeln, hätte die Division überall den Fehlerwert *#WERT!* ergeben. Stattdessen stehen in den Zellen der beiden Spalten ausschließlich Zahlen und die Einheiten *St.* sind nur als Format hinzugefügt worden.

Die Verwendung des benutzerdefinierten Formates wird in diesem Beispiel erkennbar sobald der angezeigte Zellinhalt mit dem Wert in der Bearbeitungsleiste verglichen wird. Während in der Zelle sowohl die Zahl als auch die Einheit ersichtlich ist, beinhaltet die Bearbeitungsleiste, wie die nachfolgende Abbildung zeigt, nur die Zahl.

Eine individuelle Einheit wie *St.* kann man in Excel durch ein benutzerdefiniertes Format wie folgt erstellen:

1 eine Zelle oder einen markierten Zellbereich mit der rechten Maustaste anklicken 2 aus dem angezeigten Kontextmenü die Option *Zellen formatieren* wählen

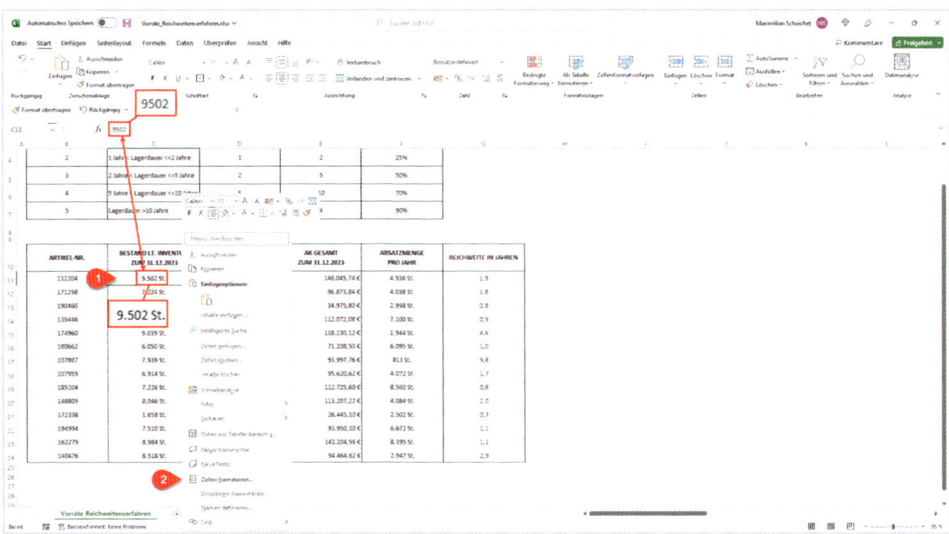

3 als Kategorie die Option *Benutzerdefiniert* anklicken 4 in das Eingabefeld *Typ:* das Format *#.##0 "St."* eintragen 5 mit Klick auf *OK* bestätigen

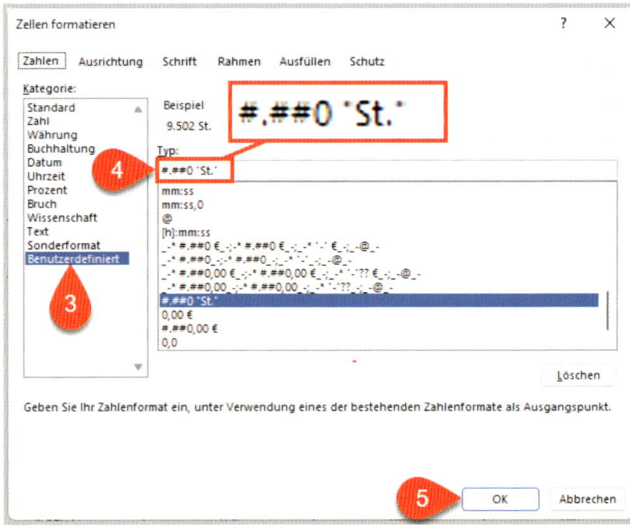

Die Einheit *St.* wird hintendran als Text in Anführungszeichen hinzugefügt. Alternativ kann selbstverständlich jede andere Einheit oder sonstige Ergänzung als Text in Anführungszeichen aufgenommen werden.

Nun werden wir uns drei alternative Funktionen zur Ermittlung des Abwertungssatzes für jeden Artikel in unserem Beispiel anschauen:

1. Funktion WENN()
2. Funktion WENNS()
3. Funktion XVERWEIS()

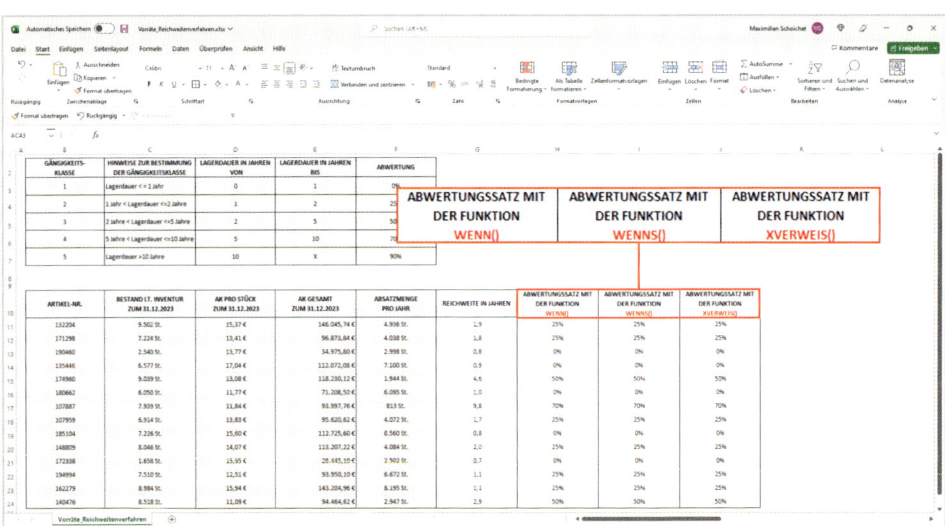

Wie so oft in Excel gibt es auch für dieses Beispiel weitere mögliche alternative Lösungsansätze (i.S.v. Funktionen), welche die oben genannten ergänzen bzw. ersetzen könnten. Es gilt darüber hinaus zu beachten, dass die Funktion WENNS() ab der Excel-Version 2019 und die Funktion XVERWEIS() ab Version 2021 zur Verfügung stehen und somit eine passende Funktion je nach eigener Excel-Version gewählt werden kann.

Hinweis 4:
Eine beliebige Formel oder Funktion, die in einer Zelle erfasst wurde, kann mit der Funktion FORMELTEXT() in einer anderen Zelle komplett ausgeschrieben werden. Dies bietet sich zum Beispiel dann an, wenn eine Funktion von einem Kollegen oder Mandanten erstellt wurde und nun gesondert angezeigt werden soll, um deren einzelne Argumente bequemer nachvollziehen zu können.

Wie die nächste Abbildung zeigt, wird als einziges Argument für die Funktion FORMELTEXT() die Adresse der Zelle benötigt deren Formel oder Funktion ausgeschrieben werden soll (hierzu kann die entsprechende Zelle einfach angeklickt werden). Die Funktion FORMELTEXT() gibt es ab der Excel-Version 2013.

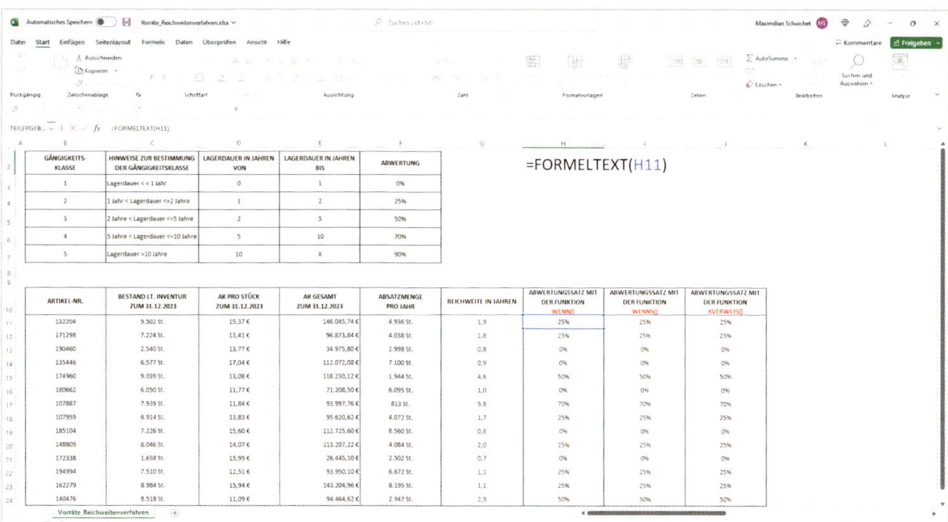

=FORMELTEXT(H11)

GÄNGIGKEITS-KLASSE	HINWEISE ZUR BESTIMMUNG DER GÄNGIGKEITSKLASSE	LAGERDAUER IN JAHREN VON	LAGERDAUER IN JAHREN BIS	ABWERTUNG
1	Lagerdauer < = 1 Jahr	0	1	0%
2	1 Jahr < Lagerdauer <=2 Jahre	1	2	25%
3	2 Jahre < Lagerdauer <=5 Jahre	2	5	50%
4	5 Jahre < Lagerdauer <=10 Jahre	5	10	70%
5	Lagerdauer >10 Jahre	10	X	90%

ARTIKEL-NR.	BESTAND LT. INVENTUR ZUM 31.12.2023	AK PRO STÜCK ZUM 31.12.2023	AK GESAMT ZUM 31.12.2023	ABSATZMENGE PRO JAHR	REICHWEITE IN JAHREN	ABWERTUNGSSATZ MIT DER FUNKTION WENN()	ABWERTUNGSSATZ MIT DER FUNKTION WENNS()	ABWERTUNGSSATZ MIT DER FUNKTION XVERWEIS()
132204	9.502 St.	15,37 €	146.045,74 €	4.936 St.	1,9	25%	25%	25%
171298	7.224 St.	13,41 €	96.873,84 €	4.038 St.	1,8	25%	25%	25%
190460	2.540 St.	13,77 €	34.975,80 €	2.998 St.	0,8	0%	0%	0%
135446	6.577 St.	17,04 €	112.072,08 €	7.100 St.	0,9	0%	0%	0%
174960	9.039 St.	13,08 €	118.230,12 €	1.944 St.	4,6	50%	50%	50%
180662	6.050 St.	11,77 €	71.208,50 €	6.095 St.	1,0	0%	0%	0%
107887	7.939 St.	11,84 €	93.997,76 €	813 St.	9,8	70%	70%	70%
107959	6.914 St.	13,83 €	95.620,62 €	4.072 St.	1,7	25%	25%	25%
185104	7.226 St.	15,60 €	112.725,60 €	8.560 St.	0,8	0%	0%	0%
148809	8.046 St.	14,07 €	113.207,22 €	4.084 St.	2,0	25%	25%	25%
172338	1.658 St.	15,95 €	26.445,10 €	2.502 St.	0,7	0%	0%	0%
194994	7.510 St.	12,51 €	93.950,10 €	6.672 St.	1,1	25%	25%	25%
162279	8.984 St.	15,94 €	143.204,96 €	8.195 St.	1,1	25%	25%	25%
140476	8.518 St.	11,09 €	94.464,62 €	2.947 St.	2,9	50%	50%	50%

Die nachfolgende Abbildung zeigt die mit der Funktion FORMELTEXT() ausgeschriebenen Funktionen aus unserem Beispiel.

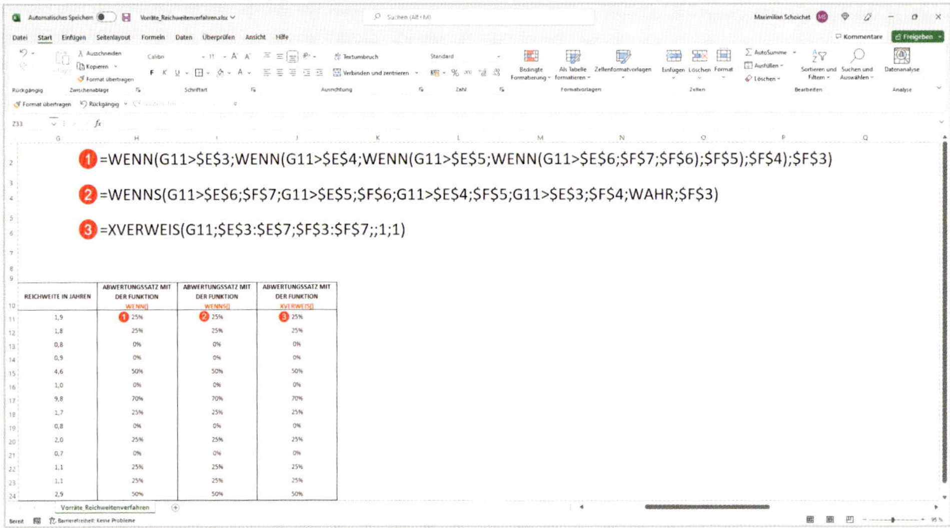

REICHWEITE IN JAHREN	ABWERTUNGSSATZ MIT DER FUNKTION WENN()	ABWERTUNGSSATZ MIT DER FUNKTION WENNS()	ABWERTUNGSSATZ MIT DER FUNKTION XVERWEIS()
1,9	1 25%	2 25%	3 25%
1,8	25%	25%	25%
0,8	0%	0%	0%
0,9	0%	0%	0%
4,6	50%	50%	50%
1,0	0%	0%	0%
9,8	70%	70%	70%
1,7	25%	25%	25%
0,8	0%	0%	0%
2,0	25%	25%	25%
0,7	0%	0%	0%
1,1	25%	25%	25%
1,1	25%	25%	25%
2,9	50%	50%	50%

Alternative 1 – Funktion WENN() in der Zelle H11:

Die mehrfach verschachtelte Funktion WENN() werden wir nachfolgend Schritt für Schritt aufbauen.

=WENN(G11>$E$3;WENN(G11>$E$4;WENN(G11>$E$5;WENN(G11>$E$6;$F$7;$F$6);$F$5);$F$4);$F$3)

Schritt 1:

=WENN(G11>$E$3;X;$F$3)

Diese Funktion WENN() prüft, ob die Reichweite in der Zelle G11 ein Jahr und somit den Wert in der Zelle E3 übersteigt. Für diesen Fall bleibt **vorübergehend der Buchstabe X als Platzhalter** stehen, daher ohne Anführungszeichen. Im anderen Fall, also wenn die Reichweite ein Jahr **nicht** übersteigt, wird als Ergebnis der Inhalt der Zelle F3, also 0% angezeigt.

Schritt 2:

Der Platzhalter X wird durch eine weitere Funktion WENN() ersetzt, und so entsteht die erste Verschachtelung.

= WENN(G11>$E$3;WENN(G11>$E$4;X;$F$4);$F$3)

Die zweite Funktion WENN() wird somit nur dann ausgeführt, wenn durch die Prüfung der ersten Funktion WENN() festgestellt wird, dass die Reichweite in der Zelle G11 die Lagerdauer der ersten Gängigkeitsklasse aus der Zelle E3 übersteigt.

Folglich wird in der zweiten Funktion WENN() geprüft, ob die Reichweite in der Zelle G11 eventuell auch noch die Lagerdauer der zweiten Gängigkeitsklasse aus der Zelle E4 übersteigt. Für diesen Fall bleibt **vorübergehend** wiederum **der Buchstabe X als Platzhalter** stehen, daher ohne Anführungszeichen. Im anderen Fall, also wenn die Reichweite zwar ein Jahr, aber nicht zwei Jahre übersteigt, wird als Ergebnis der Inhalt der Zelle F4, also 25% angezeigt.

Schritt 3:

Der Platzhalter X wird durch eine weitere Funktion WENN() ersetzt, und so entsteht die zweite Verschachtelung.

=WENN(G11>$E$3;WENN(G11>$E$4;WENN(G11>$E$5;X;$F$5);$F$4);$F$3)

Die dritte Funktion WENN() wird somit nur dann ausgeführt, wenn durch die Prüfung der ersten und der zweiten Funktion WENN() festgestellt wird, dass die Reichweite in der Zelle G11 die Lagerdauer der ersten beiden Gängigkeitsklassen aus den Zellen E3 und E4 übersteigt.

Folglich wird in der dritten Funktion WENN() geprüft, ob die Reichweite in der Zelle G11 eventuell auch noch die Lagerdauer der dritten Gängigkeitsklasse aus der Zelle E5 übersteigt. Für diesen Fall bleibt **vorübergehend** wiederum **der Buchstabe X als Platzhalter** stehen, daher ohne Anführungszeichen. Im anderen Fall, also wenn die Reichweite zwar zwei Jahre aber nicht fünf Jahre übersteigt, wird als Ergebnis der Inhalt der Zelle F5, also 50% angezeigt.

Schritt 4:

Der Platzhalter X wird durch eine weitere Funktion WENN() ersetzt, und so entsteht die dritte und letzte Verschachtelung.

=WENN(G11>$E$3;WENN(G11>$E$4;WENN(G11>$E$5;WENN(G11>$E$6;$F$7;$F$6);$F$5);$F$4);$F$3)

Die vierte Funktion WENN() wird somit nur dann ausgeführt, wenn durch die Prüfung der vorherigen Funktionen WENN() festgestellt wird, dass die Reichweite in der Zelle G11 die Lagerdauer der ersten drei Gängigkeitsklassen aus den Zellen E3, E4 und E5 übersteigt.

Folglich wird in der vierten Funktion WENN() geprüft, ob die Reichweite in der Zelle G11 eventuell auch noch die Lagerdauer der vierten Gängigkeitsklasse aus der Zelle E6 übersteigt. Für diesen Fall wird der Inhalt der Zelle F7, nämlich 90%, und im anderen Fall der Inhalt der Zelle F6, nämlich 70%, als Ergebnis der Funktion angezeigt.

Mit dieser mehrfach verschachtelten Funktion WENN() werden alle Konstellationen der möglichen Zugehörigkeit von der ermittelten Reichweite eines Artikels zu den fünf unterschiedlichen Bereichen der Lagerdauer geprüft und als Ergebnis wird der passende Abwertungssatz aus den Zellen F3 bis F7 übernommen.

Alternative 2 – Funktion WENNS() in der Zelle I11:

Auch die Funktion WENNS() werden wir nachfolgend Schritt für Schritt zusammen aufbauen.

=WENNS(G11>$E$6;$F$7;G11>$E$5;$F$6;G11>$E$4;$F$5;G11>$E$3;$F$4;WAHR;$F$3)

Die Funktion ist etwas übersichtlicher, da im Gegensatz zu der Funktion WENN() der Name der Funktion nicht bei jeder neuen Prüfung wiederholt wird. Dieses Mal ist auch die Prüfungslogik eine etwas andere – zunächst erfolgt die Prüfung der Zugehörigkeit der ermittelten Reichweite zum allerletzten Bereich, und dann wird die Prüfung entsprechend rückwärts bis zum allerersten Bereich fortgesetzt.

In der Funktion WENNS() werden die gleichen Zellenbezüge verwendet wie in der Funktion WENN() – die errechnete Reichweite des ersten Artikels in der Zelle G11, die gestaffelte Lagerdauer in den Zellen E3 bis E6 und die Abwertungssätze in den Zellen F3 bis F7.

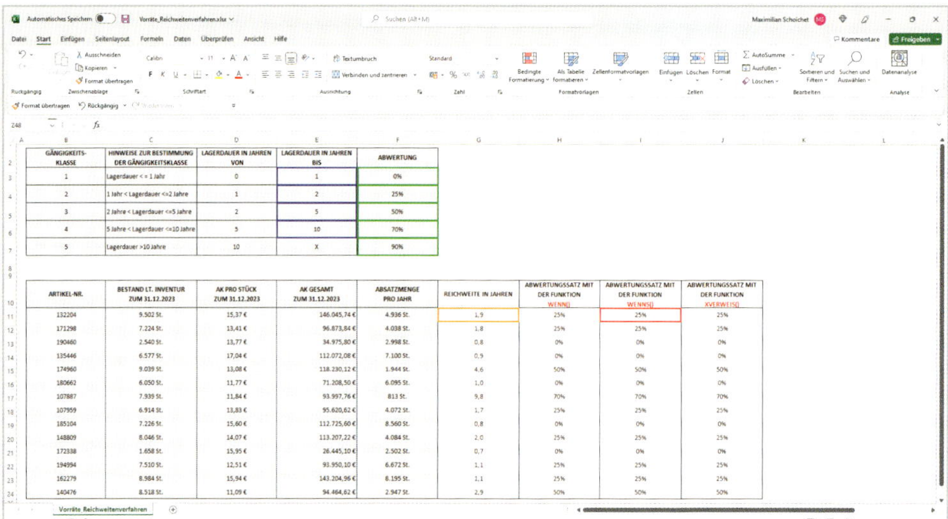

GÄNGIGKEITS-KLASSE	HINWEISE ZUR BESTIMMUNG DER GÄNGIGKEITSKLASSE	LAGERDAUER IN JAHREN VON	LAGERDAUER IN JAHREN BIS	ABWERTUNG
1	Lagerdauer < = 1 Jahr	0	1	0%
2	1 Jahr < Lagerdauer <=2 Jahre	1	2	25%
3	2 Jahre < Lagerdauer <=5 Jahre	2	5	50%
4	5 Jahre < Lagerdauer <=10 Jahre	5	10	70%
5	Lagerdauer >10 Jahre	10	X	90%

ARTIKEL-NR.	BESTAND LT. INVENTUR ZUM 31.12.2023	AK PRO STÜCK ZUM 31.12.2023	AK GESAMT ZUM 31.12.2023	ABSATZMENGE PRO JAHR	REICHWEITE IN JAHREN	ABWERTUNGSSATZ MIT DER FUNKTION WENN()	ABWERTUNGSSATZ MIT DER FUNKTION WENNS()	ABWERTUNGSSATZ MIT DER FUNKTION XVERWEIS()
132204	9.502 St.	15,37 €	146.045,74 €	4.936 St.	1,9	25%	25%	25%
171298	7.224 St.	13,41 €	96.873,84 €	4.038 St.	1,8	25%	25%	25%
190460	2.540 St.	13,77 €	34.975,80 €	2.998 St.	0,8	0%	0%	0%
135446	6.577 St.	17,04 €	112.072,08 €	7.100 St.	0,9	0%	0%	0%
174960	9.039 St.	13,08 €	118.230,12 €	1.944 St.	4,6	50%	50%	50%
180662	6.050 St.	11,77 €	71.208,50 €	6.095 St.	1,0	0%	0%	0%
107887	7.939 St.	11,84 €	93.997,76 €	813 St.	9,8	70%	70%	70%
107959	6.914 St.	13,83 €	95.620,62 €	4.072 St.	1,7	25%	25%	25%
185104	7.226 St.	15,60 €	112.725,60 €	8.560 St.	0,8	0%	0%	0%
148809	8.046 St.	14,07 €	113.207,22 €	4.084 St.	2,0	25%	25%	25%
172338	1.658 St.	15,95 €	26.445,10 €	2.502 St.	0,7	0%	0%	0%
194994	7.510 St.	12,51 €	93.950,10 €	6.672 St.	1,1	25%	25%	25%
162279	8.984 St.	15,94 €	143.204,96 €	8.195 St.	1,1	25%	25%	25%
140476	8.518 St.	11,09 €	94.464,62 €	2.947 St.	2,9	50%	50%	50%

Schritt 1:

=WENNS(G11>$E$6;$F$7;

Es wird geprüft, ob der Wert in der Zelle G11 größer ist als der Wert in der Zelle E6 und somit die Reichweite des Artikels mehr als zehn Jahre beträgt. In diesem Fall wird als Ergebnis der Abwertungssatz aus der Zelle F7 übernommen, also 90%.

Schritt 2:

=WENNS(G11>$E$6;$F$7;G11>$E$5;$F$6;

Es wird geprüft, ob der Wert in der Zelle G11 größer ist als der Wert in der Zelle E5 und somit die Reichweite des Artikels mehr als fünf Jahre beträgt. In diesem Fall wird als Ergebnis der Abwertungssatz aus der Zelle F6 übernommen, also 70%.

Schritt 3:

=WENNS(G11>$E$6;$F$7;G11>$E$5;$F$6;G11>$E$4;$F$5;

Es wird geprüft, ob der Wert in der Zelle G11 größer ist als der Wert in der Zelle E4 und somit die Reichweite des Artikels mehr als zwei Jahre beträgt. In diesem Fall wird als Ergebnis der Abwertungssatz aus der Zelle F5 übernommen, also 50%.

Schritt 4:

=WENNS(G11>$E$6;$F$7;G11>$E$5;$F$6;G11>$E$4;$F$5;G11>$E$3;$F$4;

Es wird geprüft, ob der Wert in der Zelle G11 größer ist als der Wert in der Zelle E3 und somit die Reichweite des Artikels mehr als ein Jahr beträgt. Für diesen Fall wird als Ergebnis der Abwertungssatz aus der Zelle F4 übernommen, also 25%.

Schritt 5:

=WENNS(G11>$E$6;$F$7;G11>$E$5;$F$6;G11>$E$4;$F$5;G11>$E$3;$F$4;WAHR;$F$3)

Der Ausdruck WAHR ist keine Prüfung, sondern ein bereits vordefiniertes Ergebnis der Prüfung. Was bedeutet das? Jede Prüfung kann zu zwei Ergebnissen führen, nämlich WAHR oder FALSCH, und somit ist die Prüfungsbedingung erfüllt oder eben nicht erfüllt. Wenn alle bisherigen Prüfungsbedingungen nicht erfüllt und damit im Ergebnis FALSCH waren, dann bleibt einzig der Bereich mit einer Lagerdauer von unter/gleich einem Jahr übrig und daher können wir der letzten Prüfung vorgreifen, indem wir das Prüfungsergebnis auf WAHR setzen und dazu den entsprechenden Abwertungssatz aus der Zelle F3, also 0% vorgeben.

Alternative 3 – Funktion XVERWEIS() in der Zelle J11:

Die letzte und zugleich die einfachste Lösungsmöglichkeit zur Ermittlung eines Abwertungssatzes in unserem Beispiel bietet die Funktion XVERWEIS() an. Die Funktion ist eine Weiterentwicklung der Funktion SVERWEIS(), die lange Zeit gemeinhin als der Excel-Klassiker galt.

Schauen wir uns nun genau an, was sich hinter der Funktion XVERWEIS() in der Zelle J11 verbirgt.

=XVERWEIS(G11;$E$3:$E$7;$F$3:$F$7;;1;1)

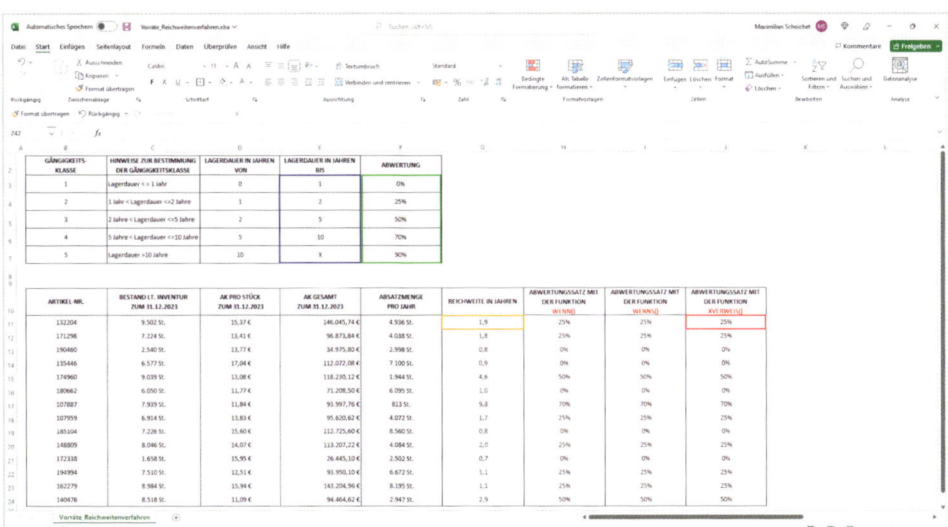

GÄNGIGKEITS-KLASSE	HINWEISE ZUR BESTIMMUNG DER GÄNGIGKEITSKLASSE	LAGERDAUER IN JAHREN VON	LAGERDAUER IN JAHREN BIS	ABWERTUNG
1	Lagerdauer <= 1 Jahr	0	1	0%
2	1 Jahr < Lagerdauer <=2 Jahre	1	2	25%
3	2 Jahre < Lagerdauer <=5 Jahre	2	5	50%
4	5 Jahre < Lagerdauer <=10 Jahre	5	10	70%
5	Lagerdauer >10 Jahre	10	X	90%

ARTIKEL-NR.	BESTAND LT. INVENTUR ZUM 31.12.2023	AK PRO STÜCK ZUM 31.12.2023	AK GESAMT ZUM 31.12.2023	ABSATZMENGE PRO JAHR	REICHWEITE IN JAHREN	ABWERTUNGSSATZ MIT DER FUNKTION WENN()	ABWERTUNGSSATZ MIT DER FUNKTION WENNS()	ABWERTUNGSSATZ MIT DER FUNKTION XVERWEIS()
132204	9.502 St.	15,37 €	146.045,74 €	4.936 St.	1,9	25%	25%	25%
171298	7.224 St.	13,41 €	96.873,84 €	4.038 St.	1,8	25%	25%	25%
190460	2.540 St.	13,77 €	34.975,80 €	2.998 St.	0,8	0%	0%	0%
135446	6.577 St.	17,04 €	112.072,08 €	7.100 St.	0,9	0%	0%	0%
174960	9.039 St.	13,08 €	118.230,12 €	1.944 St.	4,6	50%	50%	50%
180662	6.050 St.	11,77 €	71.208,50 €	6.095 St.	1,0	0%	0%	0%
107887	7.939 St.	11,84 €	93.997,76 €	813 St.	9,8	70%	70%	70%
107959	6.914 St.	13,83 €	95.620,62 €	4.072 St.	1,7	25%	25%	25%
185104	7.226 St.	15,60 €	112.725,60 €	8.560 St.	0,8	0%	0%	0%
148809	8.046 St.	14,07 €	113.207,22 €	4.084 St.	2,0	25%	25%	25%
172338	1.658 St.	15,95 €	26.445,10 €	2.502 St.	0,7	0%	0%	0%
194994	7.510 St.	12,51 €	93.950,10 €	6.672 St.	1,1	25%	25%	25%
162279	8.984 St.	15,94 €	143.204,96 €	8.195 St.	1,1	25%	25%	25%
140476	8.518 St.	11,09 €	94.464,62 €	2.947 St.	2,9	50%	50%	50%

Um die einzelnen Argumente sukzessive nachvollziehen zu können, wird nachfolgend die Syntax der Funktion mit den Namen der einzelnen Argumente dargestellt und farblich hervorgehoben.

XVERWEIS(Suchkriterium;Suchmatrix;Rückgabematrix;[wert_nicht_gefunden];[Vergleichsmodus];[Suchmodus])

Das erste Argument ist das Suchkriterium. In unserem Beispiel ist es der Wert der Zelle G11, d.h. die ermittelte Reichweite in Jahren des ersten Artikels.

Das zweite Argument ist die Suchmatrix und damit der Bereich E3 bis E7, in welchem nach dem gerade genannten Suchkriterium gesucht wird.

Das dritte Argument ist die Rückgabematrix und folglich der Bereich F3 bis F7 aus dem der Rückgabewert kommt.

Zusammenfassend könnte man die ersten drei Argumente wie folgt interpretieren: Nimm als Suchkriterium den Wert aus der Zelle G11 (d.h. 1,9), suche nach diesem Wert im Zellbereich E3 bis E7 und liefere bei einem Treffer den entsprechenden Wert aus dem Zellbereich F3 bis F7.

Was ist mit den restlichen drei Argumenten, die in der Syntax der Funktion in eckigen Klammern stehen? Diese Argumente sind optionale Argumente, d.h., sie sind nicht immer erforderlich und die Funktion XVERWEIS() könnte je nach Aufgabenstellung auch nur mit den ersten drei Argumenten auskommen.

Das vierte und optionale Argument [wert_nicht_gefunden] erlaubt es dem Nutzer, einen Wert festzulegen, der als Antwort zurückgegeben wird, falls die Suche nach dem Suchkriterium (in unserem Beispiel dem Wert der Zelle G11) ergebnislos bleibt. Wird dieses Argument nicht angegeben, liefert die Funktion XVERWEIS() bei einer Suche ohne Ergebnis den Fehlerwert *#NV*.

In unserem Beispiel machen wir von der Option keinen Gebrauch und überspringen dieses optionale Argument durch Eingabe eines weiteren Semikolonzeichens in der Funktion.

Als Nächstes gelangen wir zum fünften und optionalen Argument [Vergleichsmodus] und sehen dabei eine automatisch eingeblendete Auswahl der möglichen vier Optionen.

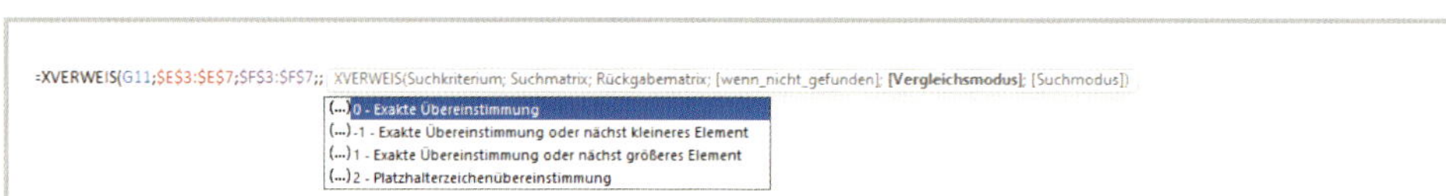

Per Voreinstellung benutzt die Funktion XVERWEIS() den Vergleichsmodus 0 – Exakte Übereinstimmung. Das bedeutet, dass die Funktion beim Ausbleiben einer Angabe zu diesem optionalen Argument ganz genau nach dem vorgegebenem Suchkriterium in dem Suchbereich sucht und bei einer gegebenenfalls erfolglosen Suche nicht automatisch zu einem kleineren oder größeren Suchkriterium umschwenkt. Diese als Voreinstellung definierte genaue Suche ist in der WP-Praxis zugleich auch der am häufigsten verwendete Modus, weil man oft zum Beispiel nach einer Rechnung oder einem Artikel oder einem Debitoren sucht und in solchen Fällen muss es immer eine genaue Suche sein.

In unserem Beispiel wählen wir allerdings (fast schon ausnahmsweise) die Option 1 – Exakte Übereinstimmung oder nächstgrößeres Element aus. Was soll damit bewirkt werden? Dazu werfen wir noch einmal den Blick auf den Suchbereich E3 bis E7 in der nächsten Abbildung und stellen uns die zwei nachfolgenden Fragen.

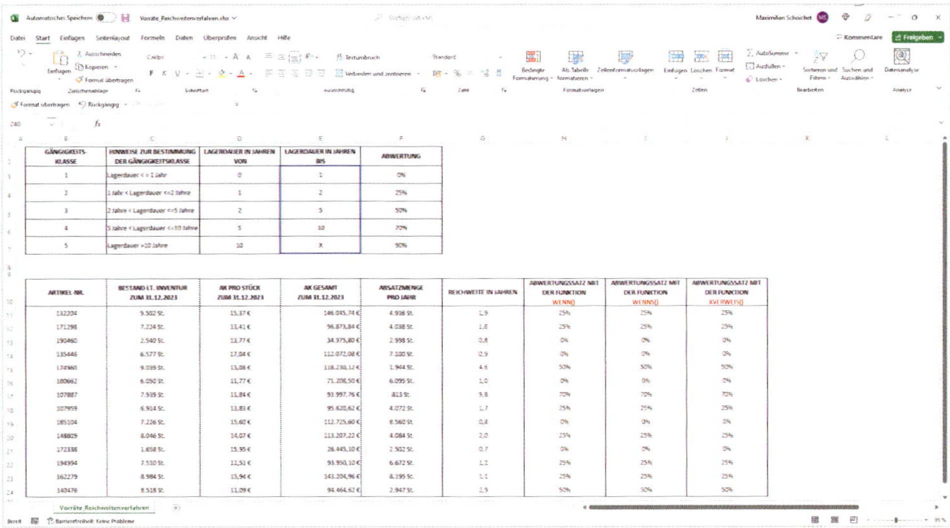

GÄNGIGKEITS-KLASSE	HINWEISE ZUR BESTIMMUNG DER GÄNGIGKEITSKLASSE	LAGERDAUER IN JAHREN VON	LAGERDAUER IN JAHREN BIS	ABWERTUNG
1	Lagerdauer < = 1 Jahr	0	1	0%
2	1 Jahr < Lagerdauer <=2 Jahre	1	2	25%
3	2 Jahre < Lagerdauer <=5 Jahre	2	5	50%
4	5 Jahre < Lagerdauer <=10 Jahre	5	10	70%
5	Lagerdauer >10 Jahre	10	X	90%

ARTIKEL-NR.	BESTAND LT. INVENTUR ZUM 31.12.2023	AK PRO STÜCK ZUM 31.12.2023	AK GESAMT ZUM 31.12.2023	ABSATZMENGE PRO JAHR	REICHWEITE IN JAHREN	ABWERTUNGSSATZ MIT DER FUNKTION WENN()	ABWERTUNGSSATZ MIT DER FUNKTION WENNS()	ABWERTUNGSSATZ MIT DER FUNKTION XVERWEIS()
132204	9.502 St.	15,37 €	146.045,74 €	4.936 St.	1,9	25%	25%	25%
171298	7.224 St.	13,41 €	96.873,84 €	4.038 St.	1,8	25%	25%	25%
190460	2.540 St.	13,77 €	34.975,80 €	2.998 St.	0,8	0%	0%	0%
135446	6.577 St.	17,04 €	112.072,08 €	7.100 St.	0,9	0%	0%	0%
174960	9.039 St.	13,08 €	118.230,12 €	1.944 St.	4,6	50%	50%	50%
180662	6.050 St.	11,77 €	71.208,50 €	6.095 St.	1,0	0%	0%	0%
107887	7.939 St.	11,84 €	93.997,76 €	813 St.	9,8	70%	70%	70%
107959	6.914 St.	13,83 €	95.620,62 €	4.072 St.	1,7	25%	25%	25%
185104	7.226 St.	15,60 €	112.725,60 €	8.560 St.	0,8	0%	0%	0%
148829	8.046 St.	14,07 €	113.207,22 €	4.084 St.	2,0	25%	25%	25%
172338	1.658 St.	15,95 €	26.445,10 €	2.502 St.	0,7	0%	0%	0%
194994	7.510 St.	12,51 €	93.950,10 €	6.672 St.	1,1	25%	25%	25%
162279	8.984 St.	15,94 €	143.204,96 €	8.195 St.	1,1	25%	25%	25%
140476	8.518 St.	11,09 €	94.464,62 €	2.947 St.	2,9	50%	50%	50%

1) Was würde passieren, wenn die ermittelte Reichweite in einer Zelle der Spalte G beispielsweise genau zwei Jahre betragen würde? Bei der Suche nach der Zahl 2 in dem angegebenem Suchbereich E3 bis E7 hätte die Funktion XVERWEIS() mit der Option 0 – Exakte Übereinstimmung den Treffer in der Zelle E4 gefunden und würde dazu aus der Zelle F4 des Rückgabebereiches F3 bis F7 entsprechend den Abwertungssatz 25% liefern.

2) Was würde passieren, wenn die ermittelte Reichweite in einer Zelle der Spalte G beispielsweise genau vier Jahre betragen würde? Die Suche nach der Zahl 4 in dem angegebenem Suchbereich E3 bis E7 wäre bei einer genauen Suche mit der Option 0 – Exakte Übereinstimmung erfolglos verlaufen und hätte im Ergebnis *#NV* ergeben.

Mit der zuvor erwähnten und in unserem Beispiel ausgewählten Option 1 – Exakte Übereinstimmung oder nächstgrößeres Element würde die Funktion XVERWEIS() in dem genannten Fall den nächstgrößeren Wert zu der Zahl 4 suchen und folglich die Zahl 5 in der Zelle E5 finden und den Abwertungssatz 50% aus der Zelle F5 übernehmen.

Mit dem gefundenen nächstgrößeren Element hat die Funktion in unserem Beispiel das Ende des Bereiches gefunden zu dem die gesuchte Zahl 4 gehört (Lagerdauer zwischen zwei und fünf Jahren) und hat entsprechend die für diesen Bereich richtige Prozentzahl für die Abwertung übernommen.

Das fünfte und optionale Argument ist das Suchmodus. Auch bei diesem Argument wird automatisch eine Auswahl an verfügbaren Optionen eingeblendet.

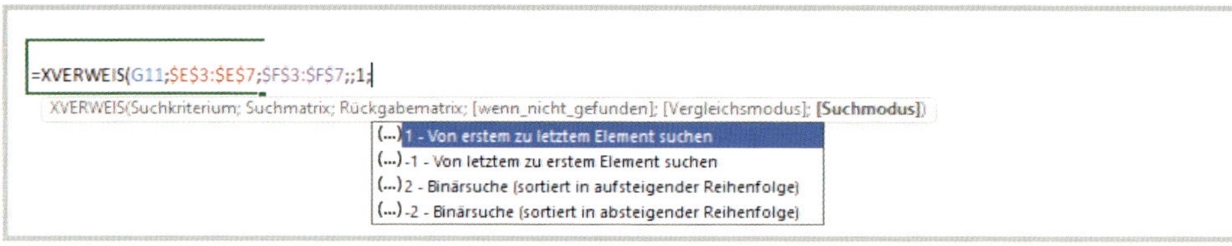

Hier gilt ebenfalls der erst angezeigte Modus, nämlich 1 – Von erstem zu letztem Element suchen als Voreinstellung und wird somit bei einer fehlenden Angabe zu diesem optionalen Argument verwendet. In unserer Funktion XVERWEIS() wurde dieser Modus explizit ausgewählt, obwohl es wegen der ohnehin geltenden Voreinstellung nicht unbedingt erforderlich wäre. Die Intention dabei war es, das Argument trotz seiner Redundanz in unserem Beispiel anzusprechen.

Nachdem wir uns mit der Übertragung des richtigen Abwertungssatzes unter Nutzung der drei alternativen Funktionen ausführlich befasst haben, widmen wir uns einer einfachen Berechnung des Abwertungsbetrages für jeden einzelnen Artikel. In der Spalte K wird der Betrag der Abwertung für jeden Artikel durch Multiplikation der Werte aus der Spalte E (*AK gesamt zum 31.12.2023*) und der Spalte J (*Abwertungssatz*) berechnet. Alternativ hätte man selbstverständlich in unserem Beispiel statt den Werten aus der Spalte J auch die gleichen Werte aus der Spalte H oder I verwenden können.

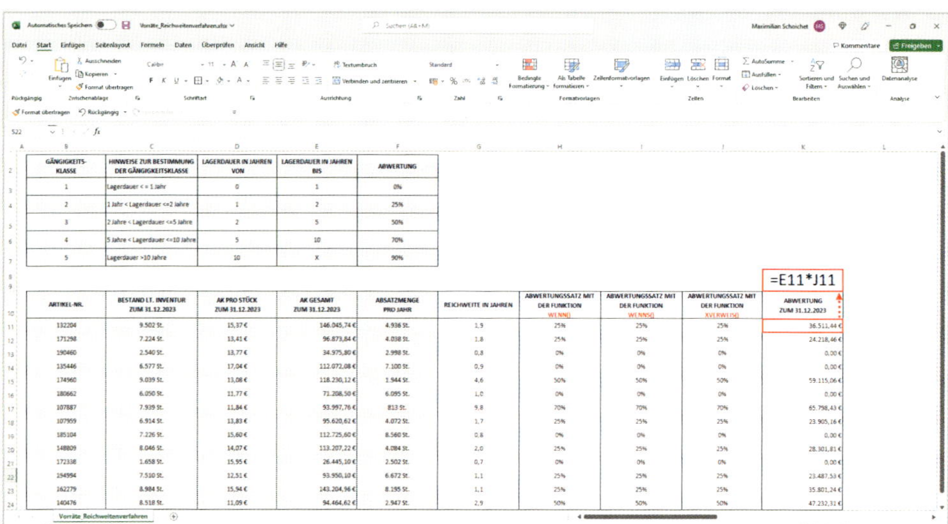

Die Differenz zwischen den gesamten Anschaffungskosten eines jeden Artikels in der Spalte E und den in der Spalte K ermittelten einzelnen Abwertungsbeträgen bildet den Wert nach Abwertung und wird in der weiteren Spalte L berechnet.

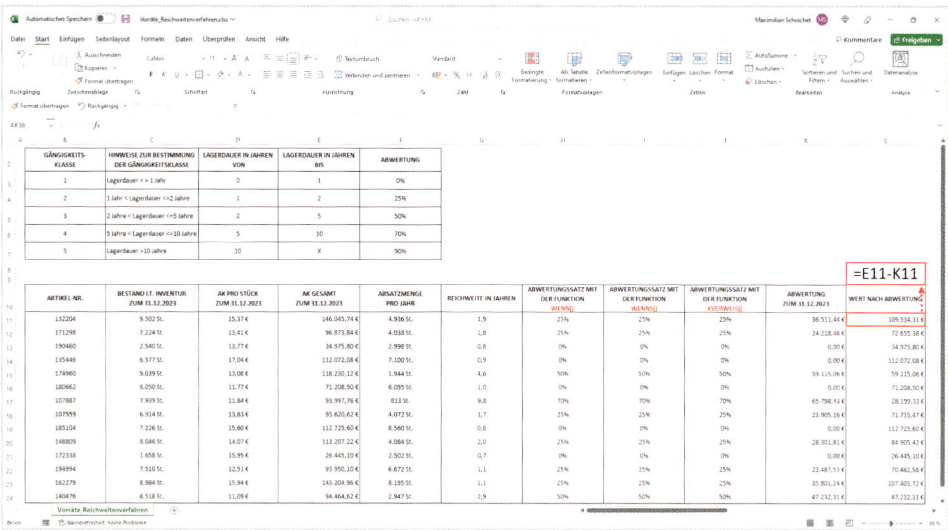

Unsere nächste Aufgabe besteht darin, die obere der beiden Tabellen schrittweise mit Aggregationen zu den Kennzahlen *Inventurwert* und *Abwertungswert* über die fünf Gängigkeitsklassen zu ergänzen. Dazu wird die Funktion SUMMEWENNS() verwendet, die es ermöglicht, Summen nach einem oder mehreren Kriterien zu bilden. Als Kriterien nutzen wir die vordefinierten Lagerdauern in Jahren für die einzelnen Gängigkeitsklassen.

Schritt 1:

Die Funktion SUMMEWENNS() in der Zelle G3 lautet:

=SUMMEWENNS($E$11:$E$24;$G$11:$G$24;"<="&E3)

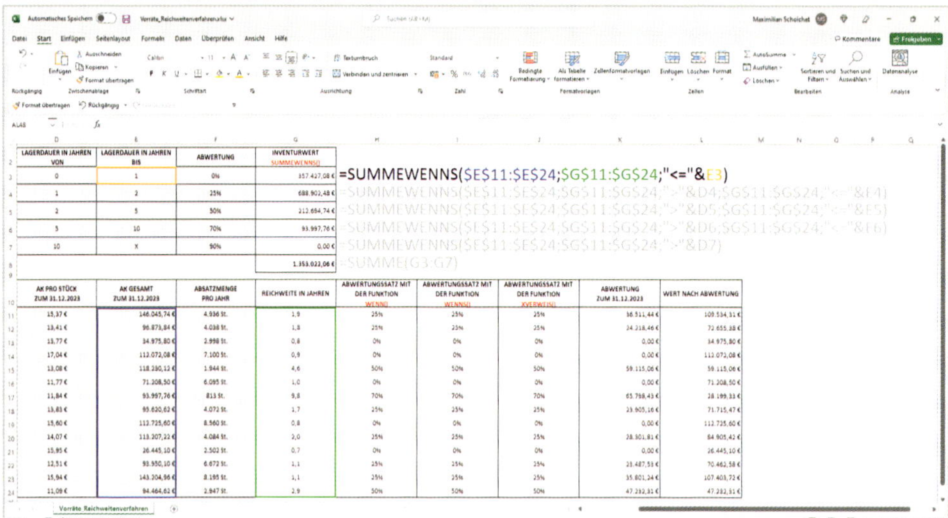

LAGERDAUER IN JAHREN VON	LAGERDAUER IN JAHREN BIS	ABWERTUNG	INVENTURWERT SUMMEWENNS()	
0	1	0%	357.427,08 €	=SUMMEWENNS($E$11:$E$24;$G$11:$G$24;"<="&E3)
1	2	25%	688.902,48 €	=SUMMEWENNS($E$11:$E$24;$G$11:$G$24;">"&D4;$G$11:$G$24;"<="&E4)
2	5	50%	212.694,74 €	=SUMMEWENNS($E$11:$E$24;$G$11:$G$24;">"&D5;$G$11:$G$24;"<="&E5)
5	10	70%	93.997,76 €	=SUMMEWENNS($E$11:$E$24;$G$11:$G$24;">"&D6;$G$11:$G$24;"<="&E6)
10	X	90%	0,00 €	=SUMMEWENNS($E$11:$E$24;$G$11:$G$24;">"&D7)
			1.353.022,06 €	=SUMME(G3:G7)

AK PRO STÜCK ZUM 31.12.2023	AK GESAMT ZUM 31.12.2023	ABSATZMENGE PRO JAHR	REICHWEITE IN JAHREN	ABWERTUNGSSATZ MIT DER FUNKTION WENN()	ABWERTUNGSSATZ MIT DER FUNKTION WENNS()	ABWERTUNGSSATZ MIT DER FUNKTION XVERWEIS()	ABWERTUNG ZUM 31.12.2023	WERT NACH ABWERTUNG
15,37 €	146.045,74 €	4.936 St.	1,9	25%	25%	25%	36.511,44 €	109.534,31 €
13,41 €	96.873,84 €	4.038 St.	1,8	25%	25%	25%	24.218,46 €	72.655,38 €
13,77 €	34.975,80 €	2.998 St.	0,8	0%	0%	0%	0,00 €	34.975,80 €
17,04 €	112.072,08 €	7.100 St.	0,9	0%	0%	0%	0,00 €	112.072,08 €
13,08 €	118.230,12 €	1.944 St.	4,6	50%	50%	50%	59.115,06 €	59.115,06 €
11,77 €	71.208,50 €	6.095 St.	1,0	0%	0%	0%	0,00 €	71.208,50 €
11,84 €	93.997,76 €	813 St.	9,8	70%	70%	70%	65.798,43 €	28.199,33 €
13,83 €	95.620,62 €	4.072 St.	1,7	25%	25%	25%	23.905,16 €	71.715,47 €
15,60 €	112.725,60 €	8.560 St.	0,8	0%	0%	0%	0,00 €	112.725,60 €
14,07 €	113.207,22 €	4.084 St.	2,0	25%	25%	25%	28.301,81 €	84.905,42 €
15,95 €	26.445,10 €	2.502 St.	0,7	0%	0%	0%	0,00 €	26.445,10 €
12,51 €	93.950,10 €	6.672 St.	1,1	25%	25%	25%	23.487,53 €	70.462,58 €
15,94 €	143.204,96 €	8.195 St.	1,1	25%	25%	25%	35.801,24 €	107.403,72 €
11,09 €	94.464,62 €	2.947 St.	2,9	50%	50%	50%	47.232,31 €	47.232,31 €

Das erste Argument ist der *Summebereich* E11 bis E24, in dem die Summe berechnet wird.

Das zweite Argument ist der *Kriterienbereich* G11 bis G24, in dem nach einem Kriterium gesucht wird.

Das dritte Argument ist das *Kriterium*, welches kleiner als oder gleich dem Wert in der Zelle E3 und somit kleiner/gleich ein Jahr sein soll.

Zusammengefasst lässt sich die Funktion SUMMEWENNS() wie folgt interpretieren: Berechne eine Summe in dem vorgegebenen *Summebereich* E11 bis E24 unter Berücksichtigung des für den *Kriterienbereich* G11 bis G24 definierten *Kriterium* "<="& E3.

Hinweis 5:
Es gilt insbesondere zu beachten, dass die Operatoren kleiner/gleich in Anführungszeichen gesetzt und mit dem Wert der Zelle E3 durch das Et-Zeichen (&) verknüpft werden.

Schritt 2:

Im Gegensatz zur Berechnung des ersten aggregierten Inventurwertes, bei dem als Kriterium lediglich eine Obergrenze (kleiner/gleich ein Jahr) definiert wurde, werden für die Funktion SUMMEWENNS() in der Zelle G4 zwei Kriterien festgelegt, nämlich eine Untergrenze (größer als ein Jahr) und eine Obergrenze (kleiner/gleich zwei Jahre).

=SUMMEWENNS($E$11:$E$24;$G$11:$G$24;">"&D4;$G$11:$G$24;"<="&E4)

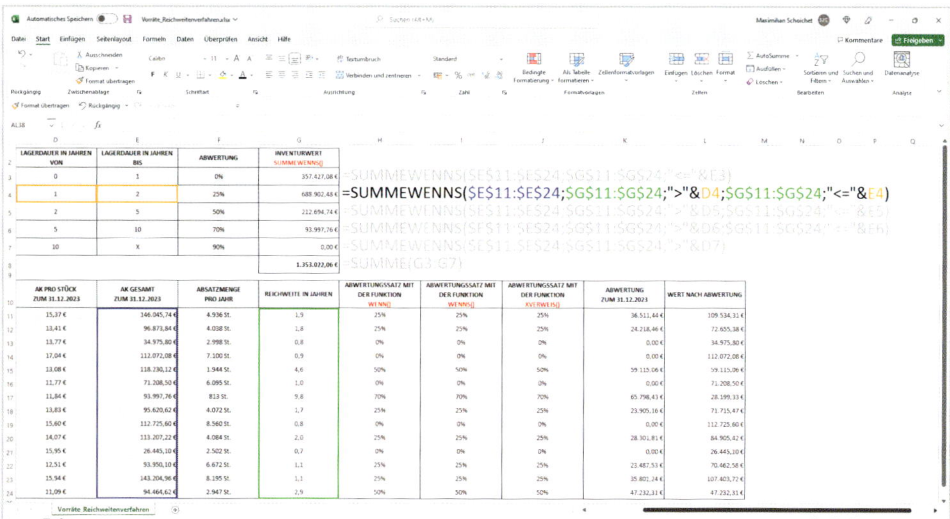

LAGERDAUER IN JAHREN VON	LAGERDAUER IN JAHREN BIS	ABWERTUNG	INVENTURWERT SUMMEWENNS()
0	1	0%	357.427,08 €
1	2	25%	688.902,48 €
2	5	50%	212.694,74 €
5	10	70%	93.997,76 €
10	X	90%	0,00 €
			1.353.022,06 €

AK PRO STÜCK ZUM 31.12.2023	AK GESAMT ZUM 31.12.2023	ABSATZMENGE PRO JAHR	REICHWEITE IN JAHREN	ABWERTUNGSSATZ MIT DER FUNKTION WENN()	ABWERTUNGSSATZ MIT DER FUNKTION WENNS()	ABWERTUNGSSATZ MIT DER FUNKTION XVERWEIS()	ABWERTUNG ZUM 31.12.2023	WERT NACH ABWERTUNG
15,37 €	146.045,74 €	4.936 St.	1,9	25%	25%	25%	36.511,44 €	109.534,31 €
13,41 €	96.873,84 €	4.038 St.	1,8	25%	25%	25%	24.218,46 €	72.655,38 €
13,77 €	34.975,80 €	2.998 St.	0,8	0%	0%	0%	0,00 €	34.975,80 €
17,04 €	112.072,08 €	7.100 St.	0,9	0%	0%	0%	0,00 €	112.072,08 €
13,08 €	118.230,12 €	1.944 St.	4,6	50%	50%	50%	59.115,06 €	59.115,06 €
11,77 €	71.208,50 €	6.095 St.	1,0	0%	0%	0%	0,00 €	71.208,50 €
11,84 €	93.997,76 €	813 St.	9,8	70%	70%	70%	65.798,43 €	28.199,33 €
13,83 €	95.620,62 €	4.072 St.	1,7	25%	25%	25%	23.905,16 €	71.715,47 €
15,60 €	112.725,60 €	8.560 St.	0,8	0%	0%	0%	0,00 €	112.725,60 €
14,07 €	113.207,22 €	4.084 St.	2,0	25%	25%	25%	28.301,81 €	84.905,42 €
15,95 €	26.445,10 €	2.502 St.	0,7	0%	0%	0%	0,00 €	26.445,10 €
12,51 €	93.950,10 €	6.672 St.	1,1	25%	25%	25%	23.487,53 €	70.462,58 €
15,94 €	143.204,96 €	8.195 St.	1,1	25%	25%	25%	35.801,24 €	107.403,72 €
11,09 €	94.464,62 €	2.947 St.	2,9	50%	50%	50%	47.232,31 €	47.232,31 €

Das erste Argument ist der *Summebereich* E11 bis E24, in dem die Summe berechnet wird.

Das zweite Argument ist der erste *Kriterienbereich* G11 bis G24, in dem nach einem Kriterium gesucht wird.

Das dritte Argument ist das erste *Kriterium*, welches größer als der Wert in der Zelle D4 und somit größer als ein Jahr sein soll (die Untergrenze).

Das vierte Argument ist der zweite *Kriterienbereich*, welcher aber genau wie der erste die Zellen von G11 bis G24 umfasst. Somit sind beide *Kriterienbereiche* in diesem Beispiel gleich.

Das fünfte Argument ist das zweite *Kriterium* welches kleiner als oder gleich dem Wert in der Zelle E4 und somit kleiner/gleich zwei Jahre sein soll (die Obergrenze).

Somit gibt es bei dieser Funktion SUMMEWENNS() einen Summebereich und zwei gleiche Kriterienbereiche mit zwei Kriterien, nach denen die Summe gebildet wird.

Die weiteren Funktionen SUMMEWENNS() in den Zellen G5 und G6 zur Berechnung der *aggregierten Inventurwerte* in den Bereichen größer als zwei Jahre und kleiner/gleich fünf Jahre sowie größer als fünf Jahre und kleiner/gleich zehn Jahre sind analog aufgebaut und den vorhandenen Abbildungen zu entnehmen.

Schritt 3:

Die Funktion SUMMEWENNS() in der Zelle G7 für den Bereich größer als zehn Jahre ähnelt in ihrem Aufbau der ersten Funktion SUMMEWENNS() für den Bereich kleiner/gleich ein Jahr. Beide Funktionen berücksichtigen ausschließlich ein Kriterium für die Berechnung der Summe.

=SUMMEWENNS($E$11:$E$24;$G$11:$G$24;">"&D7)

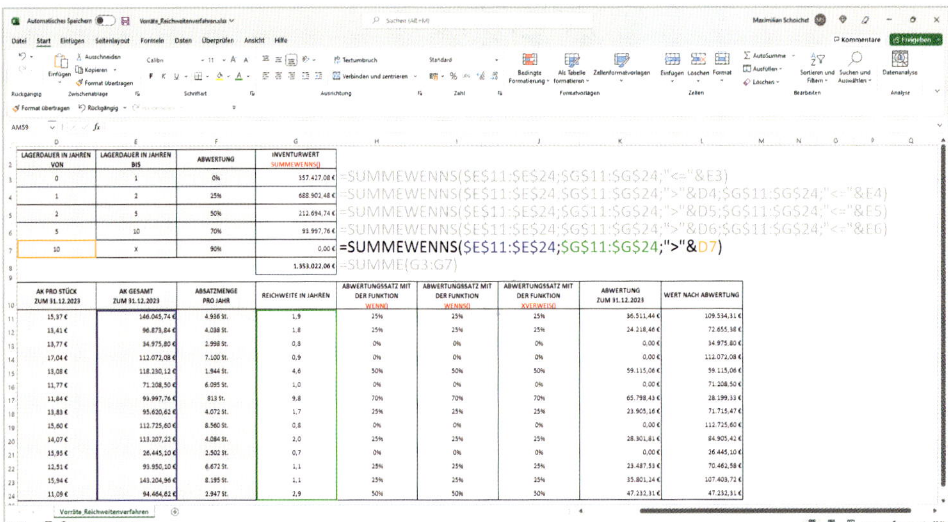

Das erste Argument ist der *Summebereich* E11 bis E24, in dem die Summe berechnet wird.

Das zweite Argument ist der *Kriterienbereich* G11 bis G24, in dem nach einem Kriterium gesucht wird.

Das dritte Argument ist das *Kriterium*, welches größer als der Wert in der Zelle D7 und somit größer als zehn Jahre sein soll.

Die Gesamtsumme der nach den einzelnen Gängigkeitsklassen *aggregierten Inventurwerte* wird anschließend in der Zelle G8 mit einer einfachen Funktion SUMME() berechnet.

Als Nächstes beschäftigen wir uns mit der *Aggregation des Abwertungswertes* ebenfalls nach den einzelnen Gängigkeitsklassen. Die Funktionen SUMMEWENNS(), welche dabei verwendet werden, unterscheiden sich von den bereits oben erläuterten Funktionen ausschließlich im ersten Argument – dem Summebereich. Denn jetzt werden nicht mehr die einzelnen Anschaffungskosten, sondern die einzelnen Abwertungsbeträge aggregiert. Wie aus der nachfolgenden Abbildung ersichtlich hat sich der *Summebereich* auf die Zellen K11 bis K24 verschoben, der *Kriterienbereich* und die jeweiligen *Kriterien* bleiben alle gleich.

Schritt 1:

Die Funktion SUMMEWENNS() in der Zelle H3 lautet:

=SUMMEWENNS($K$11:$K$24;$G$11:$G$24;"<="&E3)

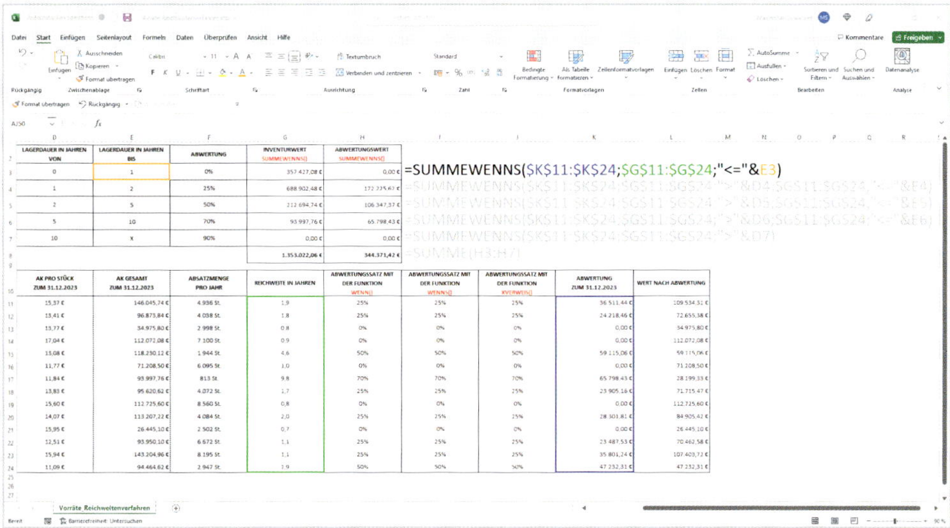

LAGERDAUER IN JAHREN VON	LAGERDAUER IN JAHREN BIS	ABWERTUNG	INVENTURWERT SUMMEWENNS()	ABWERTUNGSWERT SUMMEWENNS()
0	1	0%	357.427,08 €	0,00 €
1	2	25%	688.902,48 €	172.225,62 €
2	5	50%	212.694,74 €	106.347,37 €
5	10	70%	93.997,76 €	65.798,43 €
10	X	90%	0,00 €	0,00 €
			1.353.022,06 €	344.371,42 €

AK PRO STÜCK ZUM 31.12.2023	AK GESAMT ZUM 31.12.2023	ABSATZMENGE PRO JAHR	REICHWEITE IN JAHREN	ABWERTUNGSSATZ MIT DER FUNKTION WENN()	ABWERTUNGSSATZ MIT DER FUNKTION WENNS()	ABWERTUNGSSATZ MIT DER FUNKTION XVERWEIS()	ABWERTUNG ZUM 31.12.2023	WERT NACH ABWERTUNG
15,37 €	146.045,74 €	4.936 St.	1,9	25%	25%	25%	36.511,44 €	109.534,31 €
13,41 €	96.873,84 €	4.038 St.	1,8	25%	25%	25%	24.218,46 €	72.655,38 €
13,77 €	34.975,80 €	2.998 St.	0,8	0%	0%	0%	0,00 €	34.975,80 €
17,04 €	112.072,08 €	7.100 St.	0,9	0%	0%	0%	0,00 €	112.072,08 €
13,08 €	118.230,12 €	1.944 St.	4,6	50%	50%	50%	59.115,06 €	59.115,06 €
11,77 €	71.208,50 €	6.095 St.	1,0	0%	0%	0%	0,00 €	71.208,50 €
11,84 €	93.997,76 €	813 St.	9,8	70%	70%	70%	65.798,43 €	28.199,33 €
13,83 €	95.620,62 €	4.072 St.	1,7	25%	25%	25%	23.905,16 €	71.715,47 €
15,60 €	112.725,60 €	8.560 St.	0,8	0%	0%	0%	0,00 €	112.725,60 €
14,07 €	113.207,22 €	4.084 St.	2,0	25%	25%	25%	28.301,81 €	84.905,42 €
15,95 €	26.445,10 €	2.502 St.	0,7	0%	0%	0%	0,00 €	26.445,10 €
12,51 €	93.950,10 €	6.672 St.	1,1	25%	25%	25%	23.487,53 €	70.462,58 €
15,94 €	143.204,96 €	8.195 St.	1,1	25%	25%	25%	35.801,24 €	107.403,72 €
11,09 €	94.464,62 €	2.947 St.	2,9	50%	50%	50%	47.232,31 €	47.232,31 €

Das erste Argument ist der *Summebereich* K11 bis K24, in dem die Summe berechnet wird.

Das zweite Argument ist der *Kriterienbereich* G11 bis G24, in dem nach einem Kriterium gesucht wird.

Das dritte Argument ist das *Kriterium* welches kleiner als oder gleich dem Wert in der Zelle E3 und somit kleiner/gleich ein Jahr sein soll.

Schritt 2:

Die Funktion SUMMEWENNS() in der Zelle H4 lautet:

=SUMMEWENNS($K$11:$K$24;$G$11:$G$24;">"&D4;$G$11:$G$24;"<="&E4)

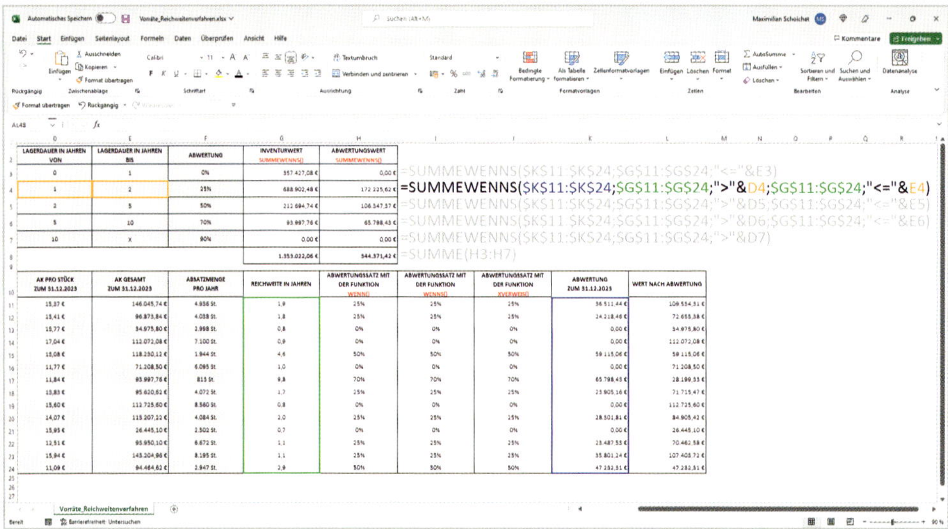

Das erste Argument ist der *Summebereich* K11 bis K24, in dem die Summe berechnet wird.

Das zweite Argument ist der erste *Kriterienbereich* G11 bis G24, in dem nach einem Kriterium gesucht wird.

Das dritte Argument ist das erste *Kriterium*, welches größer als der Wert in der Zelle D4 und somit größer als ein Jahr sein soll (die Untergrenze).

Das vierte Argument ist der zweite *Kriterienbereich*, welcher aber genau wie der erste die Zellen von G11 bis G24 umfasst. Somit sind beide Kriterienbereiche in diesem Beispiel gleich.

Das fünfte Argument ist das zweite *Kriterium*, welches kleiner als oder gleich dem Wert in der Zelle E4 und somit kleiner/gleich zwei Jahre sein soll (die Obergrenze).

Die weiteren Funktionen SUMMEWENNS() in den Zellen H5 und H6 zur Berechnung der *aggregierten Abwertungswerte* in den Bereichen größer als zwei Jahre und kleiner/gleich fünf Jahre sowie größer als fünf Jahre und kleiner/gleich zehn Jahre sind analog aufgebaut und den vorhandenen Abbildungen zu entnehmen.

Schritt 3:

Die Funktion SUMMEWENNS() in der Zelle H7 lautet:

=SUMMEWENNS($K$11:$K$24;$G$11:$G$24;">"&D7)

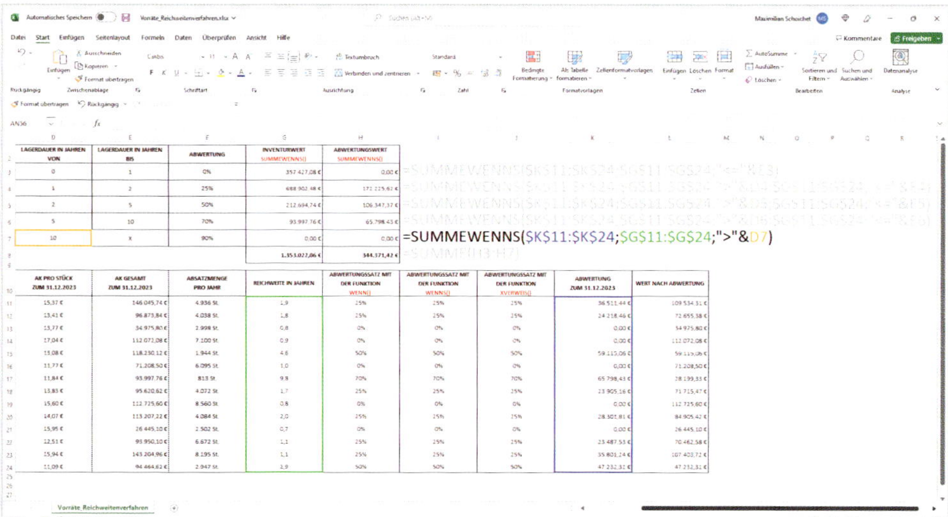

Das erste Argument ist der *Summebereich* K11 bis K24, in dem die Summe berechnet wird.

Das zweite Argument ist der *Kriterienbereich* G11 bis G24, in dem nach einem Kriterium gesucht wird.

Das dritte Argument ist das *Kriterium*, welches größer als der Wert in der Zelle D7 und somit größer als zehn Jahre sein soll.

Die Gesamtsumme der nach den einzelnen Gängigkeitsklassen *aggregierten Abwertungswerte* wird anschließend in der Zelle H8 mit einer einfachen Funktion SUMME() berechnet.

Zum Abschluss dieses Beispiels werden im Zellbereich I3 bis I7 die nach den fünf Gängigkeitsklassen *aggregierten Werte nach Abwertung* berechnet. Die Formel in der Zelle I3 lautet:

=G3-H3

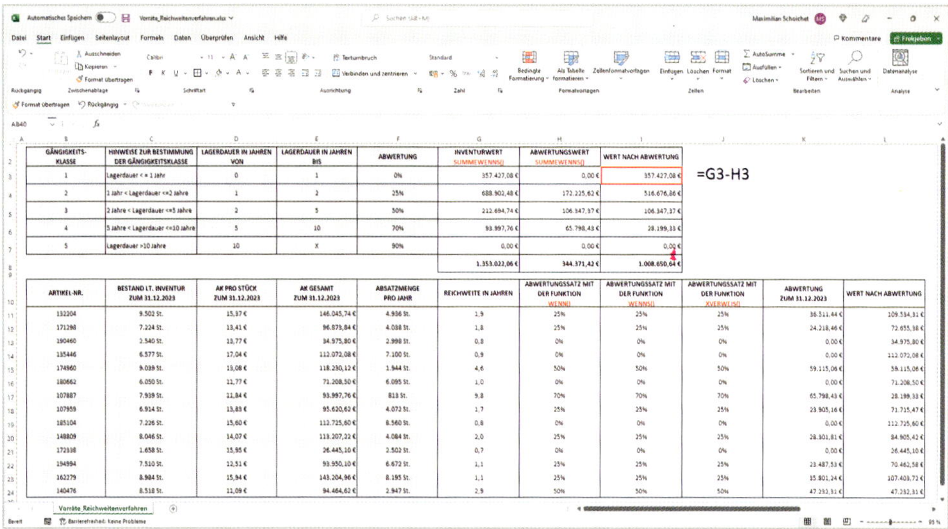

Nach der Übertragung der oben genannten Formel auf den Zellbereich I4 bis I7 und der Berechnung der Summe in der Zelle I8 wird unser Gesamtergebnis ersichtlich.

4 Prüfung der Offene-Posten-Liste der Forderungen auf doppelte Belegnummern

Download-Datei:
OP-Liste_31.12.2023.xlsx

Excel-Werkzeuge:
– Bedingte Formatierung

Die Belegnummer ist eine eindeutige Nummer, die jeder Forderung bei der Buchung entweder automatisch oder manuell zugewiesen wird und somit ihrer eindeutigen Identifikation dient. Nachfolgend soll die Offene-Posten-Liste der Forderungen zum 31.12.2023 auf etwaige doppelt vergebene Belegnummern geprüft werden.

Die abgebildete Offene-Posten-Liste zum 31.12.2023 ist in der Download-Datei OP-Liste_31.12.2023.xlsx enthalten.

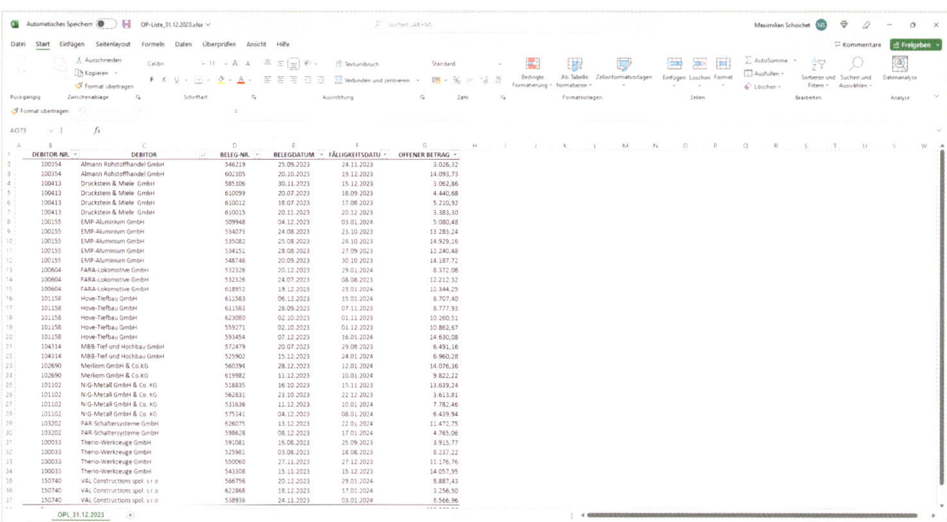

DEBITOR-NR.	DEBITOR	BELEG-NR.	BELEGDATUM	FÄLLIGKEITSDATU	OFFENER BETRAG
100354	Almann Rohstoffhandel GmbH	546219	25.09.2023	24.11.2023	3.026,32
100354	Almann Rohstoffhandel GmbH	602105	20.10.2023	19.12.2023	14.093,73
100413	Druckstein & Miele GmbH	585106	30.11.2023	15.12.2023	3.062,86
100413	Druckstein & Miele GmbH	610099	20.07.2023	18.09.2023	4.440,68
100413	Druckstein & Miele GmbH	610012	18.07.2023	17.08.2023	5.210,92
100413	Druckstein & Miele GmbH	610015	20.11.2023	20.12.2023	3.383,30
100155	EMP-Aluminium GmbH	509948	04.12.2023	03.01.2024	5.080,48
100155	EMP-Aluminium GmbH	534073	24.08.2023	23.10.2023	13.283,24
100155	EMP-Aluminium GmbH	535082	25.08.2023	24.10.2023	14.929,16
100155	EMP-Aluminium GmbH	534151	28.08.2023	27.09.2023	12.240,48
100155	EMP-Aluminium GmbH	548746	20.09.2023	30.10.2023	14.187,72
100604	FARA-Lokomotive GmbH	532326	20.12.2023	29.01.2024	8.372,08
100604	FARA-Lokomotive GmbH	532326	24.07.2023	08.08.2023	12.212,32
100604	FARA-Lokomotive GmbH	618952	19.12.2023	23.01.2024	12.344,25
101158	Hove-Tiefbau GmbH	611583	06.12.2023	15.01.2024	8.707,40
101158	Hove-Tiefbau GmbH	611583	28.09.2023	07.11.2023	8.777,93
101158	Hove-Tiefbau GmbH	623080	02.10.2023	01.11.2023	10.260,51
101158	Hove-Tiefbau GmbH	559271	02.10.2023	01.12.2023	10.862,67
101158	Hove-Tiefbau GmbH	593454	07.12.2023	16.01.2024	14.630,08
104314	MBB-Tief-und Hochbau GmbH	572479	20.07.2023	29.08.2023	6.491,16
104314	MBB-Tief-und Hochbau GmbH	525902	15.12.2023	24.01.2024	6.960,28
102690	Merliom GmbH & Co.KG	560394	28.12.2023	12.01.2024	14.076,36
102690	Merliom GmbH & Co.KG	619982	11.12.2023	10.01.2024	9.822,22
101102	NiG-Metall GmbH & Co. KG	518835	16.10.2023	15.11.2023	13.639,24
101102	NiG-Metall GmbH & Co. KG	562831	23.10.2023	22.12.2023	3.613,81
101102	NiG-Metall GmbH & Co. KG	531636	11.12.2023	10.01.2024	7.782,46
101102	NiG-Metall GmbH & Co. KG	575341	04.12.2023	08.01.2024	6.439,94
103202	PAR-Schaltersysteme GmbH	626075	13.12.2023	22.01.2024	11.472,75
103202	PAR-Schaltersysteme GmbH	598628	08.12.2023	17.01.2024	4.765,06
100033	Therio-Werkzeuge GmbH	591081	16.08.2023	25.09.2023	3.915,77
100033	Therio-Werkzeuge GmbH	525981	03.08.2023	18.08.2023	8.237,22
100033	Therio-Werkzeuge GmbH	550060	27.11.2023	27.12.2023	11.176,76
100033	Therio-Werkzeuge GmbH	543308	15.11.2023	15.12.2023	14.057,95
150740	VAL Constructions spol. s.r.o	566756	20.12.2023	29.01.2024	8.887,43
150740	VAL Constructions spol. s.r.o	622868	18.12.2023	17.01.2024	3.256,50
150740	VAL Constructions spol. s.r.o	538936	24.11.2023	03.01.2024	8.566,96

Für diese recht unkomplizierte und schnelle Prüfungshandlung werden wir ein Werkzeug namens *bedingte Formatierung* einsetzen und damit mit wenigen Klicks die doppelten Belegnummern automatisch farblich markieren lassen.

❶ die Spalte *BELEG-NR.* markieren ❷ die Registerkarte *Start* anklicken ❸ in der Gruppe *Formatvorlagen* die *Bedingte Formatierung* anklicken ❹ die Option *Regeln zum Hervorheben von Zellen* auswählen ❺ die Regel *Doppelte Werte* anklicken

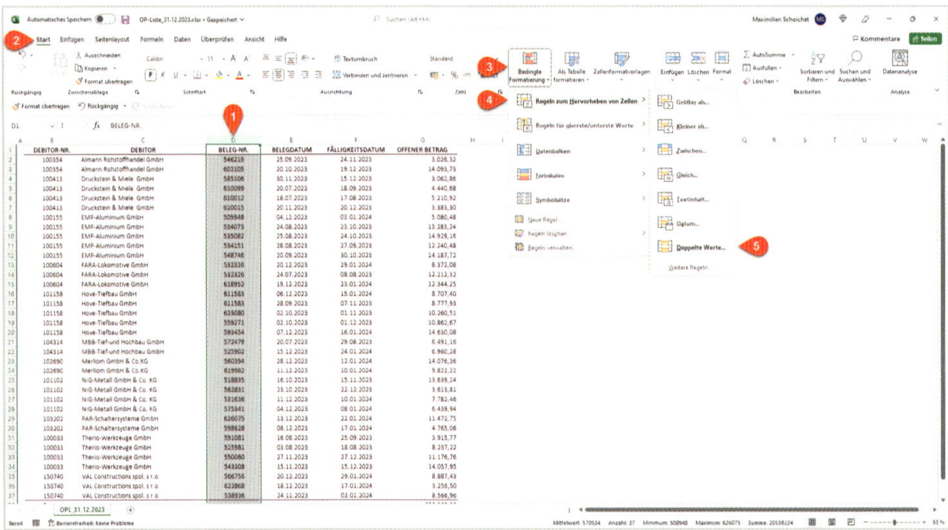

In dem nachfolgenden Dialogfenster können unterschiedliche Formate für die Markierung der Treffer, in unserem Beispiel der doppelten Belegnummern, festgelegt werden.

❻ die gewünschte Farbe für den Zellenhintergrund der Treffer auswählen ❼ mit Klick auf *OK* bestätigen

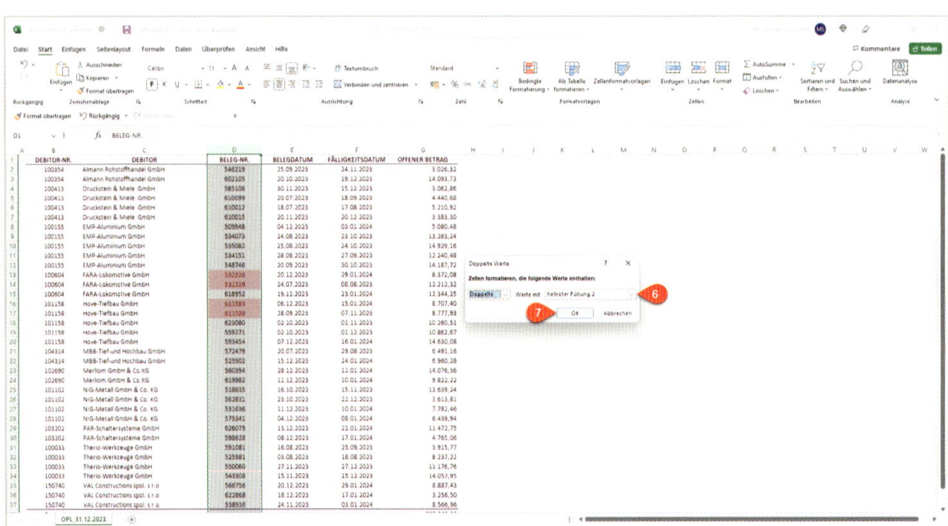

Im Ergebnis werden alle mehrfach vergebenen Belegnummern durch die für den Zellenhintergrund ausgewählte Farbe hervorgehoben. Für eine bessere Übersicht kann abschließend eine Sortierung der gesamten OP-Liste nach der Farbe der bedingten Formatierung in der Spalte *BELEG-NR.* vorgenommen werden.

❶ eine beliebige Zelle in der Liste der offenen Forderungen anklicken ❷ die Registerkarte *Daten* anklicken ❸ in der Gruppe *Sortieren und Filtern* das große Trichtersymbol *Filtern* anklicken

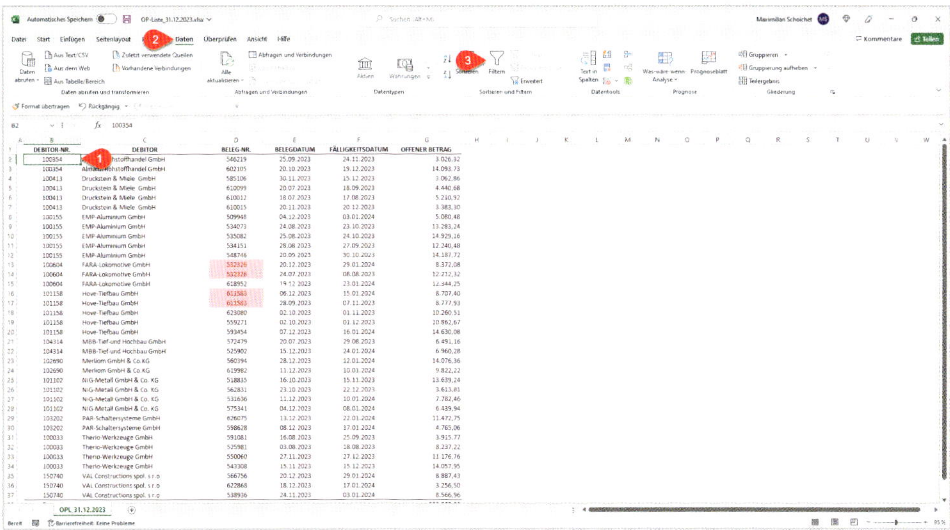

❹ das Filtersymbol in der Spalte *BELEG-NR.* anklicken ❺ die Option *Nach Farbe sortieren* auswählen ❻ die Farbe der bedingten Formatierung für die doppelten Werte anklicken

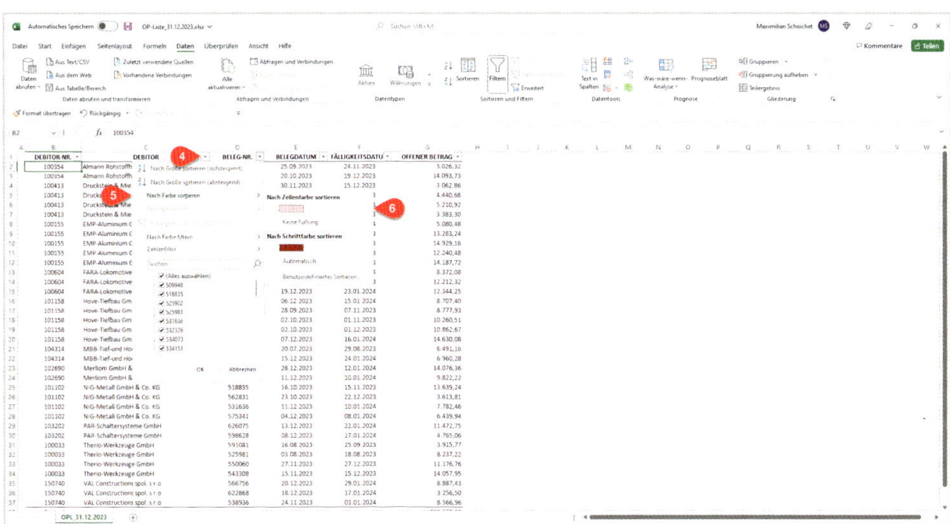

Wie die nächste Abbildung zeigt, werden damit alle doppelten Belegnummern nach oben sortiert, anschließend folgen die eindeutigen Belegnummern.

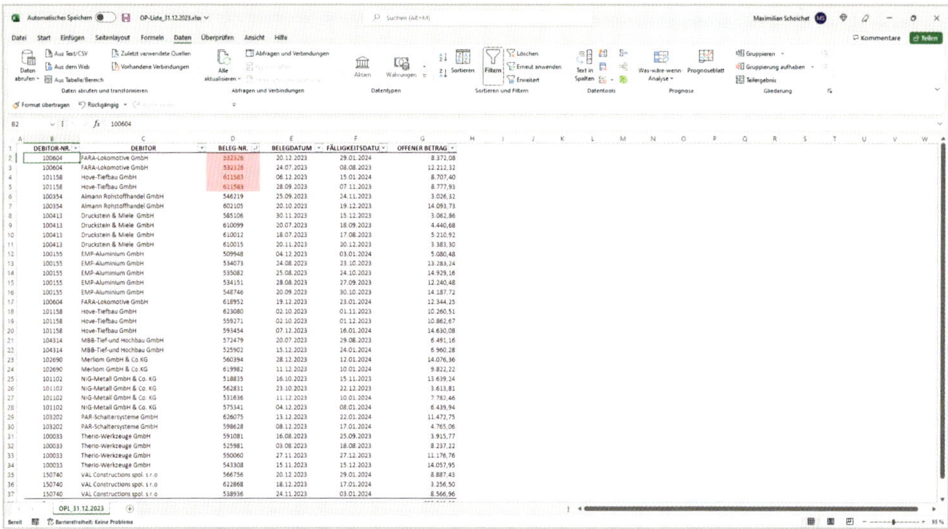

Die bedingte Formatierung bietet darüber hinaus eine Vielzahl weiterer Regeln, wie z.B. *Größer als* oder *Kleiner Als* oder *Zwischen* usw. an, die analog zu der Regel *Doppelte Werte* auf ausgewählte Zellbereiche angewendet werden können.

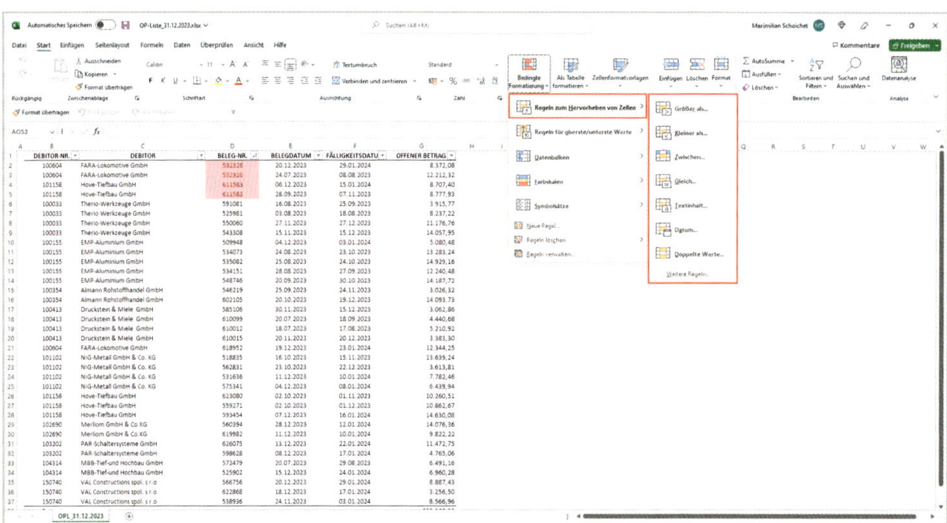

Darüber hinaus können mit der Option *Neue Regel* auch eigene, in der Auswahl nicht vorhandene Regeln zusätzlich erstellt werden. Für solche neuen Regeln lassen sich Excel-Funktionen verwenden, um die bedingte Formatierung auch bei komplexeren Kontexten und Fragestellungen anwenden zu können. In vielen Praxisfällen stellen aber die bereits zur Auswahl stehenden Regeln durchaus eine große und unkomplizierte Hilfe für die Anwender dar.

Eine ausgewählte Regel für die bedingte Formatierung bleibt so lange aktiv, bis sie explizit gelöscht wird, und gilt somit auch für nachträglich geänderte oder neu hinzugefügte Werte in dem bedingt formatierten Bereich. Zum Löschen der bedingten Formatierung steht der Befehl *Regel löschen* in der Auswahl zur Verfügung.

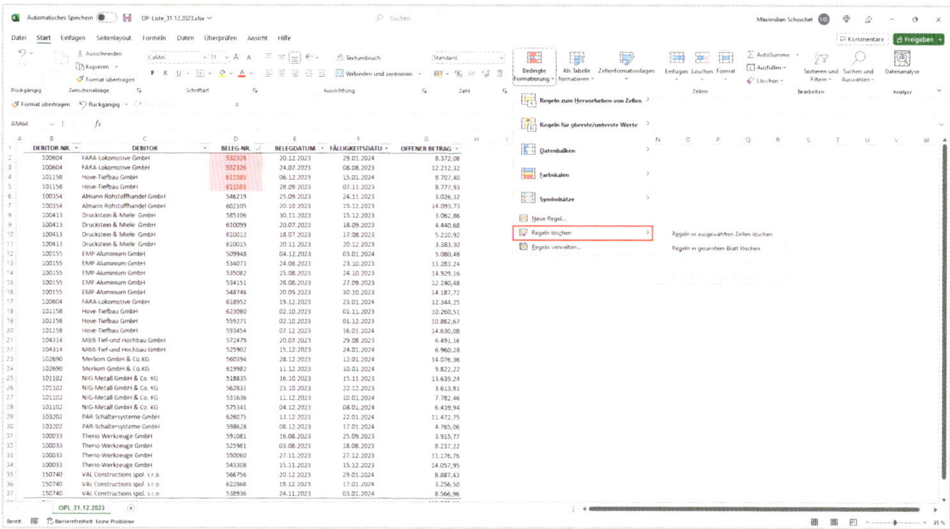

5 Abstimmung der Offene-Posten-Liste mit der Summen- und Saldenliste und dem Hauptbuchkonto der offenen Forderungen

Download-Datei:

OP_Debitoren_31.12.2023.xlsx

SuSa_Debitoren_31.12.2023.xlsx

Excel-Werkzeuge:

- Tool Teilergebnis

Die Abstimmung von Haupt- und Nebenbüchern gehört zu den Standardprüfungshandlungen jeder Abschlussprüfung. Für den Bereich der Forderungen aus Lieferungen und Leistungen entspricht dies der Abstimmung der Offene-Posten-Liste und der Summen- und Saldenliste mit dem Hauptbuchkonto der Forderungen auf der Ebene des Gesamtsaldos.

Die Summen- und Saldenliste der Forderungen fasst alle offenen Forderungen nach den Debitoren zusammen und zeigt die entsprechenden Teilergebnisse an. Dagegen stellt die Offene-Posten-Liste der Forderungen die offenen Forderungen für jeden Debitor einzeln dar.

In der Regel stimmen Gesamtsaldo der Offene-Posten-Liste und der Summen- und Saldenliste mit dem des Hauptbuchkontos überein, vor allem, wenn es sich um ein integriertes Buchhaltungssystem handelt. Beim Einsatz großer ERP-Systeme, bei denen die Nebenbücher in einzelnen Modulen geführt werden, können aber auch Differenzen vorkommen.

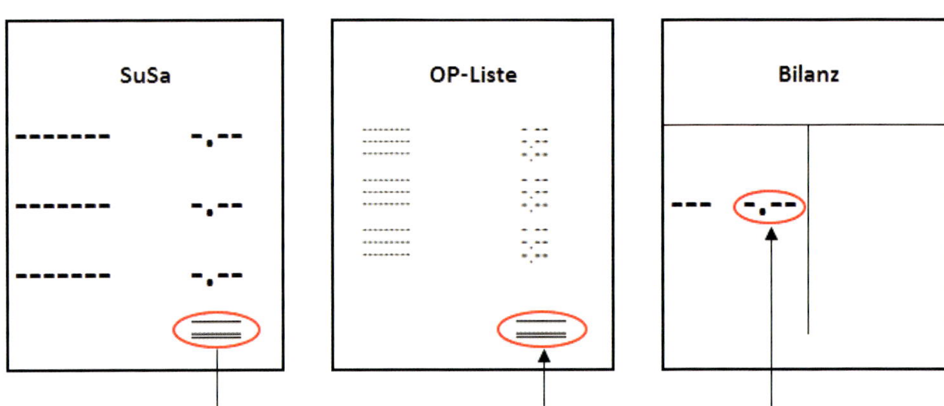

1 eine beliebige Zelle in der Offenen-Posten-Liste anklicken 2 die Registerkarte *Daten* anklicken 3 in der Gruppe *Sortieren und Filtern* das große Trichtersymbol *Filtern* anklicken

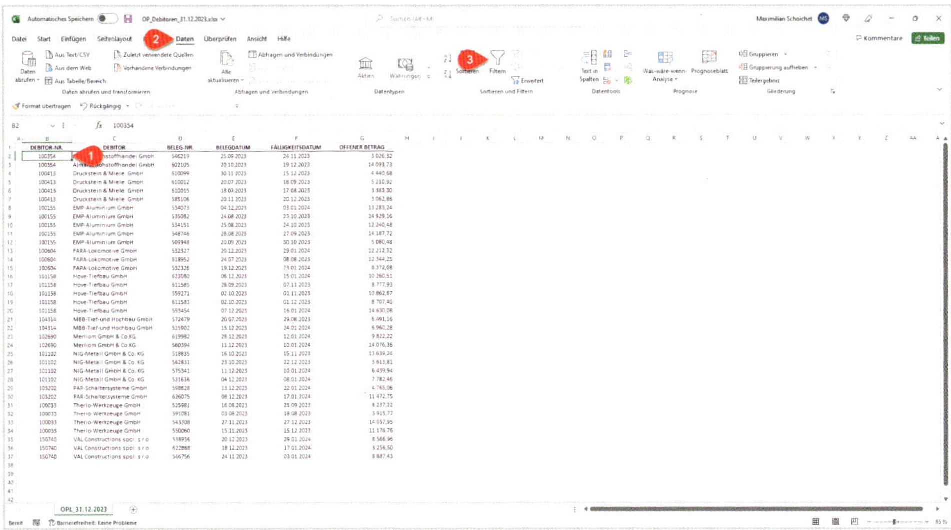

4 das Filtersymbol in der Spalte *DEBITOR-NR.* (Spalte B) anklicken 5 die Option *Nach Größe sortieren (aufsteigend)* auswählen

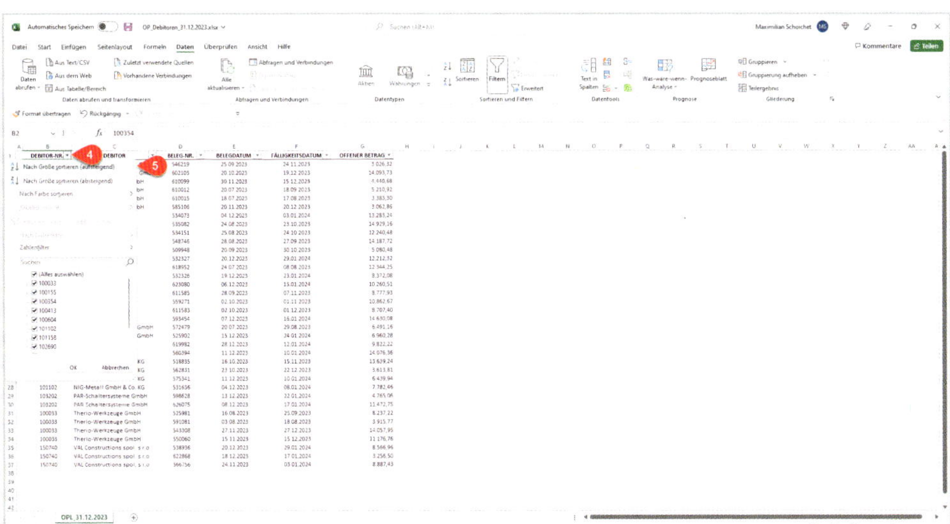

Nach den sortierten Debitorennummern sollen jetzt automatisch die Teilergebnisse in der Spalte *OFFENER BETRAG* (Spalte G) berechnet werden.

❶ eine beliebige Zelle in der Offenen-Posten-Liste anklicken ❷ die Registerkarte *Daten* anklicken ❸ in der Gruppe *Gliederung* das Tool *Teilergebnis* anklicken

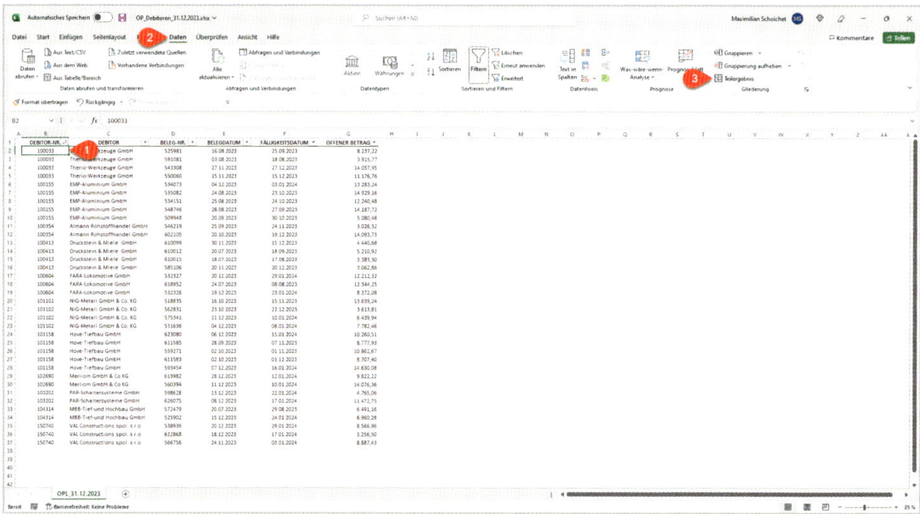

❹ im Dropdown-Feld *Gruppieren nach:* die Spalte *DEBITOR-NR.* auswählen ❺ im Dropdown-Feld *Unter Verwendung von:* die Aggregation *Summe* auswählen ❻ in der Liste *Teilergebnis addieren zu:* die Spalte *OFFENER BETRAG* aktivieren ❼ mit Klick auf *OK* bestätigen

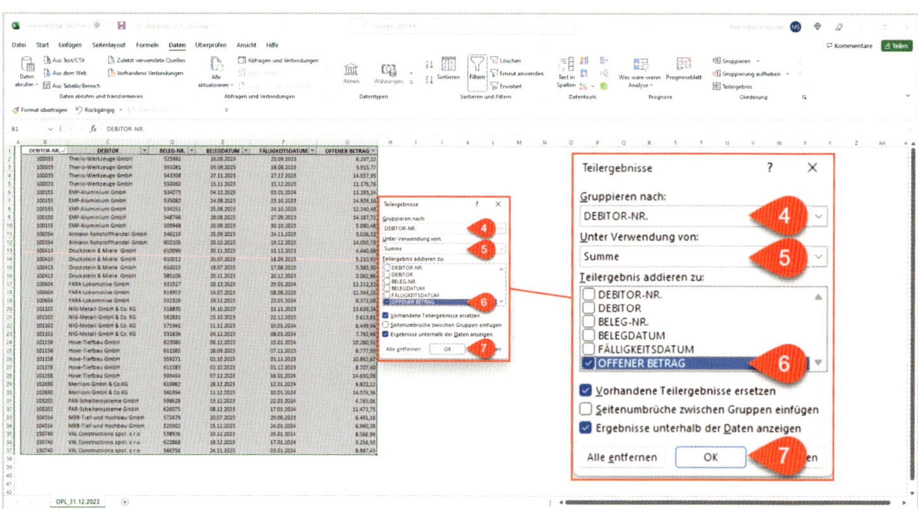

Nun werden die einzelnen offenen Forderungen und die berechneten Teilergebnisse für jede Debitorennummer sowie unten das berechnete Gesamtergebnis angezeigt. In der oberen linken Ecke des Tabellenblattes ist jetzt darüber hinaus eine Option zum Wechseln zwischen drei unterschiedlichen Ansichten sichtbar. Die aktuelle Ansicht ist die dritte und die detaillierteste Ansicht. Durch einen Wechsel zur zweiten Ansicht werden ausschließlich die berechneten Teilergebnisse und das Gesamtergebnis angezeigt, somit eine aus der Offene-Posten-Liste erstellte Summen- und Saldenliste.

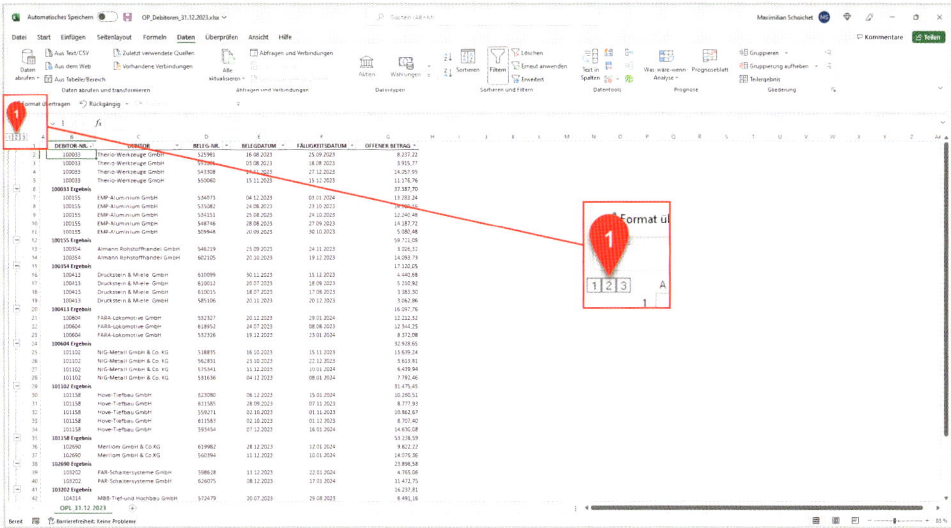

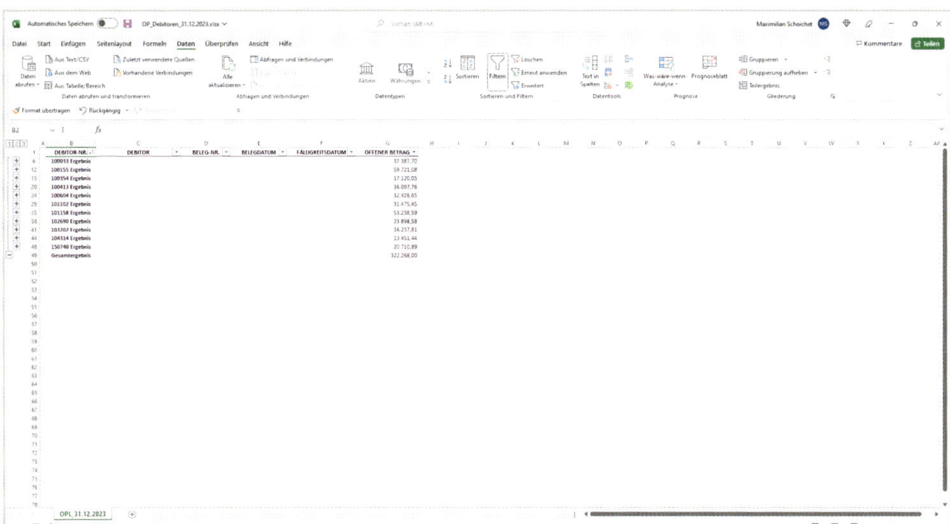

Beim direkten Vergleich von nunmehr zwei Summen- und Saldenlisten ist jetzt eine Abstimmung auf Ebene der einzelnen Debitorensalden möglich. Wie die untere Abbildung zeigt, ist in unserem Beispiel recht schnell erkennbar, dass die Abweichung ausschließlich auf den Saldo der Debitorennummer *101102* (Debitor *NIG-Metall GmbH & Co. KG*) zurückzuführen ist.

Hinweis 6:
Bei umfangreicheren Summen- und Saldenlisten kann zur Abstimmung der Debitorensalden die u.a. in den Kapiteln 3 und 7 beschriebene Funktion XVERWEIS() bzw. Funktion SVERWEIS() eingesetzt werden.

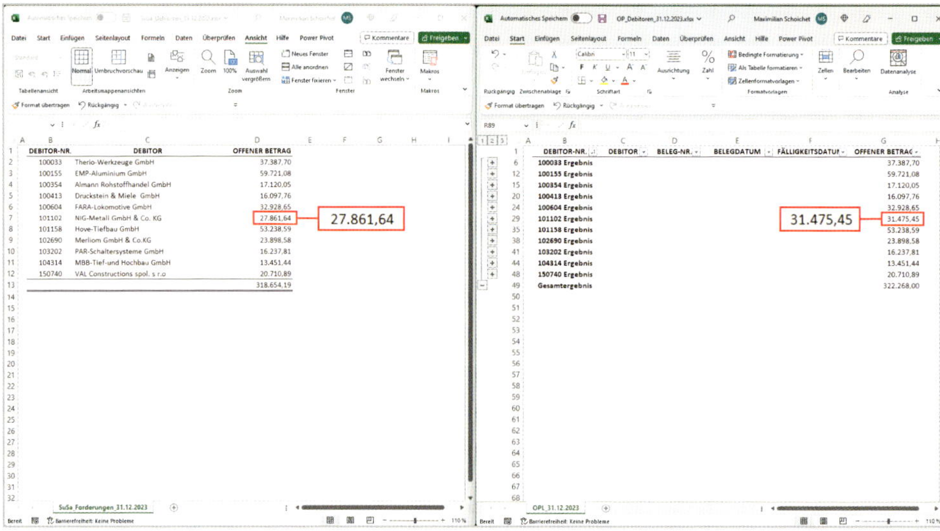

Um die Ursache für die Abweichung in Höhe von 3.613,81 EUR weiter zu erkunden, können wiederum die einzelnen offenen Posten aus dem sich der Saldo (das Teilergebnis) zusammensetzt, durch einen Klick auf das Pluszeichen links neben der Debitorennummer *101102* angezeigt werden.

Wie die nachfolgende Abbildung zeigt, entspricht die gesuchte Differenz genau dem offenen Forderungsbetrag mit der Belegnummer *562831*. Auf der Grundlage dieser Information kann nun die Aufklärung des Sachverhalts durch eine Rücksprache mit der verantwortlichen Person vorgenommen werden.

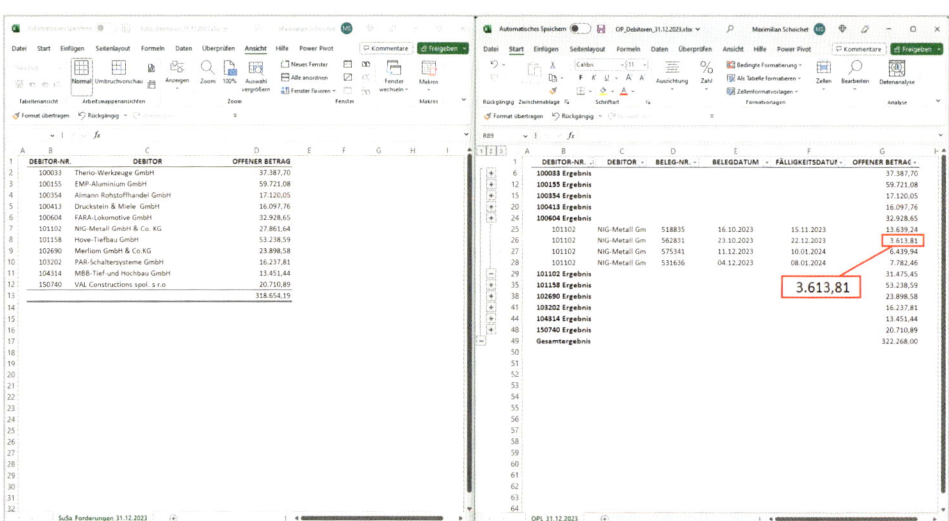

6 Aufstellung einer Altersstrukturanalyse

Download-Datei:
OP_Debitoren_31.12.2023.xlsx

Excel-Werkzeuge:
- Benutzerdefinierte Formatierung

Im Rahmen einer Altersstrukturanalyse sollen in einer Offenen-Posten-Liste die Fälligkeitstage der offenen Forderungen zum Stichtag 31.12.2023 berechnet werden, um anschließend nach diesen eine absteigende Sortierung der offenen Posten durchzuführen.

Im nächsten Kapitel wird die Altersstrukturanalyse wiederum als Grundlage für die Erstellung einer Unterlage zur Prüfung der Werthaltigkeit der offenen Forderungen und der eventuell vorzunehmenden Einzelwertberichtigung dienen.

Die in unserem Beispiel verwendete Offene-Posten-Liste zum Stichtag 31.12.2023 steht als Download-Datei OP_Debitoren_31.12.2023.xlsx zur Verfügung.

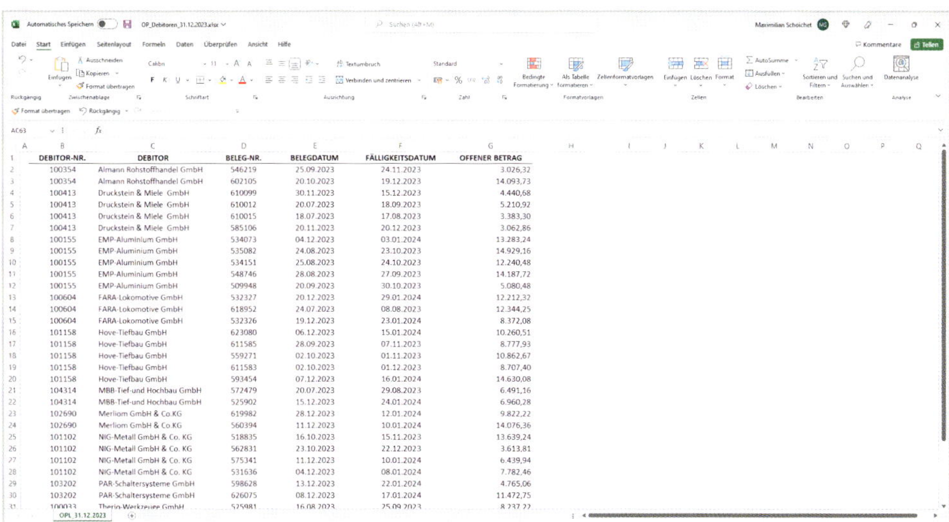

	DEBITOR-NR.	DEBITOR	BELEG-NR.	BELEGDATUM	FÄLLIGKEITSDATUM	OFFENER BETRAG
2	100354	Almann Rohstoffhandel GmbH	546219	25.09.2023	24.11.2023	3.026,32
3	100354	Almann Rohstoffhandel GmbH	602105	20.10.2023	19.12.2023	14.093,73
4	100413	Druckstein & Miele GmbH	610099	30.11.2023	15.12.2023	4.440,68
5	100413	Druckstein & Miele GmbH	610012	20.07.2023	18.09.2023	5.210,92
6	100413	Druckstein & Miele GmbH	610015	18.07.2023	17.08.2023	3.383,30
7	100413	Druckstein & Miele GmbH	585106	20.11.2023	20.12.2023	3.062,86
8	100155	EMP-Aluminium GmbH	534073	04.12.2023	03.01.2024	13.283,24
9	100155	EMP-Aluminium GmbH	535082	24.08.2023	23.10.2023	14.929,16
10	100155	EMP-Aluminium GmbH	534151	25.08.2023	24.10.2023	12.240,48
11	100155	EMP-Aluminium GmbH	548746	28.08.2023	27.09.2023	14.187,72
12	100155	EMP-Aluminium GmbH	509948	20.09.2023	30.10.2023	5.080,48
13	100604	FARA-Lokomotive GmbH	532327	20.12.2023	29.01.2024	12.212,32
14	100604	FARA-Lokomotive GmbH	618952	24.07.2023	08.08.2023	12.344,25
15	100604	FARA-Lokomotive GmbH	532326	19.12.2023	23.01.2024	8.372,08
16	101158	Hove-Tiefbau GmbH	623080	06.12.2023	15.01.2024	10.260,51
17	101158	Hove-Tiefbau GmbH	611585	28.09.2023	07.11.2023	8.777,93
18	101158	Hove-Tiefbau GmbH	559271	02.10.2023	01.11.2023	10.862,67
19	101158	Hove-Tiefbau GmbH	611583	02.10.2023	01.12.2023	8.707,40
20	101158	Hove-Tiefbau GmbH	593454	07.12.2023	16.01.2024	14.630,08
21	104314	MBB-Tief-und Hochbau GmbH	572479	20.07.2023	29.08.2023	6.491,16
22	104314	MBB-Tief-und Hochbau GmbH	525902	15.12.2023	24.01.2024	6.960,28
23	102690	Merliom GmbH & Co.KG	619982	28.12.2023	12.01.2024	9.822,22
24	102690	Merliom GmbH & Co.KG	560394	11.12.2023	10.01.2024	14.076,36
25	101102	NIG-Metall GmbH & Co. KG	518835	16.10.2023	15.11.2023	13.639,24
26	101102	NIG-Metall GmbH & Co. KG	562831	23.10.2023	22.12.2023	3.613,81
27	101102	NIG-Metall GmbH & Co. KG	575341	11.12.2023	10.01.2024	6.439,94
28	101102	NIG-Metall GmbH & Co. KG	531636	04.12.2023	08.01.2024	7.782,46
29	103202	PAR-Schaltersysteme GmbH	598628	13.12.2023	22.01.2024	4.765,06
30	103202	PAR-Schaltersysteme GmbH	626075	08.12.2023	17.01.2024	11.472,75
31	100033	Therio-Werkzeuge GmbH	525981	16.08.2023	25.09.2023	8.237,22

Im ersten Schritt soll ergänzend zu den vorhandenen Spalten eine neue Spalte mit der Überschrift *FÄLLIGKEITSTAGE ZUM 31.12.2023* erstellt werden. Allerdings soll als tatsächlicher Wert nur das Datum *31.12.2023* in die Zelle H1 eingegeben werden; der Text *FÄLLIGKEITSTAGE ZUM* wird dagegen als benutzerdefiniertes Format festgelegt.

Diese Vorgehensweise hat den Vorteil, dass das Datum aus der Überschrift trotz des (sichtbaren) Textes direkt zur Berechnung der Fälligkeitstage verwendet werden kann.

1 das Datum *31.12.2023* als Überschrift der neuen Spalte in die Zelle H1 eingeben

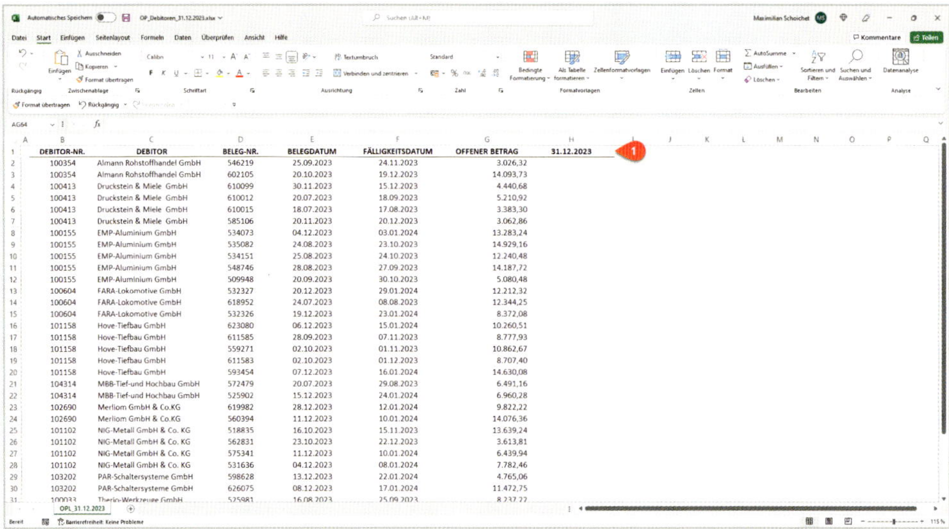

DEBITOR-NR.	DEBITOR	BELEG-NR.	BELEGDATUM	FÄLLIGKEITSDATUM	OFFENER BETRAG	31.12.2023
100354	Almann Rohstoffhandel GmbH	546219	25.09.2023	24.11.2023	3.026,32	
100354	Almann Rohstoffhandel GmbH	602105	20.10.2023	19.12.2023	14.093,73	
100413	Druckstein & Miele GmbH	610099	30.11.2023	15.12.2023	4.440,68	
100413	Druckstein & Miele GmbH	610012	20.07.2023	18.09.2023	5.210,92	
100413	Druckstein & Miele GmbH	610015	18.07.2023	17.08.2023	3.383,30	
100413	Druckstein & Miele GmbH	585106	20.11.2023	20.12.2023	3.062,86	
100155	EMP-Aluminium GmbH	534073	04.12.2023	03.01.2024	13.283,24	
100155	EMP-Aluminium GmbH	535082	24.08.2023	23.10.2023	14.929,16	
100155	EMP-Aluminium GmbH	534151	25.08.2023	24.10.2023	12.240,48	
100155	EMP-Aluminium GmbH	548746	28.08.2023	27.09.2023	14.187,72	
100155	EMP-Aluminium GmbH	509948	20.09.2023	30.10.2023	5.080,48	
100604	FARA-Lokomotive GmbH	532327	20.12.2023	29.01.2024	12.212,32	
100604	FARA-Lokomotive GmbH	618952	24.07.2023	08.08.2023	12.344,25	
100604	FARA-Lokomotive GmbH	532326	19.12.2023	23.01.2024	8.372,08	
101158	Hove-Tiefbau GmbH	623080	06.12.2023	15.01.2024	10.260,51	
101158	Hove-Tiefbau GmbH	611585	28.09.2023	07.11.2023	8.777,93	
101158	Hove-Tiefbau GmbH	559271	02.10.2023	01.11.2023	10.862,67	
101158	Hove-Tiefbau GmbH	611583	02.10.2023	01.12.2023	8.707,40	
101158	Hove-Tiefbau GmbH	593454	07.12.2023	16.01.2024	14.630,08	
104314	MBB-Tief-und Hochbau GmbH	572479	20.07.2023	29.08.2023	6.491,16	
104314	MBB-Tief-und Hochbau GmbH	525902	15.12.2023	24.01.2024	6.960,28	
102690	Merliom GmbH & Co.KG	619982	28.12.2023	12.01.2024	9.822,22	
102690	Merliom GmbH & Co.KG	560394	11.12.2023	10.01.2024	14.076,36	
101102	NIG-Metall GmbH & Co. KG	518835	16.10.2023	15.11.2023	13.639,24	
101102	NIG-Metall GmbH & Co. KG	562831	23.10.2023	22.12.2023	3.613,81	
101102	NIG-Metall GmbH & Co. KG	575341	11.12.2023	10.01.2024	6.439,94	
101102	NIG-Metall GmbH & Co. KG	531636	04.12.2023	08.01.2024	7.782,46	
103202	PAR-Schaltersysteme GmbH	598628	13.12.2023	22.01.2024	4.765,06	
103202	PAR-Schaltersysteme GmbH	626075	08.12.2023	17.01.2024	11.472,75	

2 die Zelle H1 mit der rechten Maustaste anklicken 3 aus dem angezeigten Kontextmenü die Option *Zellen formatieren* wählen

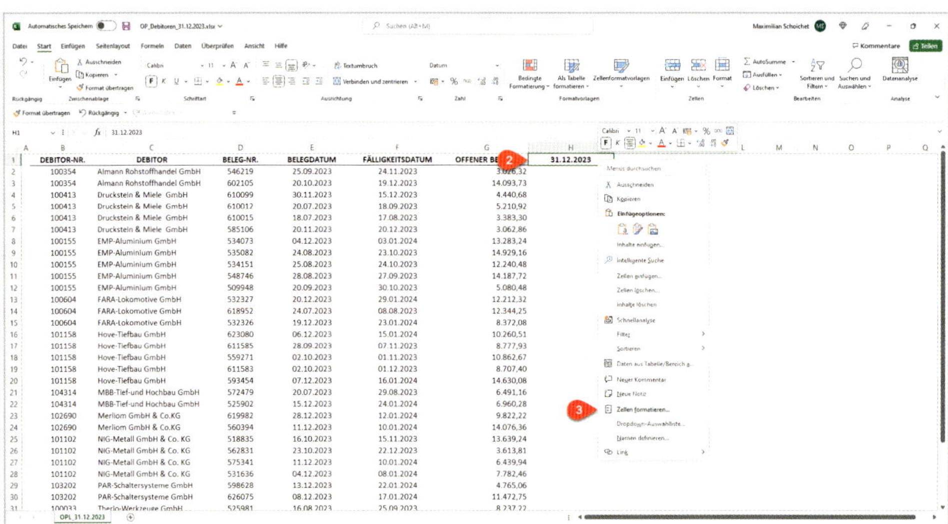

❹ als Kategorie die Option *Benutzerdefiniert* anklicken ❺ in das Eingabefeld *Typ:* das Format *"FÄLLIGKEITSTAGE ZUM" TT.MM.JJJJ* eingeben ❻ mit Klick auf *OK* bestätigen

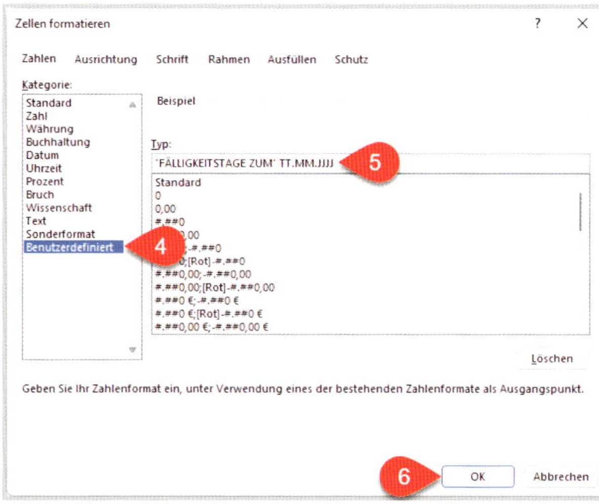

Hinweis 7:
Beachten Sie, dass der Text *FÄLLIGKEITSTAGE ZUM* in Anführungszeichen gesetzt werden muss.

Im Ergebnis erscheint als neu eingerichtete Überschrift *FÄLLIGKEITSTAGE ZUM 31.12.2023*, obwohl als tatsächlicher Wert nur das Datum *31.12.2023* in die Zelle H1 eingegeben wurde – so auch in der Bearbeitungsleiste ersichtlich:

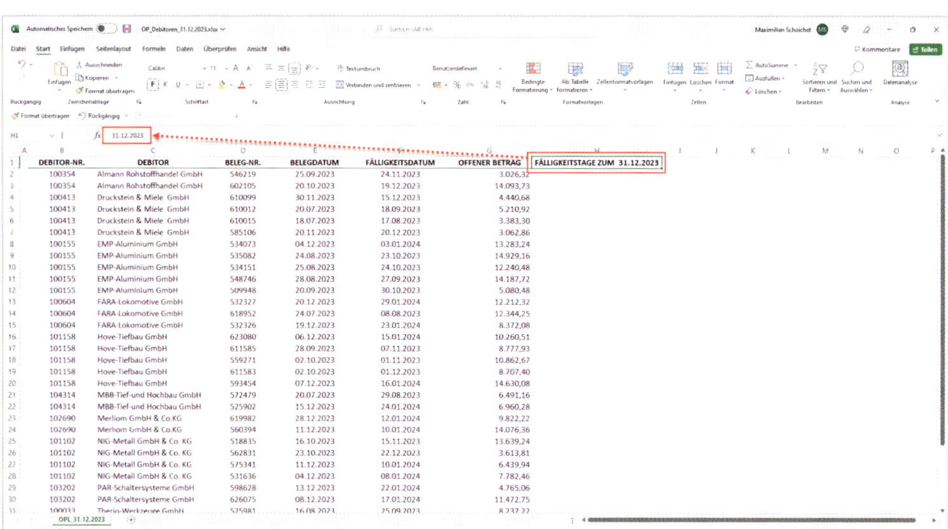

Die Berechnung der Fälligkeitstage der einzelnen Forderungen ergibt sich jeweils als Differenz aus dem Wert der Zelle H1 und dem jeweiligen Fälligkeitsdatum. Die erste Formel in der Zelle H2 lautet also:

=$H$1-F2

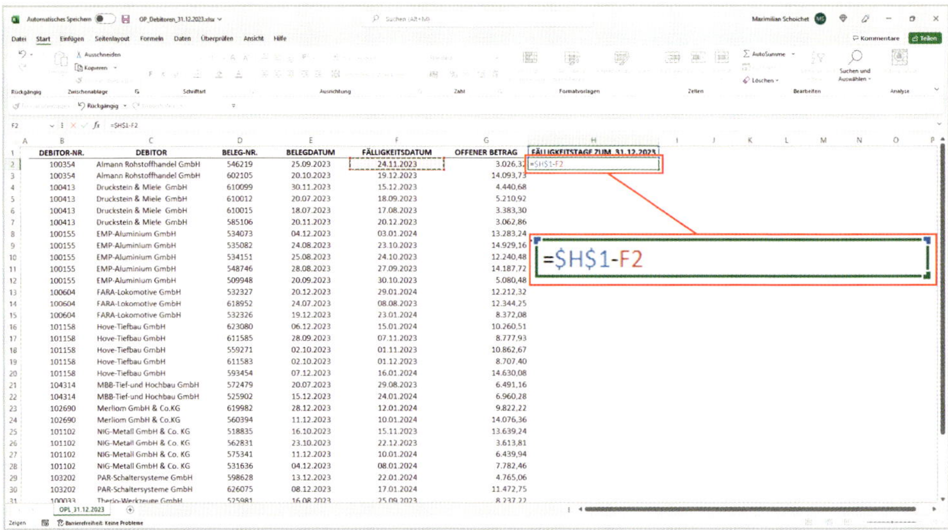

Durch die Übertragung der Formel nach unten wird jedes einzelne Fälligkeitsdatum vom Datum in der Zelle H1 (*31.12.2023*) subtrahiert.

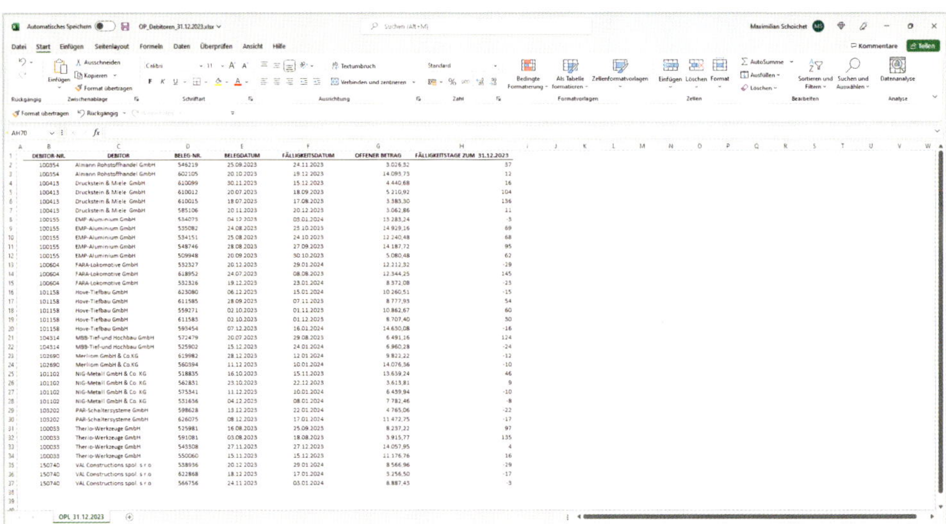

Als Letztes bleibt allein die Offene-Posten-Liste nach den berechneten Fälligkeitstagen absteigend zu sortieren.

❶ eine beliebige Zelle in der Offene-Posten-Liste anklicken ❷ die Registerkarte *Daten* anklicken ❸ in der Gruppe *Sortieren und Filtern* das große Trichtersymbol *Filtern* anklicken

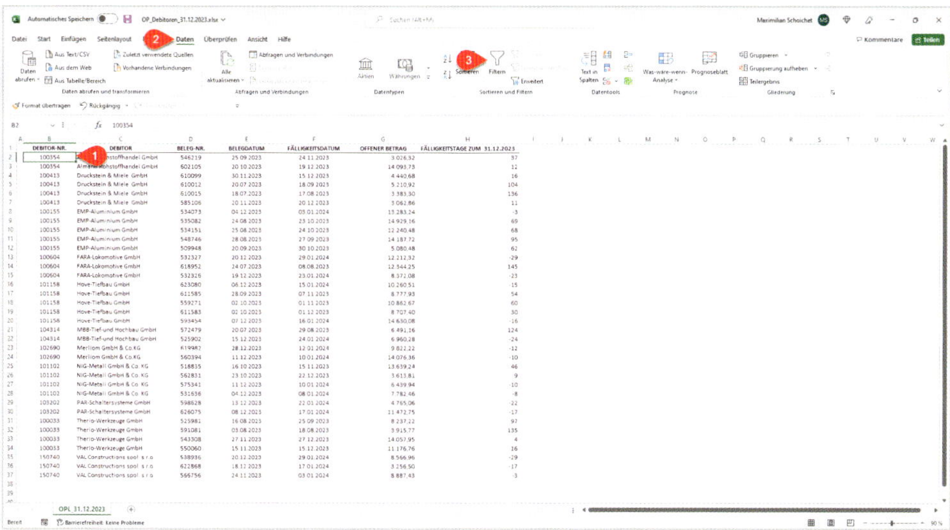

❹ das Filtersymbol in der Spalte *FÄLLIGKEITSTAGE ZUM 31.12.2023* anklicken ❺ die Option *Nach Größe sortieren (absteigend)* auswählen

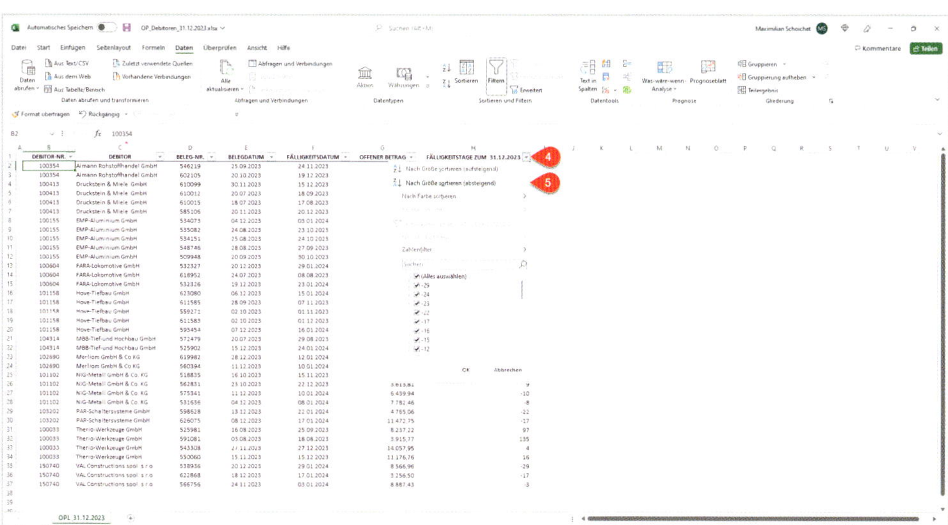

Das Ergebnis der Altersstrukturanalyse ist eine Offene-Posten-Liste, ergänzt durch die Spalte mit den berechneten Fälligkeitstagen zum Stichtag 31.12.2023 und sortiert nach diesen in absteigender Reihenfolge.

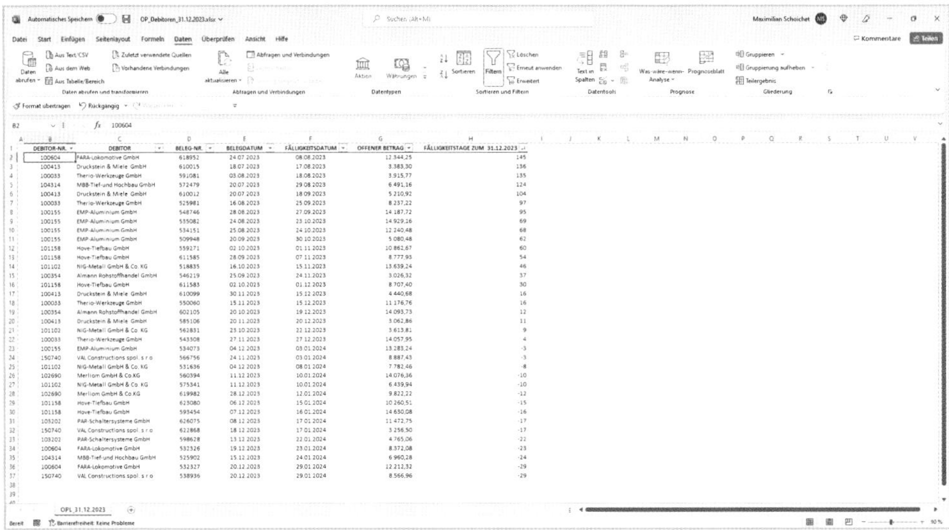

DEBITOR-NR.	DEBITOR	BELEG-NR.	BELEGDATUM	FÄLLIGKEITSDATUM	OFFENER BETRAG	FÄLLIGKEITSTAGE ZUM 31.12.2023
100604	FARA-Lokomotive GmbH	618952	24.07.2023	08.08.2023	12.344,25	145
100413	Druckstein & Miele GmbH	610015	18.07.2023	17.08.2023	3.383,30	136
100033	Therio-Werkzeuge GmbH	591081	03.08.2023	18.08.2023	3.915,77	135
104314	MBB-Tief-und Hochbau GmbH	572479	20.07.2023	29.08.2023	6.491,16	124
100413	Druckstein & Miele GmbH	610012	20.07.2023	18.09.2023	5.210,92	104
100033	Therio-Werkzeuge GmbH	525981	16.08.2023	25.09.2023	8.237,22	97
100155	EMP-Aluminium GmbH	548746	28.08.2023	27.09.2023	14.187,72	95
100155	EMP-Aluminium GmbH	535082	24.08.2023	23.10.2023	14.929,16	69
100155	EMP-Aluminium GmbH	534151	25.08.2023	24.10.2023	12.240,48	68
100155	EMP-Aluminium GmbH	509948	20.09.2023	30.10.2023	5.080,48	62
101158	Hove-Tiefbau GmbH	559271	02.10.2023	01.11.2023	10.862,67	60
101158	Hove-Tiefbau GmbH	611585	28.09.2023	07.11.2023	8.777,93	54
101102	NIG-Metall GmbH & Co. KG	518835	16.10.2023	15.11.2023	13.639,24	46
100354	Almann Rohstoffhandel GmbH	546219	25.09.2023	24.11.2023	3.026,32	37
101158	Hove-Tiefbau GmbH	611583	02.10.2023	01.12.2023	8.707,40	30
100413	Druckstein & Miele GmbH	610099	30.11.2023	15.12.2023	4.440,68	16
100033	Therio-Werkzeuge GmbH	550060	15.11.2023	15.12.2023	11.176,76	16
100354	Almann Rohstoffhandel GmbH	602105	20.10.2023	19.12.2023	14.093,73	12
100413	Druckstein & Miele GmbH	585106	20.11.2023	20.12.2023	3.062,86	11
101102	NIG-Metall GmbH & Co. KG	562831	23.10.2023	22.12.2023	3.613,81	9
100033	Therio-Werkzeuge GmbH	543308	27.11.2023	27.12.2023	14.057,95	4
100155	EMP-Aluminium GmbH	534073	04.12.2023	03.01.2024	13.283,24	-3
150740	VAL Constructions spol. s r.o.	566756	24.11.2023	03.01.2024	8.887,43	-3
101102	NIG-Metall GmbH & Co. KG	531636	04.12.2023	08.01.2024	7.782,46	-8
102690	Merliom GmbH & Co.KG	560394	11.12.2023	10.01.2024	14.076,36	-10
101102	NIG-Metall GmbH & Co. KG	575341	11.12.2023	10.01.2024	6.439,94	-10
102690	Merliom GmbH & Co.KG	619982	28.12.2023	12.01.2024	9.822,22	-12
101158	Hove-Tiefbau GmbH	623080	06.12.2023	15.01.2024	10.260,51	-15
101158	Hove-Tiefbau GmbH	593454	07.12.2023	16.01.2024	14.630,08	-16
103202	PAR-Schaltersysteme GmbH	626075	08.12.2023	17.01.2024	11.472,75	-17
150740	VAL Constructions spol. s r.o.	622868	18.12.2023	17.01.2024	3.256,50	-17
103202	PAR-Schaltersysteme GmbH	598628	13.12.2023	22.01.2024	4.765,06	-22
100604	FARA-Lokomotive GmbH	532326	19.12.2023	23.01.2024	8.372,08	-23
104314	MBB-Tief-und Hochbau GmbH	525902	15.12.2023	24.01.2024	6.960,28	-24
100604	FARA-Lokomotive GmbH	532327	20.12.2023	29.01.2024	12.212,32	-29
150740	VAL Constructions spol. s r.o.	538936	20.12.2023	29.01.2024	8.566,96	-29

7 Erstellung einer Unterlage zur Prüfung der Werthaltigkeit der offenen Forderungen und der eventuell vorzunehmenden Einzelwertberichtigung

Download-Datei:

OP_Debitoren_2023_2024.xlsx

Excel-Werkzeuge:

- Option Neues Fenster
- Funktion SVERWEIS()*
- Funktion XVERWEIS()* (verfügbar ab Excel-Version 2021)
- Funktion TEILERGEBNIS()
- Funktion AGGREGAT()

* alternativer Einsatz einer der beiden Funktionen

Wie im vorherigen Kapitel bereits erwähnt, wird die Altersstrukturanalyse der offenen Forderungen im Folgenden zur Erstellung einer Unterlage für die Prüfung der Werthaltigkeit der offenen Forderungen und der eventuell vorzunehmenden Einzelwertberichtigung verwendet.

Die zuvor erarbeitete Altersstrukturanalyse auf Basis der offenen Posten des Jahres 2023 sowie die Übersicht der offenen Posten aus dem Monat April des Folgejahres finden sich in den beiden Tabellenblättern der Download-Datei OP_Debitoren_2023_2024.xlsx zu diesem Kapitel.

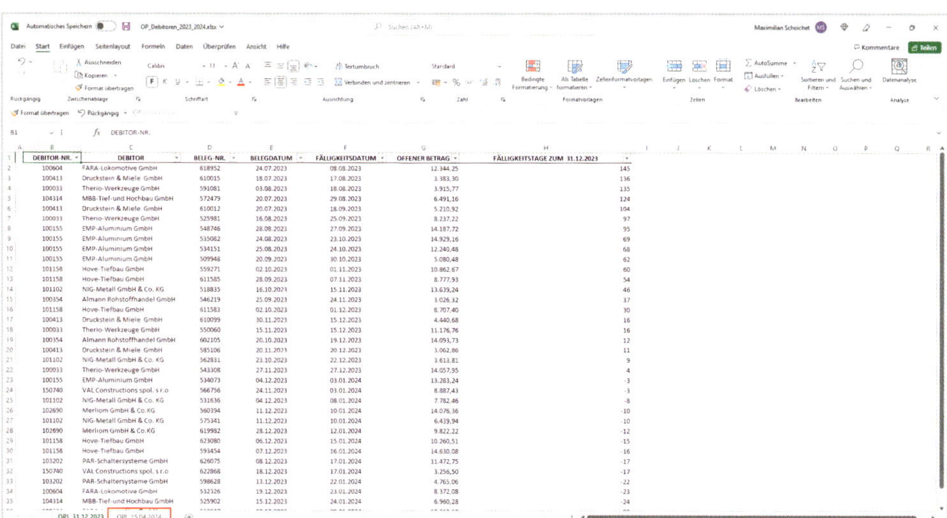

DEBITOR-NR.	DEBITOR	BELEG-NR.	BELEGDATUM	FÄLLIGKEITSDATUM	OFFENER BETRAG	FÄLLIGKEITSTAGE ZUM 31.12.2023
100604	FARA-Lokomotive GmbH	618952	24.07.2023	08.08.2023	12.344,25	145
100413	Druckstein & Miele GmbH	610015	18.07.2023	17.08.2023	3.383,30	136
100033	Therio-Werkzeuge GmbH	591081	03.08.2023	18.08.2023	3.915,77	135
104314	MBB-Tief-und Hochbau GmbH	572479	20.07.2023	29.08.2023	6.491,16	124
100413	Druckstein & Miele GmbH	610012	20.07.2023	18.09.2023	5.210,92	104
100033	Therio-Werkzeuge GmbH	525981	16.08.2023	25.09.2023	8.237,22	97
100155	EMP-Aluminium GmbH	548746	28.08.2023	27.09.2023	14.187,72	95
100155	EMP-Aluminium GmbH	535082	24.08.2023	23.10.2023	14.929,16	69
100155	EMP-Aluminium GmbH	534151	25.08.2023	24.10.2023	12.240,48	68
100155	EMP-Aluminium GmbH	509948	20.09.2023	30.10.2023	5.080,48	62
101158	Hove-Tiefbau GmbH	559271	02.10.2023	01.11.2023	10.862,67	60
101158	Hove-Tiefbau GmbH	611585	28.09.2023	07.11.2023	8.777,93	54
101102	NIG-Metall GmbH & Co. KG	518835	16.10.2023	15.11.2023	13.639,24	46
100354	Almann Rohstoffhandel GmbH	546219	25.09.2023	24.11.2023	3.026,32	37
101158	Hove-Tiefbau GmbH	611583	02.10.2023	01.12.2023	8.707,40	30
100413	Druckstein & Miele GmbH	610099	30.11.2023	15.12.2023	4.440,68	16
100033	Therio-Werkzeuge GmbH	550060	15.11.2023	15.12.2023	11.176,76	16
100354	Almann Rohstoffhandel GmbH	602105	20.10.2023	19.12.2023	14.093,73	12
100413	Druckstein & Miele GmbH	585106	20.11.2023	20.12.2023	3.062,86	11
101102	NIG-Metall GmbH & Co. KG	562831	23.10.2023	22.12.2023	3.613,81	9
100033	Therio-Werkzeuge GmbH	543308	27.11.2023	27.12.2023	14.057,95	4
100155	EMP-Aluminium GmbH	534073	04.12.2023	03.01.2024	13.283,24	-3
150740	VAL Constructions spol. s r.o	566756	24.11.2023	03.01.2024	8.887,43	-3
101102	NIG-Metall GmbH & Co. KG	531636	04.12.2023	08.01.2024	7.782,46	-8
102690	Merliom GmbH & Co.KG	560394	11.12.2023	10.01.2024	14.076,36	-10
101102	NIG-Metall GmbH & Co. KG	575341	11.12.2023	10.01.2024	6.439,94	-10
102690	Merliom GmbH & Co.KG	619982	28.12.2023	12.01.2024	9.822,22	-12
101158	Hove-Tiefbau GmbH	623080	06.12.2023	15.01.2024	10.260,51	-15
101158	Hove-Tiefbau GmbH	593454	07.12.2023	16.01.2024	14.630,08	-16
103202	PAR-Schaltersysteme GmbH	626075	08.12.2023	17.01.2024	11.472,75	-17
150740	VAL Constructions spol. s r.o	622868	18.12.2023	17.01.2024	3.256,50	-17
103202	PAR-Schaltersysteme GmbH	598628	13.12.2023	22.01.2024	4.765,06	-22
100604	FARA-Lokomotive GmbH	532326	19.12.2023	23.01.2024	8.372,08	-23
104314	MBB-Tief-und Hochbau GmbH	525902	15.12.2023	24.01.2024	6.960,28	-24

Zur Erstellung unserer Arbeitsunterlage werden wir nachfolgend zwei alternative Funktionen – die Funktion SVERWEIS() und die Funktion XVERWEIS() – tabellenlblattübergreifend verwenden, wobei Letztere erst ab der Excel-Version 2021 oder in der Version Microsoft 365 zu Diensten steht.

Gerade bei der Arbeit mit Funktionen, in denen auf andere Tabellenblätter der Arbeitsmappe verwiesen wird, ist es häufig eine Herausforderung, die Übersicht zu behalten, da immer wieder zwischen den entsprechenden Tabellenblättern gewechselt werden muss. An dieser Stelle folgt dazu unser kleiner Tipp wie zwei Tabellenblätter aus **einer Arbeitsmappe** gleichzeitig auf zwei Bildschirmen angezeigt werden können. Zur Veranschaulichung des Tipps wollen wir die beiden Tabellenblätter *OP_31.12.2023* und *OP_15.04.2024* der oben genannten Download-Datei nutzen.

1 die Registerkarte *Ansicht* anklicken 2 die Option *Neues Fenster* anklicken

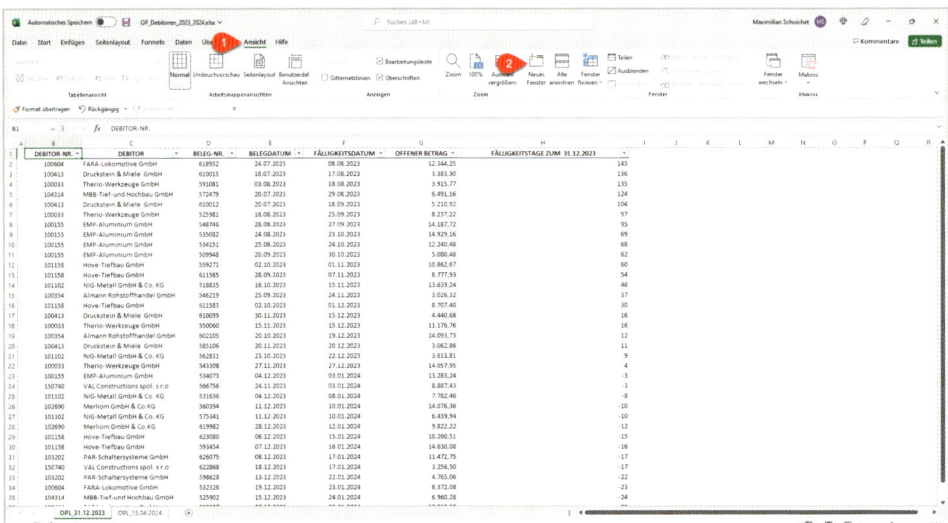

Als Ergebnis wird die Arbeitsmappe in zwei Fenstern angezeigt, wobei der Name der Arbeitsmappe im zweiten Fenster mit dem Index 2 ergänzt wird (in unserem Beispiel OP_Debitoren_2023_2024.xlsx – 2) und beide Fenster sich zurzeit noch überlappen.

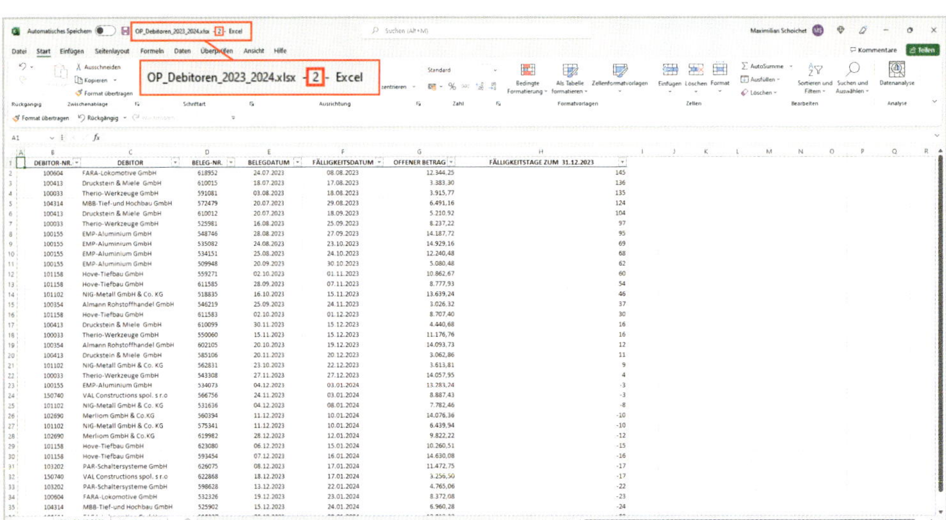

Wir können jetzt die beiden sich überlappenden Fenster einfach mit der Maus per Drag & Drop auf zwei Bildschirme verteilen, um auf diesen dann jeweils unterschiedliche Tabellenblätter auszuwählen.

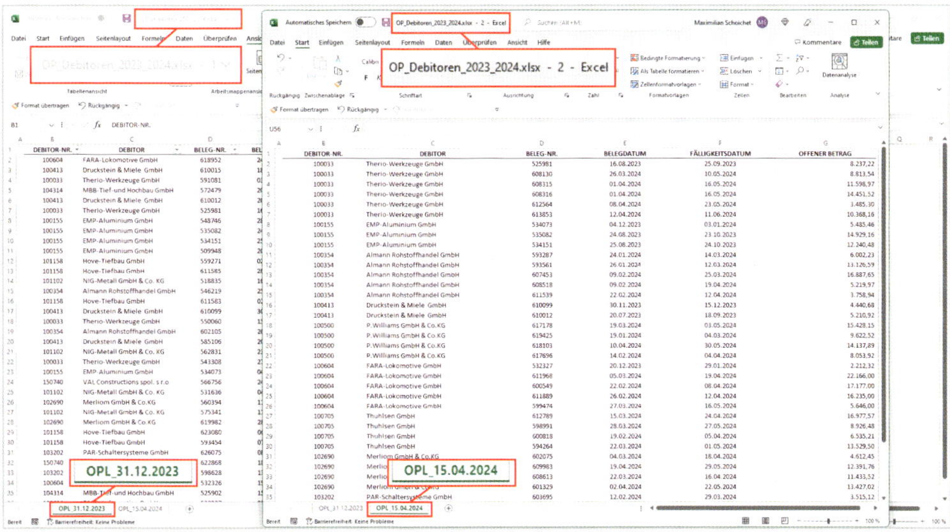

In den beiden Ansichten vorgenommene Änderungen können wie gewohnt in der Datei abgespeichert werden. Der Speicherdialog erscheint erst beim Schließen des letzten Fensters.

Hinweis 8:
Bei Bedarf können auch weitere neue Fenster einer Arbeitsmappe auf dem gleichen Wege geöffnet werden.

Nun kommen wir zurück zum Hauptthema. Leider ist es bei einigen (insbesondere älteren) Buchhaltungsprogrammen nicht möglich, eine Offene-Posten-Liste der Forderungen zum Prüfungszeitpunkt mit ausschließlich noch aus dem Prüfungsjahr bestehenden Forderungen zu generieren. In Anlehnung an diese Gegebenheiten besteht unsere Hauptaufgabe in diesem Beispiel darin, die offenen Posten im Jahr 2024 nach den Belegnummern aus dem Jahr 2023 auszuziffern. Dazu kann entweder die Funktion SVERWEIS() oder alternativ die neue Funktion XVERWEIS() verwendet werden. Wir schauen uns beide Möglichkeiten Schritt für Schritt an.

Als Erstes wird im Tabellenblatt *OP_31.12.2023* eine neue Spalte *OFFENER BETRAG ZUM 15.04.2024* angelegt.

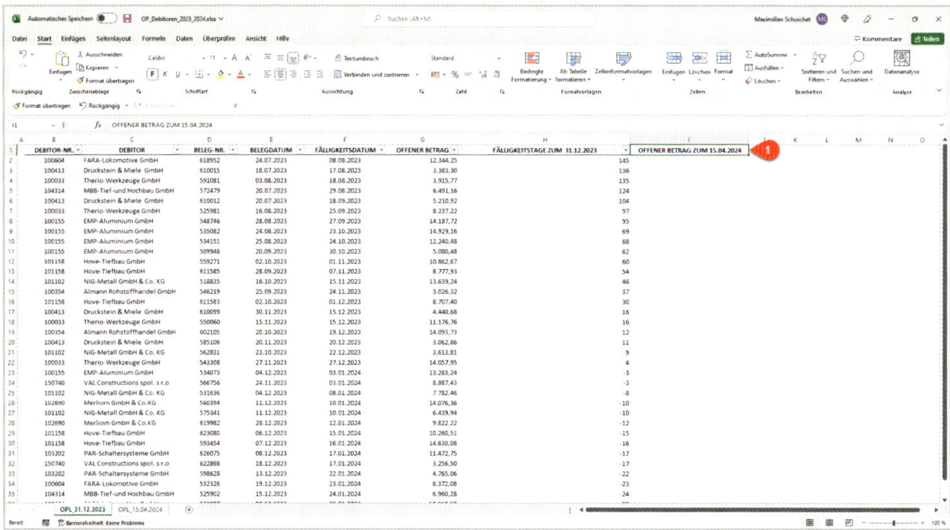

Die in dem Tabellenblatt bereits aktivierten Filter sind zurzeit anhand der Filtersymbole nur in den Spalten B bis H zu sehen. Damit werden bei einer Sortierung der Liste die späteren Werte der gerade neu erstellten Spalte nicht mitsortiert (!).

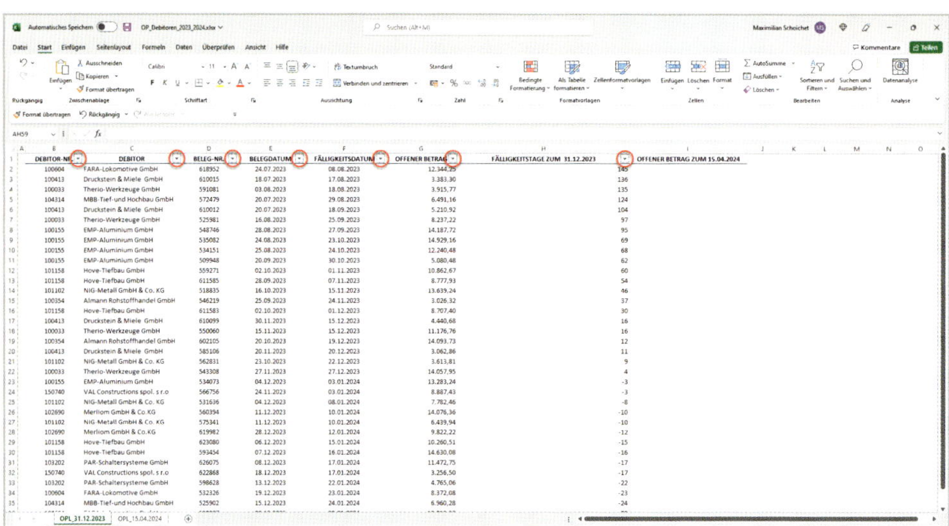

An dieser Stelle daher ein wichtiger weiterer Tipp: Die Filtersymbole müssen in allen für die Sortierung relevanten Spalten vorhanden sein.

Wir werden zunächst alle vorhandenen Filter deaktivieren und sie an einer späteren Stelle in diesem Kapitel in allen relevanten Spalten wieder aktivieren.

❶ die Registerkarte *Daten* anklicken ❷ in der Gruppe *Sortieren und Filtern* das große Trichtersymbol *Filtern* anklicken

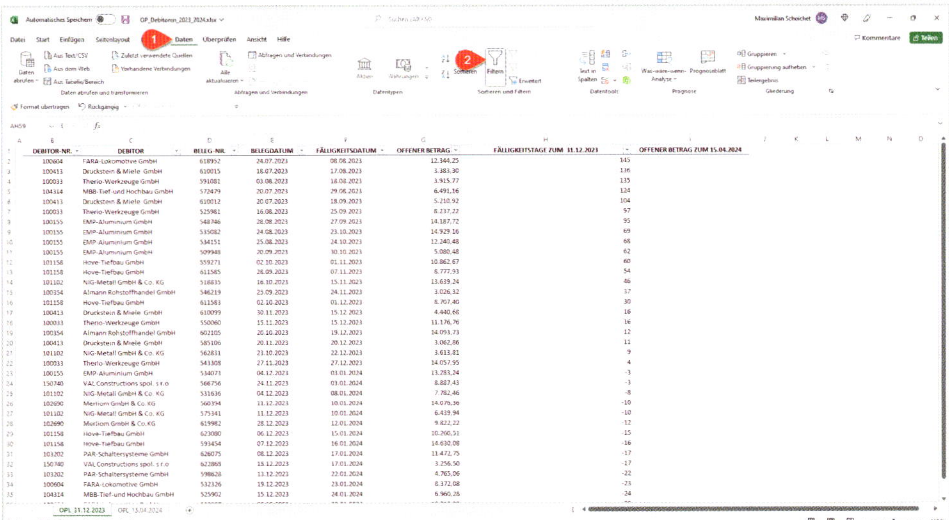

Zum Ausziffern der offenen Posten schauen wir uns als Erstes, wie gewohnt Schritt für Schritt, die nachfolgende Funktion SVERWEIS() an, die in der Zelle I2 eingegeben werden soll.

=SVERWEIS(D2;OPL_15.04.2024!D:G;4;FALSCH)

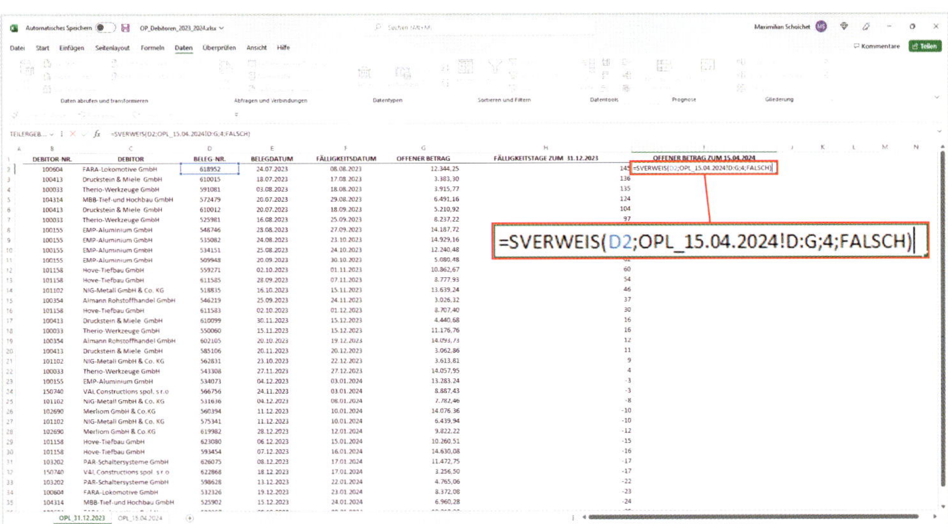

Das erste Argument der Funktion ist das *Suchkriterium* und in unserem Beispiel ist es der Wert der Zelle D2.

=SVERWEIS(D2;OPL_15.04.2024!D:G;4;FALSCH)

Als Suchkriterium brauchen wir einen Wert, der in unserem Beispiel in beiden Offene-Posten-Listen **eindeutig** vorhanden sein muss (sog. Schlüsselwert). Anhand von diesem Schlüsselwert soll die Zusammenführung der offenen Posten aus den beiden Listen und somit die gewünschte Auszifferung erfolgen.

Sowohl die Spalte *DEBITOR-NR.* als auch die Spalte *DEBITOR* enthalten in beiden Offene-Posten-Listen (2023 und 2024) mehrfach vorkommende Werte und erfüllen daher nicht das Kriterium der Eindeutigkeit. Die Spalte *BELEG-NR.* (Spalte D) beinhaltet dagegen ausschließlich eindeutige Werte und folglich dient uns der Wert der Zelle D2 als das Suchkritierium.

Hinweis 9:
Dass die Werte in der Spalte *BELEG-NR.* in unserem Beispiel eindeutig sind, kann mithilfe der bedingten Formatierung und der Regel *Doppelte Werte* geprüft werden, vgl. dazu Kapitel 4.

Das zweite Argument der Funktion heißt *Matrix*, und damit ist die Liste gemeint, deren Werte überführt bzw. in unserem Beispiel ausgeziffert werden sollen. Dazu wechseln wir bei der Eingabe des Argumentes in das zweite Tabellenblatt (*OPL_15.04.2024*) und markieren die gesamten Spalten D bis G.

=SVERWEIS(D2;OPL_15.04.2024!D:G;4;FALSCH)

Dabei muss man zwei folgende sehr wichtige Sachverhalte beachten:

1. Die Matrix wird nicht ab der Spalte A, sondern ab der Spalte D markiert. Ursächlich dafür ist die Voreinstellung bei der Funktion SVERWEIS() wonach die Suche nach dem vorgegebenem Suchkriterium (in unserem Beispiel die Belegnummer) **ausschließlich in der ersten Spalte der markierten Matrix** erfolgt. Daher ist an dieser Stelle immer die Überlegung notwendig, in welcher Spalte kann das vorgegebene Suchkriterium gefunden werden und **genau ab dieser Spalte** muss die Matrix markiert werden.
2. Sobald die Matrix in dem zweiten Tabellenblatt (*OPL_15.04.2024*) markiert wurde, darf nicht (!) wieder zurück zu dem ersten Tabellenblatt (*OPL_31.12.2023*) gewechselt werden. Die Funktion SVERWEIS() mit den zwei bisher eingegebenen Argumenten ist oben in der Bearbeitungsleiste sichtbar und die Eingabe wird weiterhin im zweiten Tabellenblatt (*OPL_15.04.2024*) fortgesetzt.

Das dritte Argument der Funktion trägt den Namen *Spaltenindex* und ist vielleicht im ersten Moment wenig aussagekräftig. Die Logik dahinter ist aber recht einfach. In unserem Beispiel tragen wird als Spaltenindex die Zahl 4 ein.

=SVERWEIS(D2;OPL_15.04.2024!D:G;4;FALSCH)

Das Argument Spaltenindex erfordert eine **Zahl** und keine Markierung einer bestimmten Spalte! Die Zahl bestimmt aus der zuvor markierten Matrix die Spalte, aus der die Werte (in das erste Tabellenblatt) übertragen werden sollen. In unserem Beispiel wurden vier Spalten (D bis G) als Matrix markiert. Die Suche nach Belegnummern erfolgt per Voreinstellung immer in der ersten markierten Spalte der Matrix, also in unserem Beispiel in der Spalte D, und der Spaltenindex 4 verweist auf die vierte markierte Spalte der Matrix, nämlich die Spalte G, in der die für die Übertragung relevante Werte stehen.

Das vierte und letzte Argument namens *Bereich_Verweis* wird bei der Eingabe als Auswahl zwischen zwei Optionen angezeigt:

1. WAHR – Ungefähre Übereinstimmung
2. FALSCH – Genaue Übereinstimmung

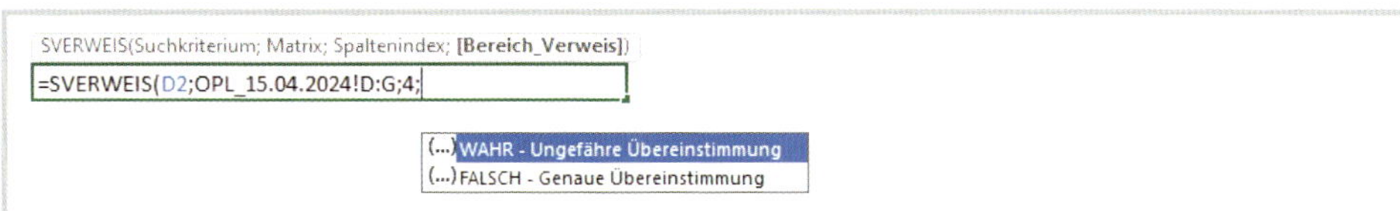

Wir entscheiden uns in unserem Beispiel für die zweite Option:

=SVERWEIS(D2;OPL_15.04.2024!D:G;4;FALSCH)

In der Praxis ist FALSCH – Genaue Übereinstimmung die vorherrschende Option, die dafür sorgt, dass die Suche genau nach dem vorgegebenen Suchkriterium erfolgt. Falls das Suchkriterium in der ersten Spalte der markierten Matrix nicht gefunden wird, liefert die Funktion SVERWEIS() mit der Option der genauen Übereinstimmung den Fehlerwert *#NV* (nicht vorhanden).

Die Option WAHR – Ungefähre Übereinstimmung wird in der Praxis deutlich seltener verwendet, denn meistens möchte man ganz genau z.B. nach einer Rechnungsnummer, Debitorennummer oder einem Kunden suchen. Aus diesem Grund wird hier auf die Erläuterung dieser Option verzichtet.

Hinweis 5:
In der oberen Abbildung ist ersichtlich, dass von allen vier Bezeichnungen einzelner Argumente die Bezeichnung *Bereich_Verweis* als einzige in eckigen Klammern steht. Die eckigen Klammern werden nicht in die Funktion eingegeben, sondern grenzen dieses Argument lediglich als optional ab. Die optionalen Argumente sind solche, auf deren Eingabe unter Umständen verzichtet werden kann. Excel greift in solchen Fällen auf die definierten Voreinstellungen zurück. So wird bei der Funktion SVERWEIS() im Falle eines fehlenden Argumentes *Bereich_Verweis* automatisch die Option für die **ungefähre** Übereinstimmung – also WAHR – als Voreinstellung verwendet. Achten Sie daher darauf, dass bei einer beabsichtigten **genauen** Suche das letzte Argument explizit als FALSCH eingegeben wird.

Das Ergebnis der Funktion SVERWEIS() liefert uns bei der Suche nach der ersten Belegnummer den Fehlerwert *#NV*. Sobald die Funktion auf die nachfolgenden Zellen übertragen wird, erscheint dieser Fehlerwert in den meisten Zellen. In einigen Zellen erscheinen jedoch Zahlen, die aus dem zweiten Tabellenblatt (*OPL_15.04.2024*) übertragen wurden. Die Interpretation des Ergebnisses erfolgt direkt nach der Erläuterung der neuen Funktion XVERWEIS(), welche den gleichen Zweck verfolgt, jedoch durch eine deutlich leichtere und schlankere Syntax und zusätzliche Optionen geprägt ist.

In der Zelle I2 kann ab der Excel-Version 2021 alternativ folgende Funktion XVERWEIS() zum Ausziffern der offenen Posten eingegeben werden:

=XVERWEIS(D2;OPL_15.04.2024!D:D;OPL_15.04.2024!G:G)

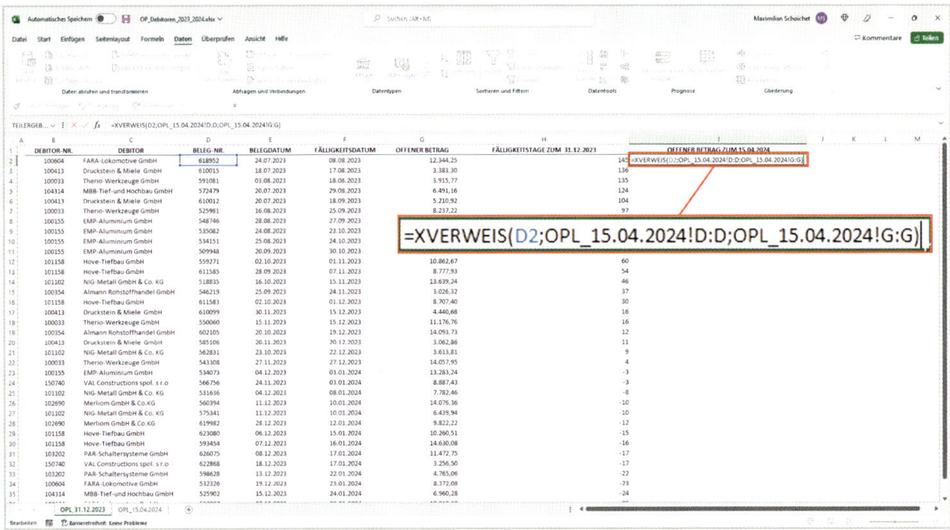

Wie auch bei der Funktion SVERWEIS() ist das erste Argument der Funktion XVERWEIS() das *Suchkriterium*, für welches ebenfalls die Anforderung der Eindeutigkeit gilt und das den gleichen Zweck wie bei der Funktion SVERWEIS() erfüllt. Folglich unterscheiden sich die beiden Funktionen in diesem Argument nicht.

=XVERWEIS(D2;OPL_15.04.2024!D:D;OPL_15.04.2024!G:G)

Das zweite Argument ist die *Suchmatrix* (bei der Funktion SVERWEIS() war es die gesamte *Matrix*). Folglich ist mit der Suchmatrix **nur die eine Spalte**, in der nach dem zuvor definierten Suchkriterium gesucht werden soll, gemeint. In unserem Beispiel ist es die Spalte D in dem Tabellenblatt *OPL_15.04.2024.*

=XVERWEIS(D2;OPL_15.04.2024!D:D;OPL_15.04.2024!G:G)

Das dritte Argument ist auch eine Matrix, nämlich die *Rückgabematrix*. Und auch damit ist **lediglich eine Spalte** gemeint – und zwar die, deren Werte übertragen werden sollen. In unserem Beispiel ist es die Spalte G in dem Tabellenblatt *OPL_15.04.2024.*

=XVERWEIS(D2;OPL_15.04.2024!D:D;OPL_15.04.2024!G:G)

Wie im Kapitel 3 bereits erläutert, hat die Funktion XVERWEIS() die **Voreinstellung der genauen Übereinstimmung** bei der Suche und daher reichen an dieser Stelle lediglich die drei für die Funktion erforderlichen Argumente, um die offenen Posten aus der Liste des Jahres 2024 in die Liste des Jahres 2023 entsprechend den Belegnummern zu übertragen.

Der wesentliche Unterschied zwischen den Funktionen SVERWEIS() und XVERWEIS() besteht darin, dass die Funktion SVERWEIS() die **gesamte** Matrix als Argument erfordert, in der die erste Spalte durchsucht wird, und mit dem Spaltenindex als Zahl eine weitere Spalte dieser Matrix bestimmt wird, aus der die Werte übertragen werden. Die Funktion XVERWEIS() ist dagegen deutlich flexibler, weil sowohl die Spalte, in der gesucht wird, als auch die Spalte, aus der die Werte übertragen werden (unabhängig voneinander) markiert werden. Das Argument *Spaltenindex* ist somit nicht mehr vorhanden und die beiden Spalten können in beliebiger Reihenfolge stehen.

Die nachfolgende Abbildung zeigt die Übertragungsergebnisse beider Funktionen:

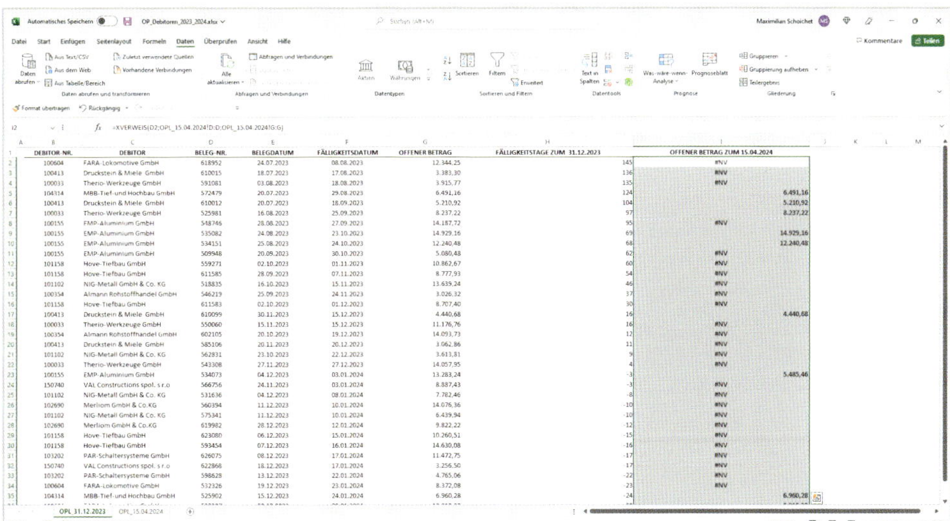

=XVERWEIS(D2;OPL_15.04.2024!D:D;OPL_15.04.2024!G:G)

	DEBITOR-NR.	DEBITOR	BELEG-NR.	BELEGDATUM	FÄLLIGKEITSDATUM	OFFENER BETRAG	FÄLLIGKEITSTAGE ZUM 31.12.2023	OFFENER BETRAG ZUM 15.04.2024
2	100604	FARA-Lokomotive GmbH	618952	24.07.2023	08.08.2023	12.344,25	145	#NV
3	100413	Druckstein & Miele GmbH	610015	18.07.2023	17.08.2023	3.383,30	136	#NV
4	100033	Therio-Werkzeuge GmbH	591081	03.08.2023	18.08.2023	3.915,77	135	#NV
5	104314	MBB-Tief-und Hochbau GmbH	572479	20.07.2023	29.08.2023	6.491,16	124	6.491,16
6	100413	Druckstein & Miele GmbH	610012	20.07.2023	18.09.2023	5.210,92	104	5.210,92
7	100033	Therio-Werkzeuge GmbH	525981	16.08.2023	25.09.2023	8.237,22	97	8.237,22
8	100155	EMP-Aluminium GmbH	548746	28.08.2023	27.09.2023	14.187,72	95	#NV
9	100155	EMP-Aluminium GmbH	535082	24.08.2023	23.10.2023	14.929,16	69	14.929,16
10	100155	EMP-Aluminium GmbH	534151	25.08.2023	24.10.2023	12.240,48	68	12.240,48
11	100155	EMP-Aluminium GmbH	509948	20.09.2023	30.10.2023	5.080,48	62	#NV
12	101158	Hove-Tiefbau GmbH	559271	02.10.2023	01.11.2023	10.862,67	60	#NV
13	101158	Hove-Tiefbau GmbH	611585	28.09.2023	07.11.2023	8.777,93	54	#NV
14	101102	NIG-Metall GmbH & Co. KG	518835	16.10.2023	15.11.2023	13.639,24	46	#NV
15	100354	Almann Rohstoffhandel GmbH	546219	25.09.2023	24.11.2023	3.026,32	37	#NV
16	101158	Hove-Tiefbau GmbH	611583	02.10.2023	01.12.2023	8.707,40	30	#NV
17	100413	Druckstein & Miele GmbH	610099	30.11.2023	15.12.2023	4.440,68	16	4.440,68
18	100033	Therio-Werkzeuge GmbH	550060	15.11.2023	15.12.2023	11.176,76	16	#NV
19	100354	Almann Rohstoffhandel GmbH	602105	20.10.2023	19.12.2023	14.093,73	12	#NV
20	100413	Druckstein & Miele GmbH	585106	20.11.2023	20.12.2023	3.062,86	11	#NV
21	101102	NIG-Metall GmbH & Co. KG	562831	23.10.2023	22.12.2023	3.613,81	9	#NV
22	100033	Therio-Werkzeuge GmbH	543308	27.11.2023	27.12.2023	14.057,95	4	#NV
23	100155	EMP-Aluminium GmbH	534073	04.12.2023	03.01.2024	13.283,24	-3	5.485,46
24	150740	VAL Constructions spol. s r.o	566756	24.11.2023	03.01.2024	8.887,43	-3	#NV
25	101102	NIG-Metall GmbH & Co. KG	531636	04.12.2023	08.01.2024	7.782,46	-8	#NV
26	102690	Merliom GmbH & Co.KG	560394	11.12.2023	10.01.2024	14.076,36	-10	#NV
27	101102	NIG-Metall GmbH & Co. KG	575341	11.12.2023	10.01.2024	6.439,94	-10	#NV
28	102690	Merliom GmbH & Co.KG	619982	28.12.2023	12.01.2024	9.822,22	-12	#NV
29	101158	Hove-Tiefbau GmbH	623080	06.12.2023	15.01.2024	10.260,51	-15	#NV
30	101158	Hove-Tiefbau GmbH	593454	07.12.2023	16.01.2024	14.630,08	-16	#NV
31	103202	PAR-Schaltersysteme GmbH	626075	08.12.2023	17.01.2024	11.472,75	-17	#NV
32	150740	VAL Constructions spol. s r.o	622868	18.12.2023	17.01.2024	3.256,50	-17	#NV
33	103202	PAR-Schaltersysteme GmbH	598628	13.12.2023	22.01.2024	4.765,06	-22	#NV
34	100604	FARA-Lokomotive GmbH	532326	19.12.2023	23.01.2024	8.372,08	-23	#NV
35	104314	MBB-Tief-und Hochbau GmbH	525902	15.12.2023	24.01.2024	6.960,28	-24	6.960,28

Die vielen Fehlerwerte *#NV* bedeuten, dass die entsprechenden Belegnummern nicht in der Offene-Posten-Liste zum 15.04.2021 gefunden wurden. Somit sind diese Forderungen zwischenzeitlich ausgeglichen worden und kommen infolgedessen für die Einzelwert- oder Pauschalwertberichtigung nicht infrage. Einige wenige Forderungen sind noch ganz oder teilweise offen und die dazugehörigen Beträge wurden zutreffend übertragen.

Die nächste Frage, die sich stellt, ist die nach der Gesamtsumme der übertragenen Beträge. Durch die vielen Fehlerwerte *#NV* in der Spalte I wird eine einfache Summierung mit der Funktion SUMME() im Bereich I2 bis I37 nicht möglich sein. Als Ergebnis kommt bei der Funktion ebenfalls der Fehlerwert *#NV* raus. Zur Lösung dieses Problems gibt es mehrere Möglichkeiten. Drei davon werden nachfolgend dargestellt und erläutert.

Die Funktion TEILERGEBNIS() ist eine sehr wichtige Funktion, deren Bedeutung gerade vor dem Hintergrund der Gefahr, die sich unter anderem hinter Funktion SUMME() verbirgt, kaum überschätzt werden kann. Die meisten Excel-Nutzer sind mit der Funktion SUMME() vertraut, aber viele wissen nicht, dass die Funktion SUMME(), wie auch einige anderen Funktionen, nicht auf die Filterung der Daten reagiert. Eine Zahlenreihe, für welche die Funktion SUMME() verwendet wird, kann beliebig gefiltert werden und in der Ergebniszelle wird trotz der Filterung immer die ursprüngliche Gesamtsumme und nicht die Summe nach der Filterung stehen. Das ist die Gefahr bei der Funktion SUMME() – und darüber hinaus bei den Funktionen MITTELWERT(), ANZAHL(), MAX(), MIN() und einigen mehr.

Die Lösung zu dem Problem bietet die Funktion TEILERGEBNIS() an, die solche „unflexiblen" Funktionen allesamt ersetzen und folglich unterschiedliche Berechnungen ausführen kann. Diese Funktion setzen wir zur Lösung unseres oben beschrieben Problems ein und berechnen mit ihr die Summe aus dem Bereich I2 bis I37, um anschließend alle Fehlerwerte *#NV* rauszufiltern und das gefilterte Summenergebnis für die verbleibenden Zahlen zu bekommen. Die Funktion in unserem Beispiel lautet:

=TEILERGEBNIS(109;I2:I37)

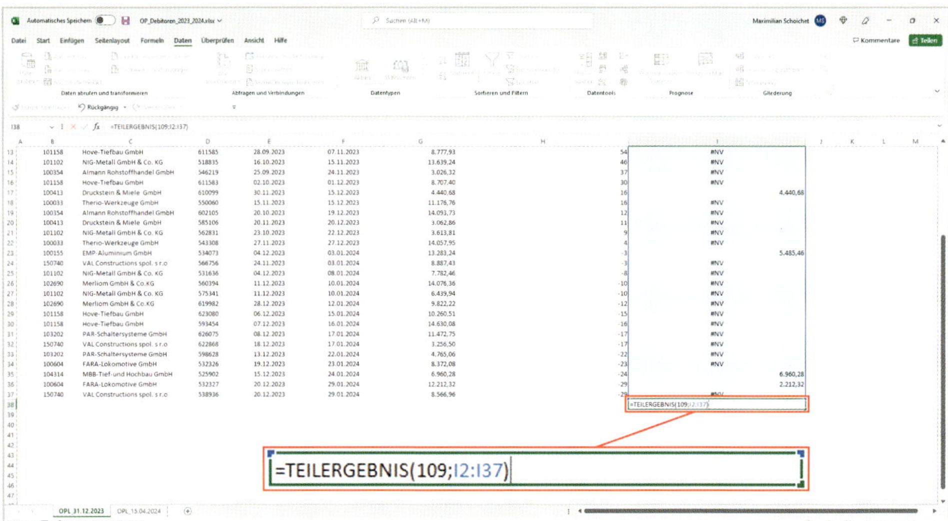

Die Zahl *109* als erstes Argument der Funktion TEILERGEBNIS() steht für die Berechnung der Summe. Andere Zahlen wie *101* oder *102* stehen für die Berechnung des Mittelwertes oder der Anzahl. Diese und weitere Zahlen muss man sich aber gar nicht merken, denn sie erscheinen automatisch in einer Liste, die für das erste Argument angezeigt wird.

=TEILERGEBNIS(109;I2:I37)

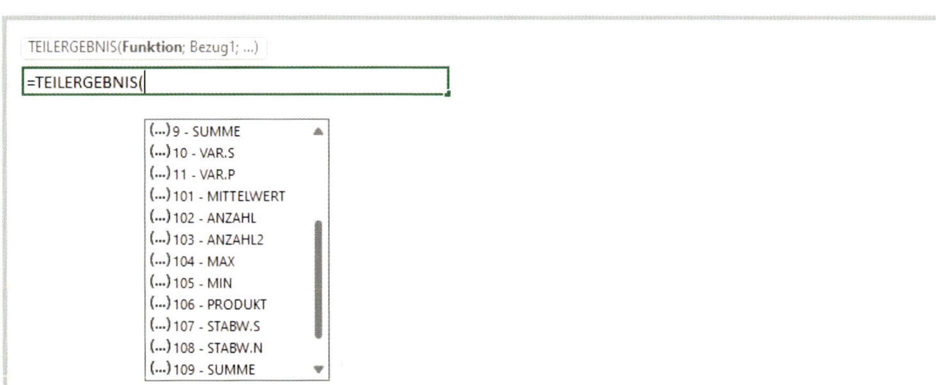

Hinweis 11:
Achten Sie darauf, dass in der automatisch angezeigten Liste zwei Bereiche, nämlich *1* bis *11* und *101* bis *111*, mit gleichen Funktionen angezeigt werden. So z.B. steht die Zahl *9* aus dem 1er-Bereich genauso für die Berechnung der Summe wie die Zahl *109* aus dem 100er-Bereich. Eine persönliche Empfehlung wäre, den 100er Bereich in der Funktion zu benutzen, also für die Summe *109* statt *9*. Die **Berechnungsergebnisse unter Nutzung des 100er Bereiches** reagieren auf die **Filterung** und auf das **Ausblenden** von Zeilen, wohingegen die **Berechnungsergebnisse unter Nutzung des 1er Bereiches** lediglich auf die **Filterung und nicht auf das Ausblenden von Zeilen** reagieren.

Hinweis 12:
Eine Ausnahme besteht, wenn eine oder mehrere Zeilen **erst nach einer zuvor erfolgten beliebigen Filterung** ausgeblendet werden, denn dann reagieren die Berechnungsergebnisse unter Nutzung des 1er-Bereiches ebenfalls auf das Ausblenden. In dem Fall gibt es keinen Unterschied zwischen 1er- und 100er-Bereich.

Das zweite Argument ist der Bereich, für den die Summe berechnet werden soll, in unserem Beispiel I2 bis I37.

=TEILERGEBNIS(109;I2:I37)

Das Ergebnis der verwendeten Funktion TEILERGEBNIS() ist ebenfalls, wie bei der Funktion SUMME(), der Fehlerwert *#NV*. Sobald wir aber die Fehlerwerte *#NV*, die von der Funktion SVERWEIS() oder XVERWEIS() zurückgegeben wurden, herausfiltern, erscheint in der Ergebniszelle statt dem Fehlerwert *#NV* die gefilterte Summe. Hierzu müssen wir als Erstes die Filter aktivieren.

1 eine beliebige Zelle in der Liste der offenen Forderungen anklicken 2 die Registerkarte *Daten* anklicken 3 in der Gruppe *Sortieren und Filtern* das große Trichtersymbol *Filtern* anklicken

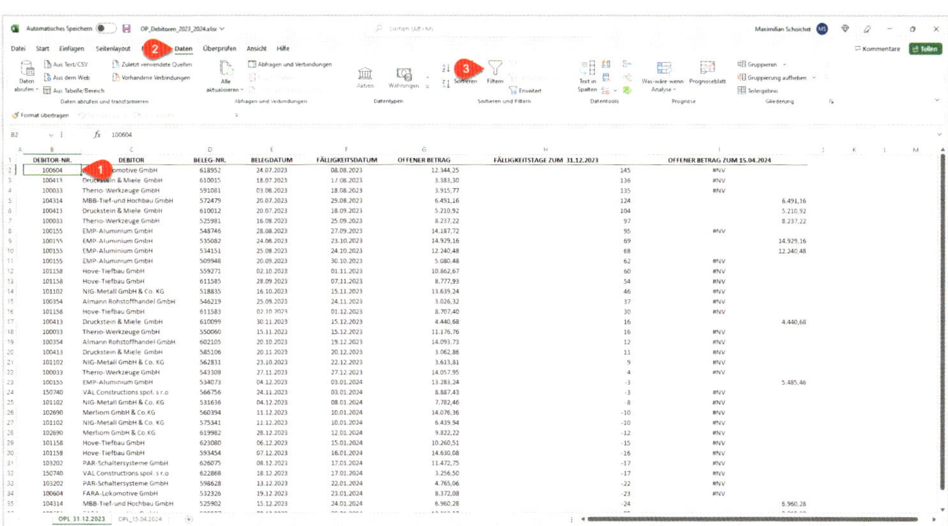

Jetzt können die Fehlerwerte *#NV* in der Spalte I (*OFFENER BETRAG ZUM 15.04.2022*) rausgefiltert werden.

❹ das Filtersymbol in der Spalte *OFFENER BETRAG ZUM 15.04.2024* anklicken ❺ die Auswahl *#NV* deaktivieren ❻ mit Klick auf *OK* bestätigen

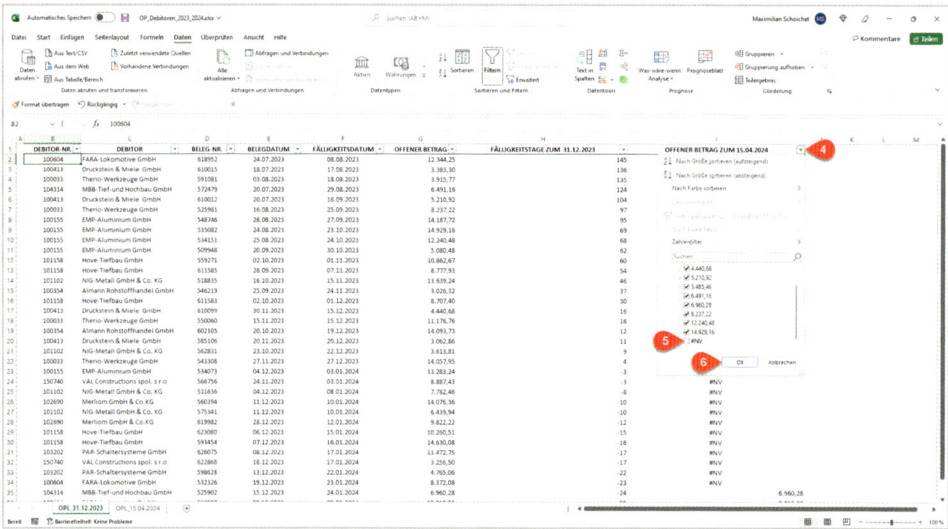

Im Ergebnis sehen wir eine ausgezifferte Offene-Posten-Liste, die nach den Fälligkeitstagen der einzelnen Forderungen zum 31.12.2023 sortiert ist und die entsprechenden offenen Posten zum 15.04.2024 sowie deren (gefilterte) Summe beinhaltet.

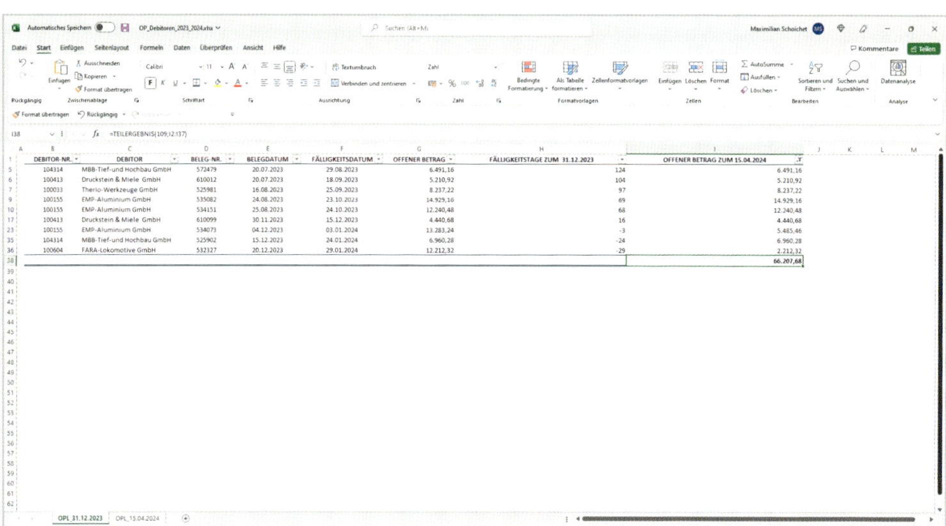

Eine alternative Möglichkeit, die Summe für den Bereich I2 bis I37 zu berechnen, wäre sogar gegeben, ohne dass die Fehlerwerte *#NV* herausgefiltert werden müssen: Mit der Funktion AGGREGAT() können ebenfalls unterschiedliche Funktionen ersetzt werden, unter anderem die Funktion SUMME(). Die Funktion AGGREGAT wäre für unser Beispiel wie folgt zu erfassen:

=AGGREGAT(9;6;I2:I37)

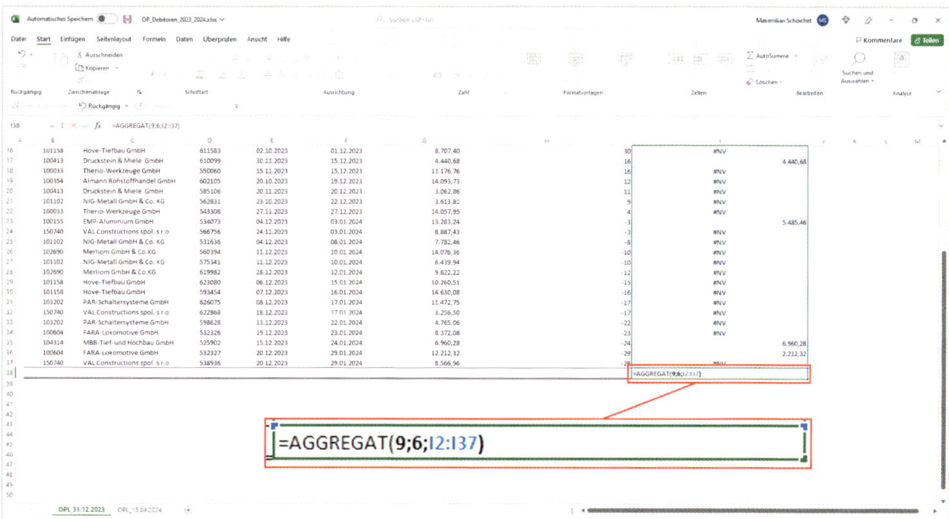

In diesem Fall gibt es zur Auswahl der zu ersetzenden Funktionen nur einen 1er-Bereich in der für das erste Argument automatisch angezeigten Liste.

=AGGREGAT(9;6;I2:I37)

Für das zweite Argument wird ebenfalls automatisch eine Liste von möglichen Optionen angezeigt.

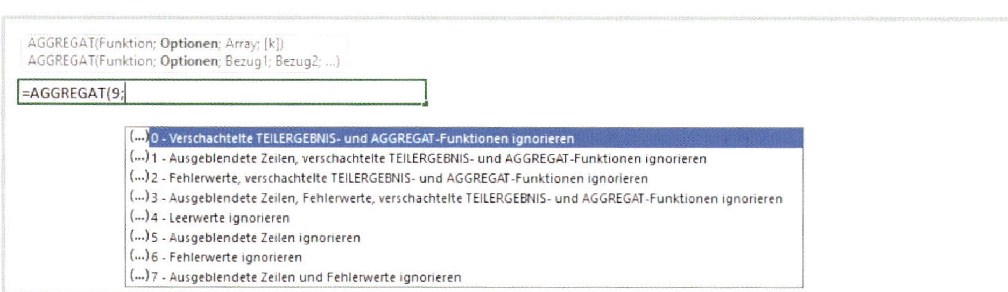

Bei der von uns verwendeten Option 6 werden die Fehlerwerte (in unserem Beispiel *#NV*) ignoriert und müssen somit nicht herausgefiltert oder anderweitig eliminiert werden.

=AGGREGAT(9;6;I2:I37)

Das dritte und letzte Argument ist abschließend der Bereich, aus dem die Summe berechnet werden soll, in unserem Beispiel der Bereich I2 bis I37.

=AGGREGAT(9;6;I2:I37)

Im Unterschied zu dem vorherigen Ergebnis, welches auf der Funktion TEILERGEBNIS() und einer anschließenden Filterung basiert, lassen sich nun neben der richtig gebildeten Summe auch die bereits beglichenen Forderungen weiterhin betrachten.

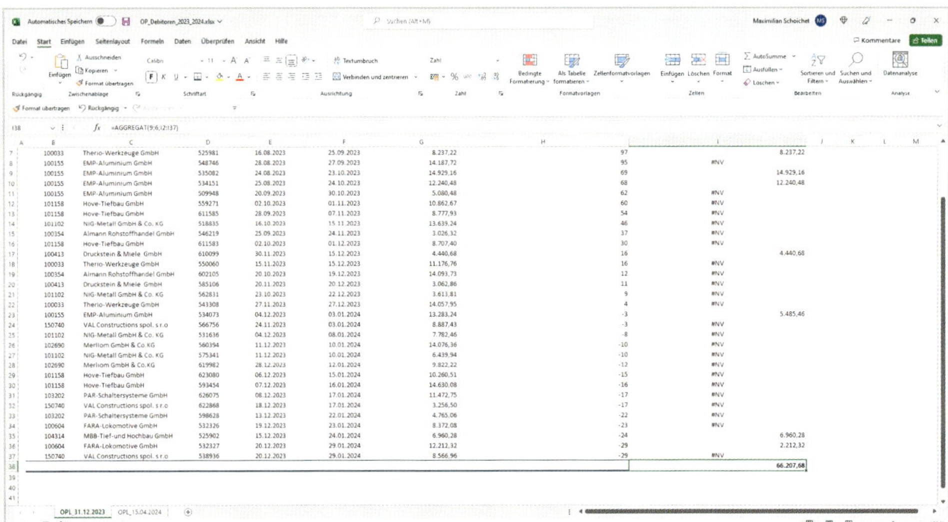

I38 =AGGREGAT(9;6;I2:I37)

	B	C	D	E	F	G	H	I
7	100033	Therio-Werkzeuge GmbH	525981	16.08.2023	25.09.2023	8.237,22	97	8.237,22
8	100155	EMP-Aluminium GmbH	548746	28.08.2023	27.09.2023	14.187,72	95	#NV
9	100155	EMP-Aluminium GmbH	535082	24.08.2023	23.10.2023	14.929,16	69	14.929,16
10	100155	EMP-Aluminium GmbH	534151	25.08.2023	24.10.2023	12.240,48	68	12.240,48
11	100155	EMP-Aluminium GmbH	509948	20.09.2023	30.10.2023	5.080,48	62	#NV
12	101158	Hove-Tiefbau GmbH	559271	02.10.2023	01.11.2023	10.862,67	60	#NV
13	101158	Hove-Tiefbau GmbH	611585	28.09.2023	07.11.2023	8.777,93	54	#NV
14	101102	NIG-Metall GmbH & Co. KG	518835	16.10.2023	15.11.2023	13.639,24	46	#NV
15	100354	Almann Rohstoffhandel GmbH	546219	25.09.2023	24.11.2023	3.026,32	37	#NV
16	101158	Hove-Tiefbau GmbH	611583	02.10.2023	01.12.2023	8.707,40	30	#NV
17	100413	Druckstein & Miele GmbH	610099	30.11.2023	15.12.2023	4.440,68	16	4.440,68
18	100033	Therio-Werkzeuge GmbH	550060	15.11.2023	15.12.2023	11.176,76	16	#NV
19	100354	Almann Rohstoffhandel GmbH	602105	20.10.2023	19.12.2023	14.093,73	12	#NV
20	100413	Druckstein & Miele GmbH	585106	20.11.2023	20.12.2023	3.062,86	11	#NV
21	101102	NIG-Metall GmbH & Co. KG	562831	23.10.2023	22.12.2023	3.613,81	9	#NV
22	100033	Therio-Werkzeuge GmbH	543308	27.11.2023	27.12.2023	14.057,95	4	#NV
23	100155	EMP-Aluminium GmbH	534073	04.12.2023	03.01.2024	13.283,24	-3	5.485,46
24	150740	VAL Constructions spol. s r.o	566756	24.11.2023	03.01.2024	8.887,43	-3	#NV
25	101102	NIG-Metall GmbH & Co. KG	531636	04.12.2023	08.01.2024	7.782,46	-8	#NV
26	102690	Merliom GmbH & Co.KG	560394	11.12.2023	10.01.2024	14.076,36	-10	#NV
27	101102	NIG-Metall GmbH & Co. KG	575341	11.12.2023	10.01.2024	6.439,94	-10	#NV
28	102690	Merliom GmbH & Co.KG	619982	28.12.2023	12.01.2024	9.822,22	-12	#NV
29	101158	Hove-Tiefbau GmbH	623080	06.12.2023	15.01.2024	10.260,51	-15	#NV
30	101158	Hove-Tiefbau GmbH	593454	07.12.2023	16.01.2024	14.630,08	-16	#NV
31	103202	PAR-Schaltersysteme GmbH	626075	08.12.2023	17.01.2024	11.472,75	-17	#NV
32	150740	VAL Constructions spol. s r.o	622868	18.12.2023	17.01.2024	3.256,50	-17	#NV
33	103202	PAR-Schaltersysteme GmbH	598628	13.12.2023	22.01.2024	4.765,06	-22	#NV
34	100604	FARA-Lokomotive GmbH	532326	19.12.2023	23.01.2024	8.372,08	-23	#NV
35	104314	MBB-Tief-und Hochbau GmbH	525902	15.12.2023	24.01.2024	6.960,28	-24	6.960,28
36	100604	FARA-Lokomotive GmbH	532327	20.12.2023	29.01.2024	12.212,32	-29	2.212,32
37	150740	VAL Constructions spol. s r.o	538936	20.12.2023	29.01.2024	8.566,96	-29	#NV
38								66.207,68

OPL_31.12.2023 | OPL_15.04.2024

Wie oben erwähnt gibt es eine Reihe von Möglichkeiten, das Problem mit der Berechnung der Summe und den vorhandenen Fehlerwerten zu lösen. Eine weitere, aber nicht abschließende Möglichkeit, soll hier im Zusammenhang mit der Funktion XVERWEIS() gezeigt werden.

Die Funktion XVERWEIS() besitzt drei **erforderliche** und drei **optionale** Argumente. Das erste **optionale** Argument heißt *wenn_nicht_gefunden*. Damit kann ein alternativer Wert vorab bestimmt werden, der anstelle des Fehlerwertes *#NV* zurückgegeben werden soll. Unsere Funktion XVERWEIS() sieht mit diesem optionalen Argument somit wie folgt aus:

=XVERWEIS(D2;OPL_15.04.2024!D:D;OPL_15.04.2024!G:G;0)

Das Ergebnis wird in der folgenden Abbildung gezeigt.

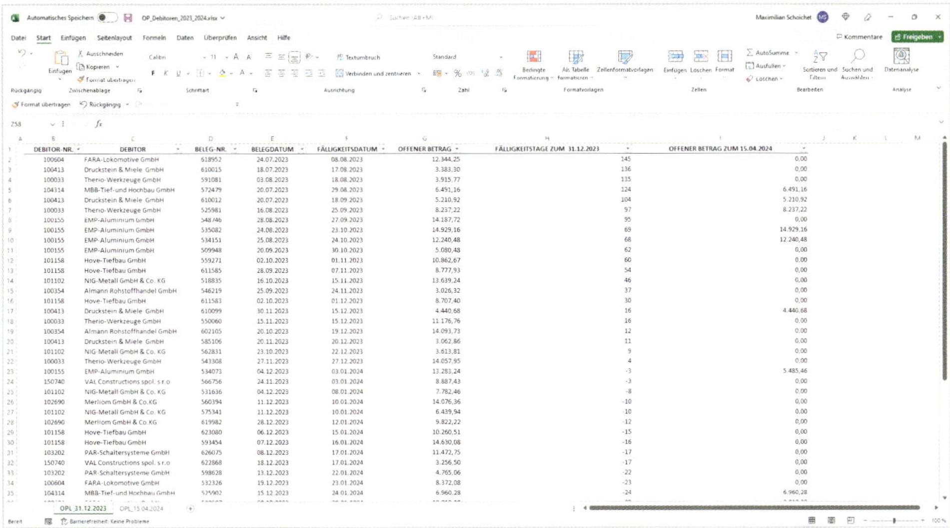

DEBITOR-NR.	DEBITOR	BELEG-NR.	BELEGDATUM	FÄLLIGKEITSDATUM	OFFENER BETRAG	FÄLLIGKEITSTAGE ZUM 31.12.2023	OFFENER BETRAG ZUM 15.04.2024
100604	FARA-Lokomotive GmbH	618952	24.07.2023	08.08.2023	12.344,25	145	0,00
100413	Druckstein & Miele GmbH	610015	18.07.2023	17.08.2023	3.383,30	136	0,00
100033	Therio-Werkzeuge GmbH	591081	03.08.2023	18.08.2023	3.915,77	135	0,00
104314	MBB-Tief-und Hochbau GmbH	572479	20.07.2023	29.08.2023	6.491,16	124	6.491,16
100413	Druckstein & Miele GmbH	610012	20.07.2023	18.09.2023	5.210,92	104	5.210,92
100033	Therio-Werkzeuge GmbH	525981	16.08.2023	25.09.2023	8.237,22	97	8.237,22
100155	EMP-Aluminium GmbH	548746	28.08.2023	27.09.2023	14.187,72	95	0,00
100155	EMP-Aluminium GmbH	535082	24.08.2023	23.10.2023	14.929,16	69	14.929,16
100155	EMP-Aluminium GmbH	534151	25.08.2023	24.10.2023	12.240,48	68	12.240,48
100155	EMP-Aluminium GmbH	509948	20.09.2023	30.10.2023	5.080,48	62	0,00
101158	Hove-Tiefbau GmbH	559271	02.10.2023	01.11.2023	10.862,67	60	0,00
101158	Hove-Tiefbau GmbH	611585	28.09.2023	07.11.2023	8.777,93	54	0,00
101102	NIG-Metall GmbH & Co. KG	518835	16.10.2023	15.11.2023	13.639,24	46	0,00
100354	Almann Rohstoffhandel GmbH	546219	25.09.2023	24.11.2023	3.026,32	37	0,00
101158	Hove-Tiefbau GmbH	611583	02.10.2023	01.12.2023	8.707,40	30	0,00
100413	Druckstein & Miele GmbH	610099	30.11.2023	15.12.2023	4.440,68	16	4.440,68
100033	Therio-Werkzeuge GmbH	550060	15.11.2023	15.12.2023	11.176,76	16	0,00
100354	Almann Rohstoffhandel GmbH	602105	20.10.2023	19.12.2023	14.093,73	12	0,00
100413	Druckstein & Miele GmbH	585106	20.11.2023	20.12.2023	3.062,86	11	0,00
101102	NIG-Metall GmbH & Co. KG	562831	23.10.2023	22.12.2023	3.613,81	9	0,00
100033	Therio-Werkzeuge GmbH	543308	27.11.2023	27.12.2023	14.057,95	4	0,00
100155	EMP-Aluminium GmbH	534073	04.12.2023	03.01.2024	13.283,24	-3	5.485,46
150740	VAL Constructions spol. s r.o	566756	24.11.2023	03.01.2024	8.887,43	-3	0,00
101102	NIG-Metall GmbH & Co. KG	531636	04.12.2023	08.01.2024	7.782,46	-8	0,00
102690	Merliom GmbH & Co.KG	560394	11.12.2023	10.01.2024	14.076,36	-10	0,00
101102	NIG-Metall GmbH & Co. KG	575341	11.12.2023	10.01.2024	6.439,94	-10	0,00
102690	Merliom GmbH & Co.KG	619982	28.12.2023	12.01.2024	9.822,22	-12	0,00
101158	Hove-Tiefbau GmbH	623080	06.12.2023	15.01.2024	10.260,51	-15	0,00
101158	Hove-Tiefbau GmbH	593454	07.12.2023	16.01.2024	14.630,08	-16	0,00
103202	PAR-Schaltersysteme GmbH	626075	08.12.2023	17.01.2024	11.472,75	-17	0,00
150740	VAL Constructions spol. s r.o	622868	18.12.2023	17.01.2024	3.256,50	-17	0,00
103202	PAR-Schaltersysteme GmbH	598628	13.12.2023	22.01.2024	4.765,06	-22	0,00
100604	FARA-Lokomotive GmbH	532326	19.12.2023	23.01.2024	8.372,08	-23	0,00
104314	MBB-Tief-und Hochbau GmbH	525902	15.12.2023	24.01.2024	6.960,28	-24	6.960,28

Alle Fehlerwerte *#NV* wurden durch das optionale Argument abgefangen und durch die Zahl *0* ersetzt. Somit stellt eine anschließende Berechnung der Summe mit egal welcher Funktion kein Problem mehr da.

Wie dargestellt führen viele Wege über ganz unterschiedliche Funktionen hier zum richtigen Berechnungsergebnis – der Summe der ausgezifferten offenen Posten. Die Ergebnistabellen indes sind verschieden. Welche Funktion verwendet wird, um die Berechnung zu erstellen, hängt also auch davon ab, wie die Ergebnistabelle aussehen soll: kompakt und extrem verdichtet, wie mit der Funktion TEILERGEBNIS(), oder eher umfassend, wie mit der Funktion AGGREGAT() oder Funktion XVERWEIS(). Gerade wenn die Tabellen für andere Empfänger der Information – also beispielsweise von Prüfungsassistenten für Prüfungsleiter – vorbereitet werden, empfiehlt es sich, vorher abzustimmen, wie hoch der Grad der Verdichtung sein soll oder darf.

8 Erstellung einer Vorlage zur Prüfung der Umrechnung von Fremdwährungsforderungen

Download-Datei:
Umrechnung_Fremdwährungsforderungen.xlsx

Excel-Werkzeuge:
- Funktion WENN() - Funktion SUMMEWENN() - Datenüberprüfung

Die europaweit oder weltweit agierenden Unternehmen fakturieren ihre Rechnungen oft auch in Fremdwährungen, wie z.B. in britischem Pfund (GBP) oder US-Dollar (USD). Für den Jahresabschluss müssen die auf fremde Währung laufenden Geschäftsvorfälle in Euro (EUR) umgerechnet werden (vgl. § 244 HGB). Bei der Umrechnung wird zwischen Erstbewertung und Folgebewertung unterschieden, wobei allgemein drei Umrechnungskurse relevant sind:

1. Briefkurs = Ankaufskurs der Bank für Devisen
2. Geldkurs = Verkaufskurs der Bank für Devisen
3. Devisenkassamittelkurs = (Briefkurs + Geldkurs) / 2

Die Umrechnung der Fremdwährungsforderungen zum Entstehungszeitpunkt (Erstbewertung) erfolgt auf Basis des Briefkurses, also des Ankaufskurses der Bank für Devisen.

Bei der Folgebewertung zum Stichtag des Jahresabschlusses wird für die Umrechnung der Devisenkassamittelkurs herangezogen. Dem Niederstwertprinzip folgend werden die unrealisierten Kursverluste erfolgswirksam gebucht, während die unrealisierten Kursgewinne dagegen nur zu berücksichtigen sind, wenn die Laufzeit der Forderung ab dem Stichtag des Jahresabschlusses ein Jahr nicht übersteigt.

Alle diese Regelungen gilt es bei der Erstellung der Vorlage zur Prüfung der Umrechnung von Fremdwährungsforderungen zu berücksichtigen.

Das nachfolgend abgebildete Grundgerüst für die Vorlage mit beispielhaften Ausgangsdaten ist in der Download-Datei Umrechnung_Fremdwährungsforderungen.xlsx zu finden. In den dort rot markierten Zellen werden wir Schritt für Schritt die zur automatisierten Fremdwährungsumrechnung benötigten Formeln und Funktionen eingeben und damit den Bilanzwert der ersten Forderung zum Abschlussstichtag ermitteln. Zur Fertigstellung der Vorlage werden anschließend die Formeln und Funktionen auf die nachfolgenden relevanten Zellen übertragen.

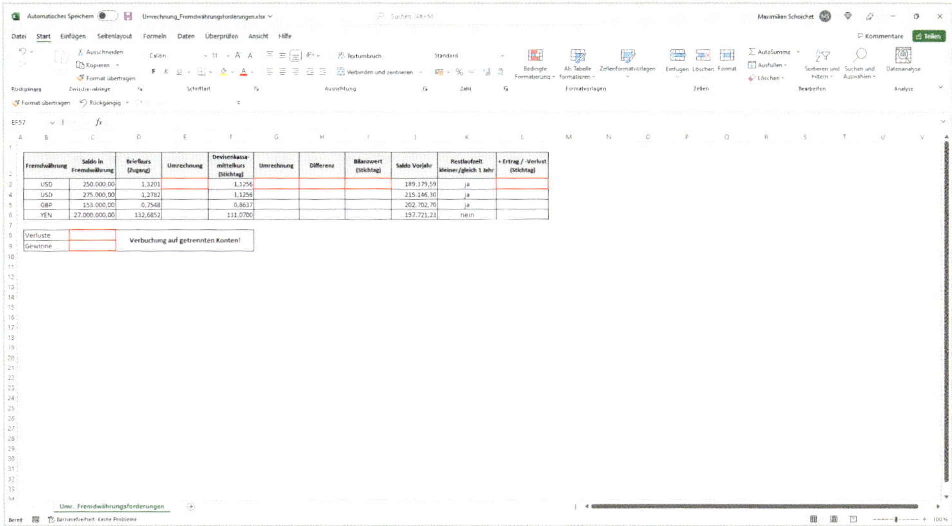

Die Formel in der Zelle E3 dient der Umrechnung der Fremdwährungsforderung aus der Zelle C3 zum Briefkurs aus der Zelle D3 und somit deren Erstbewertung.

ZELLE	FORMEL
E3	=C3/D3

Die Formel in der Zelle G3 dient der Umrechnung der Fremdwährungsforderung aus der Zelle C3 zum Devisenkassamittelkurs am Abschlussstichtag aus der Zelle F3.

ZELLE	FORMEL
G3	=C3/F3

Die Formel in der Zelle H3 ermittelt die Differenz zwischen dem umgerechneten Betrag zum Devisenkassamittelkurs und dem umgerechneten Betrag zum Briefkurs.

ZELLE	FORMEL
H3	=G3-E3

Die verschachtelte Funktion WENN() in der Zelle I3 dient der Ermittlung des Bilanzwertes der Fremdwährungsforderung zum Abschlussstichtag. Die Verschachtelung schauen wir uns im Folgenden Schritt für Schritt an.

ZELLE	FORMEL
I3	=WENN(H3<0;G3;WENN(K3="ja";G3;E3))

Die erste Funktion WENN() prüft, ob zum Abschlussstichtag ein unrealisierter Kursverlust vorliegt. Dies ist immer dann der Fall, wenn die in der Zelle H3 berechnete Differenz negativ ist.

=WENN(H3<0;G3;WENN(K3="ja";G3;E3))

Falls die Prüfungsbedingung erfüllt ist, dann soll als Bilanzwert der niedrigere Betrag aus der Zelle G3 angezeigt werden. Ein Kursverlust wird somit stets berücksichtigt.

=WENN(H3<0;G3;WENN(K3="ja";G3;E3))

Falls kein Kursverlust vorliegt, prüft die zweite Funktion WENN(), ob als Angabe zu der Restlaufzeit in der Zelle K3 ein *ja* steht und somit die Forderung ein Jahr nicht übersteigt.

=WENN(H3<0;G3;WENN(K3="ja";G3;E3))

Falls die Prüfungsbedingung erfüllt ist, wird als Bilanzwert der Betrag aus der Zelle G3 angezeigt. Da kein Kursverlust vorliegt, kann der Betrag aus der Zelle G3 nur höher oder gleich dem Betrag aus der Zelle E3 sein. Ein Kursgewinn wird somit bei einer kurzfristigen Forderung stets berücksichtigt.

=WENN(H3<0;G3;WENN(K3="ja";G3;E3))

Falls die Restlaufzeit der Forderung mehr als ein Jahr beträgt, dann darf der Bilanzwert der Forderung zum Abschlussstichtag die Anschaffungskosten nicht übersteigen. Also wird in diesem Fall der zum Entstehungszeitpunkt mit Briefkurs umgerechnete Betrag aus der Zelle E3 als Ergebnis angezeigt.

=WENN(H3<0;G3;WENN(K3="ja";G3;E3))

Die Formel in der Zelle L3 dient der Berechnung eines ergebniswirksamen unrealisierten Kursverlustes oder Kursgewinnes aus der Fremdwährungsumrechnung bzw. auch der Berechnung von Wertaufholung durch den Vergleich des aktuell ermittelten Bilanzwertes (Zelle I3) mit dem Bilanzwert aus dem Vorjahr (Zelle J3).

ZELLE	FORMEL
I3	=I3-J3

Es ist zu beachten, dass in die Zelle J3 der umgerechnete Wert zum Entstehungszeitpunkt aus der Zelle E3 eingetragen werden muss, falls die Forderung erst im Prüfungsjahr entstanden ist.

Die Formeln in den Zellen E3, G3, H3, I3 und L3 können jetzt auf die unteren relevanten Zellen der jeweiligen Spalten übertragen werden.

Weiter geht es mit den Funktionen in den Zellen C8 und C9, in denen die Summierung der Verluste bzw. der Gewinne aus der Umrechnung von Fremdwährungsforderungen erfolgt.

Die Funktion SUMMEWENN() in der Zelle C8 ermittelt die Summe aller negativen Zahlen (Verluste) im Bereich L3:L6. Eine zusätzliche Angabe des Summenbereiches als drittes und optionales Argument ist hier nicht erforderlich, da dieser dem Kriteriumbereich entspricht.

ZELLE	FORMEL
L3	=SUMMEWENN(L3:L6;"<0")

Die Funktion SUMMEWENN() in der Zelle C9 ermittelt die Summe aller positiven Zahlen (Gewinne) im Bereich L3:L6. Eine zusätzliche Angabe des Summenbereiches als drittes und optionales Argument ist hier nicht erforderlich, da dieser dem Kriteriumbereich entspricht.

ZELLE	FORMEL
L3	=SUMMEWENN(L3:L6;">0")

Die nachfolgende Abbildung zeigt unser Zwischenergebnis.

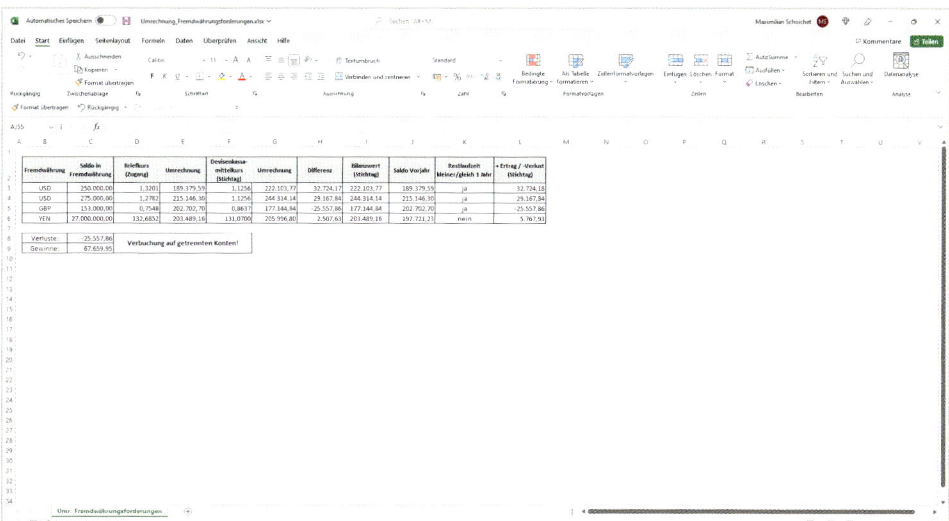

Abschließend soll die Spalte K näher betrachtet werden. Bei einem Kursgewinn aus der Fremdwährungsumrechnung prüft die oben erläuterte verschachtelte Funktion WENN() die Angabe zur Restlaufzeit der Forderung in der entsprechenden Zelle der Spalte K.

Für ein fehlerfreies Prüfungsergebnis ist es empfehlenswert, in den Zellen K3 bis K6 ausschließlich die Angaben *ja* oder *nein* als erlaubt festzulegen. In Excel wird eine solche Festlegung durch das Tool *Datenüberprüfung* ermöglicht. Hierzu geht man wie folgt vor:

1 den Zellbereich K3 bis K6 markieren 2 die Registerkarte *Daten* anklicken 3 in der Gruppe *Datentools* die *Datenüberprüfung* anklicken

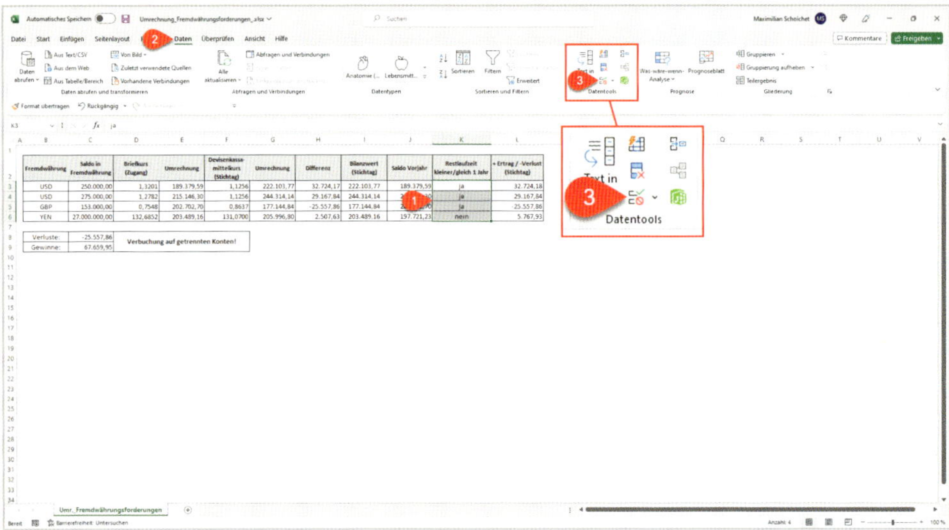

4 aus dem Dropdown-Feld *Zulassen:* die Option *Liste* auswählen 5 im Eingabefeld *Quelle:* als Liste die zwei möglichen Einträge *ja* und *nein* getrennt durch ein Semikolonzeichen eingeben

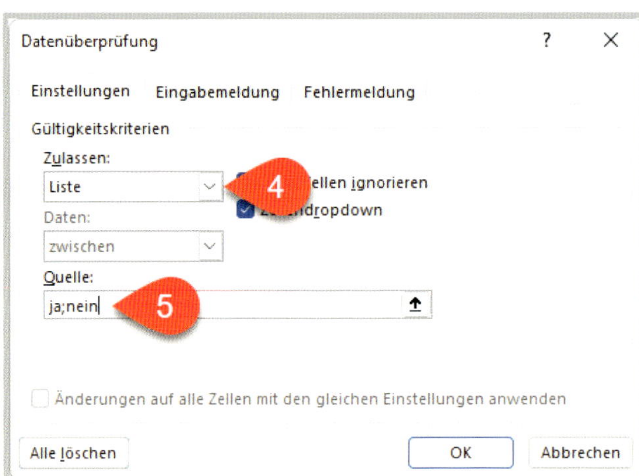

6 zur Registerkarte *Eingabemeldung* wechseln 7 im Eingabefeld *Titel:* die Frage *RLZ der Forderung <= 1 Jahr?* eintragen 8 im Eingabefeld *Eingabemeldung:* den Text *Bitte wählen Sie "ja" als Antwort aus, falls die Restlaufzeit der Forderung ein Jahr nicht übersteigt, ansonsten "nein".* eintragen 9 mit Klick auf *OK* bestätigen

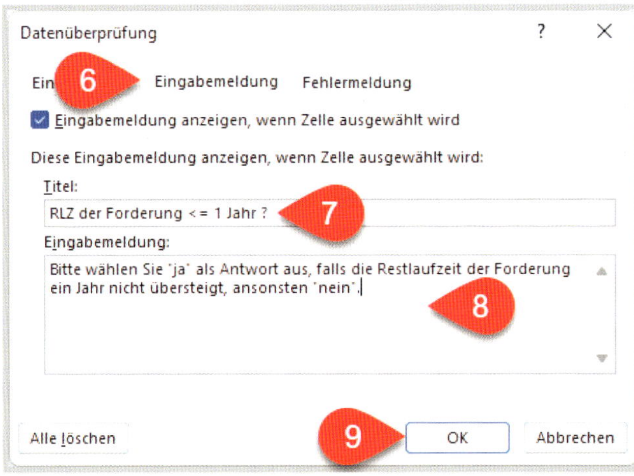

Die eingerichtete Eingabemeldung mit dem oben genannten Titel und Text führt dazu, dass beim Anklicken einer der Zellen im Bereich K3 bis K6 der entsprechende Hinweis, wie die nachfolgende Abbildung zeigt, eingeblendet wird.

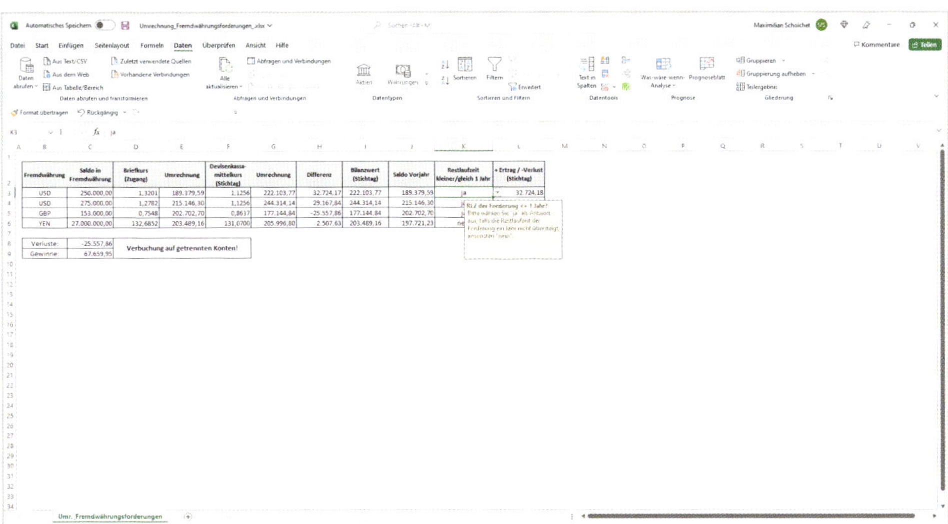

Dazu erscheint rechts von der angeklickten Zelle ein Dropdown-Feld, aus dem man nur zwischen den beiden festgelegten Optionen *ja* oder *nein* wählen kann. Ein etwaiger anderer, in der Zelle manuell erfasster Wert wird dagegen nicht übernommen und mit der Meldung, dass der Wert nicht den Einschränkungen der Datenüberprüfung entspricht, quittiert.

9 Prüfung der Urlaubsrückstellung

Download-Datei:

Urlaubsrückstellung.xlsx

Excel-Werkzeuge:

- Funktion SVERWEIS()*
- Funktion XVERWEIS()* (verfügbar ab Excel-Version 2021)
- Funktion WENN()
- Funktion UND()

* alternativer Einsatz einer der beiden Funktionen

In diesem Kapitel geht es um die Prüfung der Urlaubsrückstellung. Mit geringen Modifikationen kann die Vorgehensweise auch auf die Prüfung der Überstundenrückstellung übernommen werden.

Grundsätzlich obliegt die Erstellung einer nachvollziehbaren Unterlage zur Berechnung der Urlaubsrückstellung dem Verantwortlichen im Unternehmen. Das aus der entsprechenden Aufstellung des Mandanten in diesem Kapitel entwickelte Beispiel kann somit zur Kontrollrechnung bereitgestellter Zahlenwerke oder zur Neuberechnung verwendet werden.

Für den Prüfungszweck steht uns eine weitere beispielhafte Unterlage des Mandaten, nämlich die aus seinem System exportierte Übersicht über die zum Abschlussstichtag bestehenden Urlaubsansprüche der beschäftigten Mitarbeiter, zur Verfügung.

Beide Tabellenblätter sind in der Download-Datei Urlaubsrückstellung.xlsx zu diesem Kapitel zu finden und werden nachfolgend abgebildet.

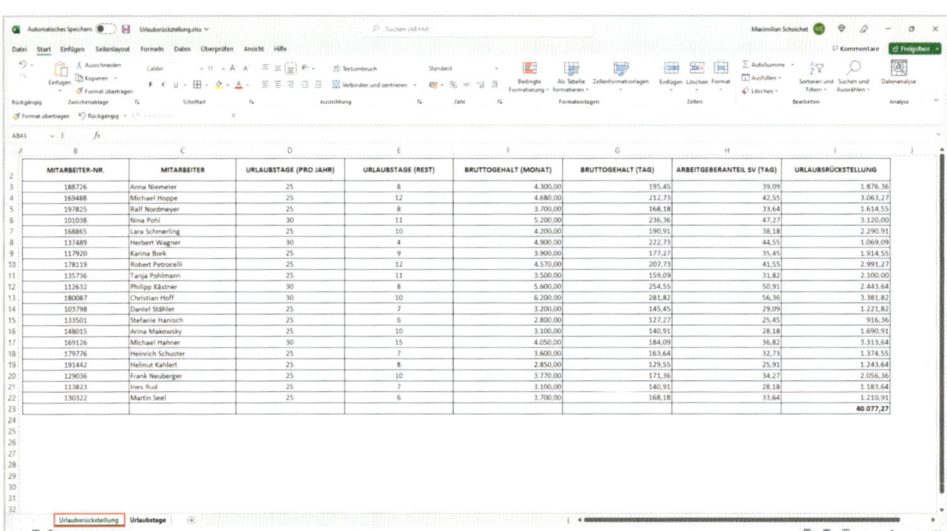

MITARBEITER-NR.	MITARBEITER	URLAUBSTAGE (PRO JAHR)	URLAUBSTAGE (REST)	BRUTTOGEHALT (MONAT)	BRUTTOGEHALT (TAG)	ARBEITGEBERANTEIL SV (TAG)	URLAUBSRÜCKSTELLUNG
188726	Anna Niemeier	25	8	4.300,00	195,45	39,09	1.876,36
169488	Michael Hoppe	25	12	4.680,00	212,73	42,55	3.063,27
197825	Ralf Nordmeyer	25	8	3.700,00	168,18	33,64	1.614,55
101038	Nina Pohl	30	11	5.200,00	236,36	47,27	3.120,00
168865	Lara Schmerling	25	10	4.200,00	190,91	38,18	2.290,91
137489	Herbert Wagner	30	4	4.900,00	222,73	44,55	1.069,09
117920	Karina Bork	25	9	3.900,00	177,27	35,45	1.914,55
178119	Robert Petrocelli	25	12	4.570,00	207,73	41,55	2.991,27
135736	Tanja Pohlmann	25	11	3.500,00	159,09	31,82	2.100,00
112632	Philipp Kästner	30	8	5.600,00	254,55	50,91	2.443,64
180087	Christian Hoff	30	10	6.200,00	281,82	56,36	3.381,82
103798	Daniel Stähler	25	7	3.200,00	145,45	29,09	1.221,82
133501	Stefanie Hanisch	25	6	2.800,00	127,27	25,45	916,36
148015	Arina Makowsky	25	10	3.100,00	140,91	28,18	1.690,91
169126	Michael Hahner	30	15	4.050,00	184,09	36,82	3.313,64
179776	Heinrich Schuster	25	7	3.600,00	163,64	32,73	1.374,55
191442	Helmut Kahlert	25	8	2.850,00	129,55	25,91	1.243,64
129036	Frank Neuberger	25	10	3.770,00	171,36	34,27	2.056,36
113823	Ines Rud	25	7	3.100,00	140,91	28,18	1.183,64
130322	Martin Seel	25	6	3.700,00	168,18	33,64	1.210,91
							40.077,27

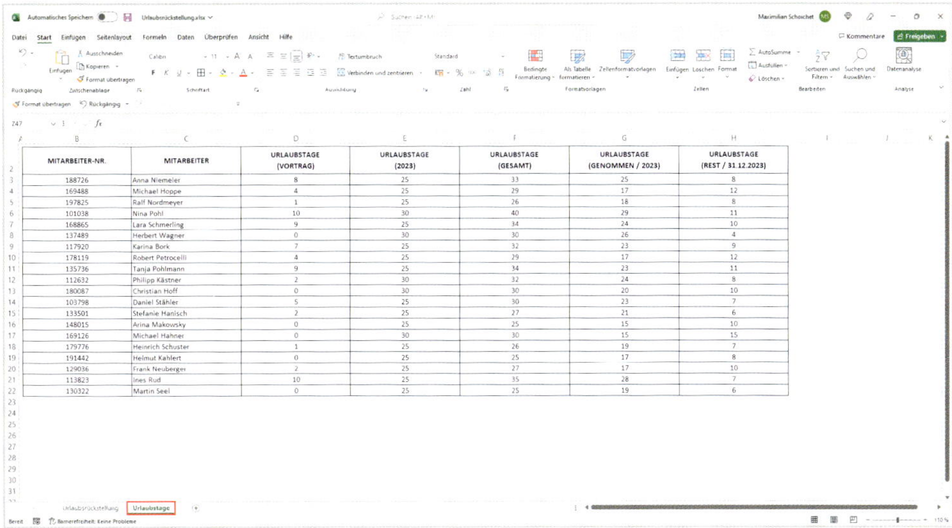

MITARBEITER-NR.	MITARBEITER	URLAUBSTAGE (VORTRAG)	URLAUBSTAGE (2023)	URLAUBSTAGE (GESAMT)	URLAUBSTAGE (GENOMMEN / 2023)	URLAUBSTAGE (REST / 31.12.2023)
188726	Anna Niemeier	8	25	33	25	8
169488	Michael Hoppe	4	25	29	17	12
197825	Ralf Nordmeyer	1	25	26	18	8
101038	Nina Pohl	10	30	40	29	11
168865	Lara Schmerling	9	25	34	24	10
137489	Herbert Wagner	0	30	30	26	4
117920	Karina Bork	7	25	32	23	9
178119	Robert Petrocelli	4	25	29	17	12
135736	Tanja Pohlmann	9	25	34	23	11
112632	Philipp Kästner	2	30	32	24	8
180087	Christian Hoff	0	30	30	20	10
103798	Daniel Stähler	5	25	30	23	7
133501	Stefanie Hanisch	2	25	27	21	6
148015	Arina Makowsky	0	25	25	15	10
169126	Michael Hahner	0	30	30	15	15
179776	Heinrich Schuster	1	25	26	19	7
191442	Helmut Kahlert	0	25	25	17	8
129036	Frank Neuberger	2	25	27	17	10
113823	Ines Rud	10	25	35	28	7
130322	Martin Seel	0	25	25	19	6

Die erste Prüfungshandlung wird in der Tabelle *Urlaubstage* vollzogen. Es ist zu prüfen, ob tatsächlich alle Mitarbeiter mit einem zum Abschlussstichtag bestehenden Urlaubsanspruch bei der Berechnung der Urlaubsrückstellung berücksichtigt wurden. Hierzu wird die Tabelle *Urlaubstage* durch eine neue Spalte mit der Überschrift *ABSTIMMUNG DER MITARBEITER-NR.* ergänzt und dort die Prüfungshandlung mithilfe der Funktion SVERWEIS() oder alternativ XVERWEIS () durchgeführt.

1 eine neue Spalte mit der Überschrift *ABSTIMMUNG DER MITARBEITER-NR.* der Tabelle *Urlaubstage* hinzufügen

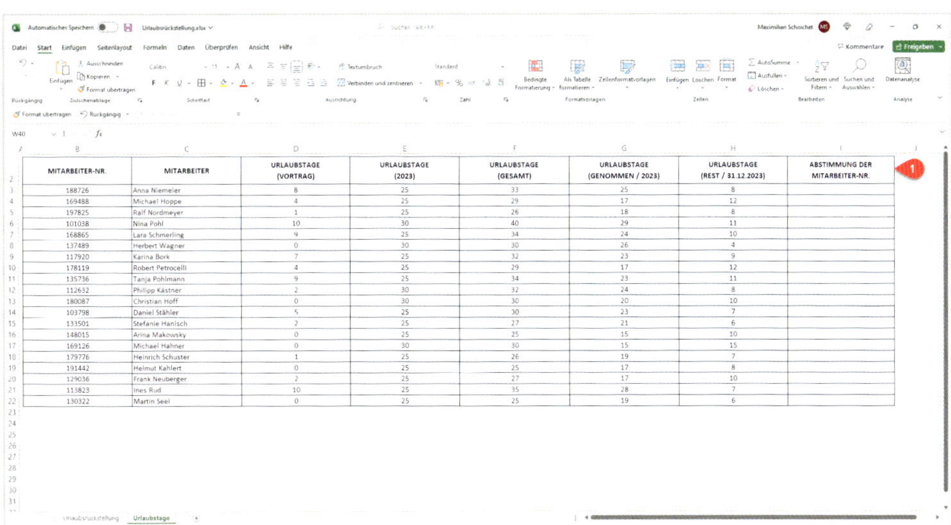

MITARBEITER-NR.	MITARBEITER	URLAUBSTAGE (VORTRAG)	URLAUBSTAGE (2023)	URLAUBSTAGE (GESAMT)	URLAUBSTAGE (GENOMMEN / 2023)	URLAUBSTAGE (REST / 31.12.2023)	ABSTIMMUNG DER MITARBEITER-NR.
188726	Anna Niemeier	8	25	33	25	8	
169488	Michael Hoppe	4	25	29	17	12	
197825	Ralf Nordmeyer	1	25	26	18	8	
101038	Nina Pohl	10	30	40	29	11	
168865	Lara Schmerling	9	25	34	24	10	
137489	Herbert Wagner	0	30	30	26	4	
117920	Karina Bork	7	25	32	23	9	
178119	Robert Petrocelli	4	25	29	17	12	
135736	Tanja Pohlmann	9	25	34	23	11	
112632	Philipp Kästner	2	30	32	24	8	
180087	Christian Hoff	0	30	30	20	10	
103798	Daniel Stähler	5	25	30	23	7	
133501	Stefanie Hanisch	2	25	27	21	6	
148015	Arina Makowsky	0	25	25	15	10	
169126	Michael Hahner	0	30	30	15	15	
179776	Heinrich Schuster	1	25	26	19	7	
191442	Helmut Kahlert	0	25	25	17	8	
129036	Frank Neuberger	2	25	27	17	10	
113823	Ines Rud	10	25	35	28	7	
130322	Martin Seel	0	25	25	19	6	

In der neu erstellten Spalte soll die Abstimmung zwischen den Mitarbeiternummern in der Tabelle *Urlaubstage* und der Tabelle *Urlaubsrückstellung* erfolgen. Jede Mitarbeiternummer aus der Tabelle *Urlaubstage* soll dabei in der Tabelle *Urlaubsrückstellung* gesucht und von dort als Bestätigung des

Vorhandenseins wiederum in die Tabelle *Urlaubstage* übertragen werden. Eine solche Datenübertragung von einer Tabelle in die andere gehört zum klassischen Einsatzbereich der Funktion SVERWEIS() bzw. der Funktion XVERWEIS(). Falls eine Mitarbeiternummer aus der Tabelle *Urlaubstage* nicht in der Tabelle *Urlaubsrückstellung* gefunden wird, liefern beide Funktionen per Voreinstellung den Fehlerwert *# NV*, welcher dem Prüfer Anlass für weitere aussagenbezogene Prüfungshandlungen gibt.

Hinweis 13:
Alle in diesem Kapitel verwendeten Funktionen wurden bereits in den vorherigen Kapiteln ausführlich erläutert. Daher werden wir uns nachfolgend bei den entsprechenden Darstellungen der einzelnen Argumente lediglich auf eine Zusammenfassung beschränken.

Die zwei unteren Abbildungen zeigen zwei alternative Funktionen zum Eintragen in die Zelle I3 – die Funktion SVERWEIS() und die Funktion XVERWEIS().

Alternative 1:

=SVERWEIS(B3;Urlaubsrückstellung!B:B;1;FALSCH)

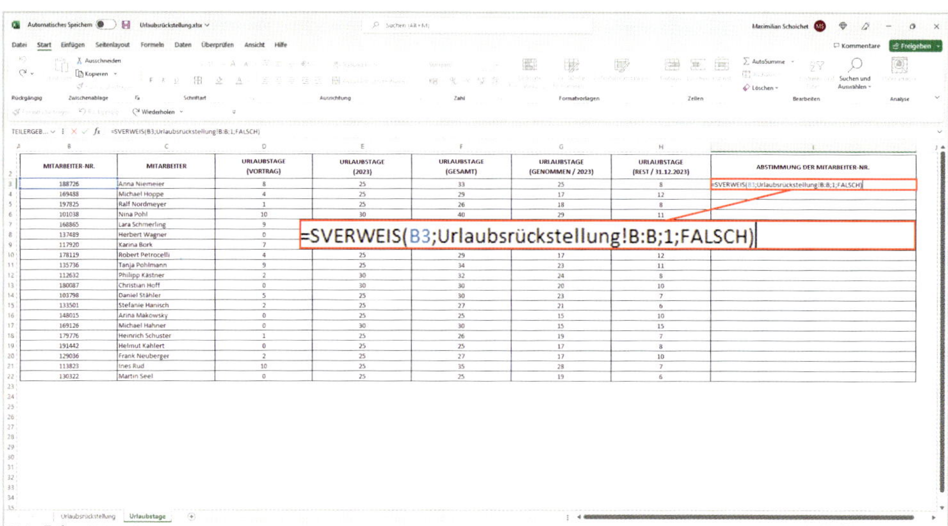

Das erste Argument der Funktion SVERWEIS(), genannt *Suchkriterium*, ist der Wert der Zelle B3 und damit die Mitarbeiternummer.

Das zweite Argument, genannt *Matrix*, enthält den Verweis auf die Tabelle *Urlaubsrückstellungen* und deren Spalte B, in der die als Suchkriterium ausgewählte Mitarbeiternummer gesucht wird.

Das dritte Argument, genannt *Spaltenindex*, bestimmt die Spalte aus der zuvor markierten Matrix, die den Rückgabewert liefert. In diesem Fall besteht die Matrix ausschließlich aus der Spalte B, daher kann der Rückgabewert auch nur aus dieser Spalte kommen. Somit bekommt das Argument

Spaltenindex die Zahl *1*, welche auf die erste (und einzige) Spalte der Matrix als die Spalte mit den Rückgabewerten verweist.

Mit dem vierten Argument, genannt *Bereich_Verweis*, wird bestimmt, ob die Suche nach dem Suchkriterium aus der Zelle B3 (Mitarbeiternummer) genau oder ungefähr erfolgen soll. Wir nutzen die Option der genauen Suche *FALSCH – Genaue Übereinstimmung*.

Alternative 2:

=XVERWEIS(B3;Urlaubsrückstellung!B:B;Urlaubsrückstellung!B:B)

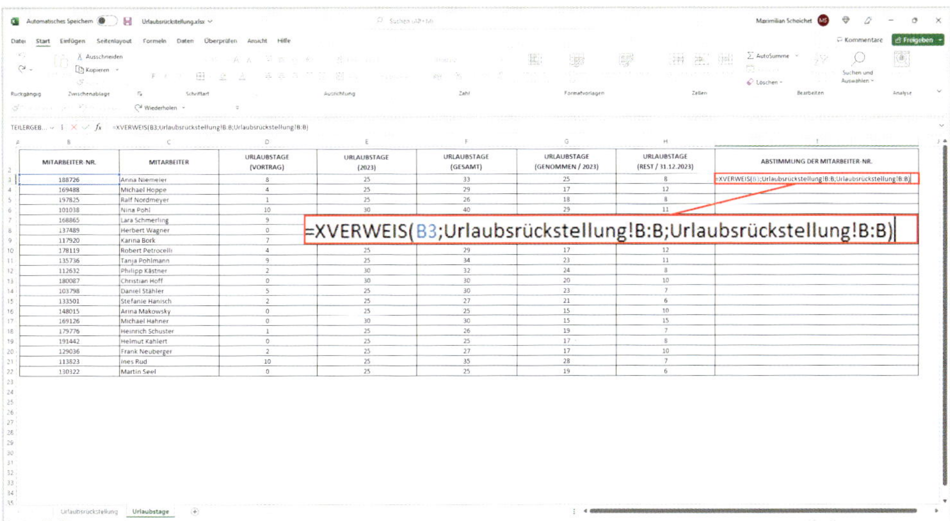

Das erste Argument der Funktion XVERWEIS(), genannt *Suchkritierium*, ist dasselbe wie bei der Funktion SVERWEIS() und entsprechend die Mitarbeiternummer aus der Zelle B3.

Mit dem zweiten Argument, genannt *Suchmatrix*, ist nicht wie bei der Funktion SVERWEIS() die insgesamt sowohl für die Suche als auch für die Übertragung des Rückgabewertes relevante Matrix gemeint, sondern ausschließlich die Spalte der Tabelle *Urlaubsrückstellung*, in der die Suche erfolgen soll, in unserem Beispiel also die Spalte B.

Das dritte Argument, genannt *Rückgabematrix*, ist die Spalte aus der der Rückgabewert kommen soll, in unserem Beispiel ebenfalls die Spalte B.

Die Option der genauen Suche ist bei der Funktion XVERWEIS() bereits als Voreinstellung definiert, und damit sind es insgesamt nur **drei erforderliche Argumente**. Eine Erfassung der drei weiteren, in die Funktion ebenfalls integrierten **optionalen Argumente** ist für unser Beispiel nicht notwendig.

Nach der Übertragung einer der beiden alternativen Funktionen auf die nachfolgenden relevanten Zellen stellen wir fest, dass die neu erstellte Spalte *ABSTIMMUNG DER MITARBEITER-NR.* keinen Fehlerwert *#NV* enthält und folglich alle Mitarbeiternummern aus der Tabelle *Urlaubstage* in der Tabelle *Urlaubsrückstellung* gefunden wurden.

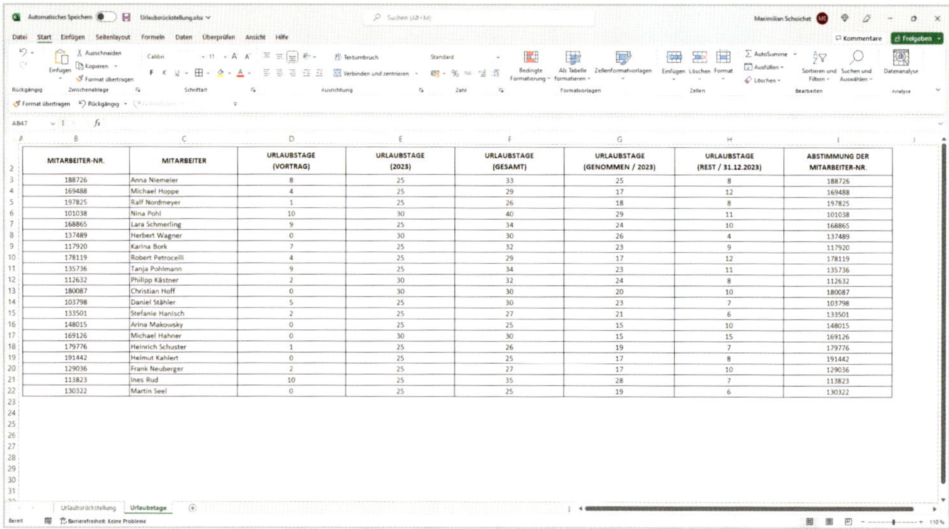

MITARBEITER-NR.	MITARBEITER	URLAUBSTAGE (VORTRAG)	URLAUBSTAGE (2023)	URLAUBSTAGE (GESAMT)	URLAUBSTAGE (GENOMMEN / 2023)	URLAUBSTAGE (REST / 31.12.2023)	ABSTIMMUNG DER MITARBEITER-NR.
188726	Anna Niemeier	8	25	33	25	8	188726
169488	Michael Hoppe	4	25	29	17	12	169488
197825	Ralf Nordmeyer	1	25	26	18	8	197825
101038	Nina Pohl	10	30	40	29	11	101038
168865	Lara Schmerling	9	25	34	24	10	168865
137489	Herbert Wagner	0	30	30	26	4	137489
117920	Karina Bork	7	25	32	23	9	117920
178119	Robert Petrocelli	4	25	29	17	12	178119
135736	Tanja Pohlmann	9	25	34	23	11	135736
112632	Philipp Kästner	2	30	32	24	8	112632
180087	Christian Hoff	0	30	30	20	10	180087
103798	Daniel Stähler	5	25	30	23	7	103798
133501	Stefanie Hanisch	2	25	27	21	6	133501
148015	Arina Makowsky	0	25	25	15	10	148015
169126	Michael Hahner	0	30	30	15	15	169126
179776	Heinrich Schuster	1	25	26	19	7	179776
191442	Helmut Kahlert	0	25	25	17	8	191442
129036	Frank Neuberger	2	25	27	17	10	129036
113823	Ines Rud	10	25	35	28	7	113823
130322	Martin Seel	0	25	25	19	6	130322

Die weiteren Prüfungshandlungen werden ausschließlich in der Tabelle *Urlaubsrückstellungen* vorgenommen und beziehen sich auf die Inhalte der folgenden fünf Spalten:

- *URLAUBSTAGE (REST)*
- *BRUTTOGEHALT (MONAT)*
- *BRUTTOGEHALT (TAG)*
- *ARBEITGEBERANTEIL SV (TAG)*
- *URLAUBSRÜCKSTELLUNG*

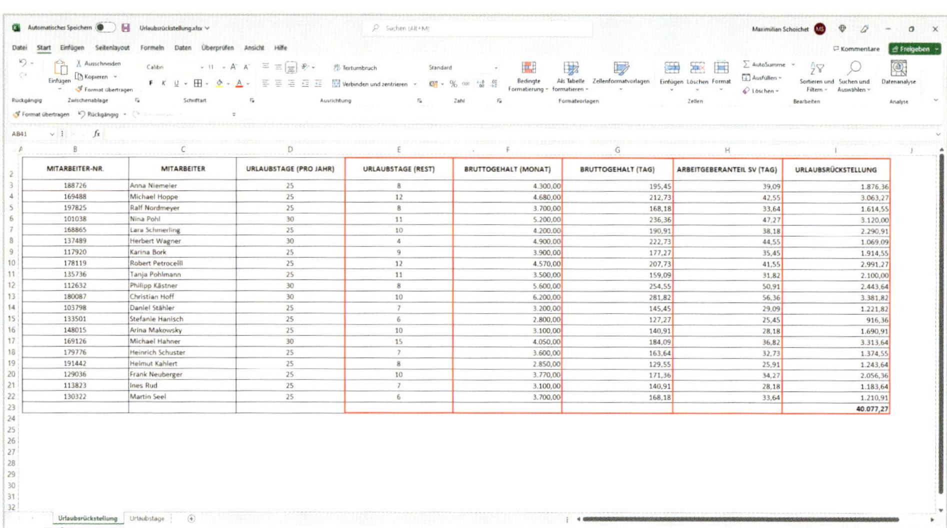

MITARBEITER-NR.	MITARBEITER	URLAUBSTAGE (PRO JAHR)	URLAUBSTAGE (REST)	BRUTTOGEHALT (MONAT)	BRUTTOGEHALT (TAG)	ARBEITGEBERANTEIL SV (TAG)	URLAUBSRÜCKSTELLUNG
188726	Anna Niemeier	25	8	4.300,00	195,45	39,09	1.876,36
169488	Michael Hoppe	25	12	4.680,00	212,73	42,55	3.063,27
197825	Ralf Nordmeyer	25	8	3.700,00	168,18	33,64	1.614,55
101038	Nina Pohl	30	11	5.200,00	236,36	47,27	3.120,00
168865	Lara Schmerling	25	10	4.200,00	190,91	38,18	2.290,91
137489	Herbert Wagner	30	4	4.900,00	222,73	44,55	1.069,09
117920	Karina Bork	25	9	3.900,00	177,27	35,45	1.914,55
178119	Robert Petrocelli	25	12	4.570,00	207,73	41,55	2.991,27
135736	Tanja Pohlmann	25	11	3.500,00	159,09	31,82	2.100,00
112632	Philipp Kästner	30	8	5.600,00	254,55	50,91	2.443,64
180087	Christian Hoff	30	10	6.200,00	281,82	56,36	3.381,82
103798	Daniel Stähler	25	7	3.200,00	145,45	29,09	1.221,82
133501	Stefanie Hanisch	25	6	2.800,00	127,27	25,45	916,36
148015	Arina Makowsky	25	10	3.100,00	140,91	28,18	1.690,91
169126	Michael Hahner	30	15	4.050,00	184,09	36,82	3.313,64
179776	Heinrich Schuster	25	7	3.600,00	163,64	32,73	1.374,55
191442	Helmut Kahlert	25	8	2.850,00	129,55	25,91	1.243,64
129036	Frank Neuberger	25	10	3.770,00	171,36	34,27	2.056,36
113823	Ines Rud	25	7	3.100,00	140,91	28,18	1.183,64
130322	Martin Seel	25	6	3.700,00	168,18	33,64	1.210,91
							40.077,27

Mithilfe der Funktion WENN() und der Schriftart *Wingdings* werden die Prüfungsergebnisse wie folgt optisch hervorgehoben:

Mit dem Symbol ✓ werden alle Zahlen des Mandanten versehen, die korrekt nachberechnet bzw. verplausibilisiert werden konnten.

Das Ausbleiben des Symbols ✓ soll signalisieren, dass die entsprechenden Zahlen des Mandanten durch die Ergebnisse der Nachberechnung nicht bestätigt werden konnten.

Mit dem Symbol 🗎, das im Gegensatz zum Symbol ✓ in unserem Beispiel manuell gesetzt werden muss, sollen die stichprobenartig ausgewählten Bruttogehälter aus der Spalte *BRUTTOGEHALT (MONAT)* markiert werden, die mit den eingeholten Gehaltsabrechnungen abgestimmt worden sind.

Die Symbole ✓ und 🗎 können nicht in derselben Spalte wie die zu prüfenden Zahlen abgebildet werden, da hierdurch keine Berechnungen mehr möglich wären. Um die optische Darstellung trotzdem nicht zu vernachlässigen, wird links von jeder prüfungsrelevanten Spalte eine weitere Spalte für die Symbole eingefügt. Anschließend werden die beiden jeweiligen Spalten so eingerahmt, dass der optische Eindruck von einer einzigen Spalte entsteht.

❶ den Spaltenkopf der Spalte E mit der rechten Maustaste anklicken ❷ aus dem angezeigten Kontextmenü den Befehl *Zellen einfügen* auswählen (alternativ Tastenkombination *STRG +*)

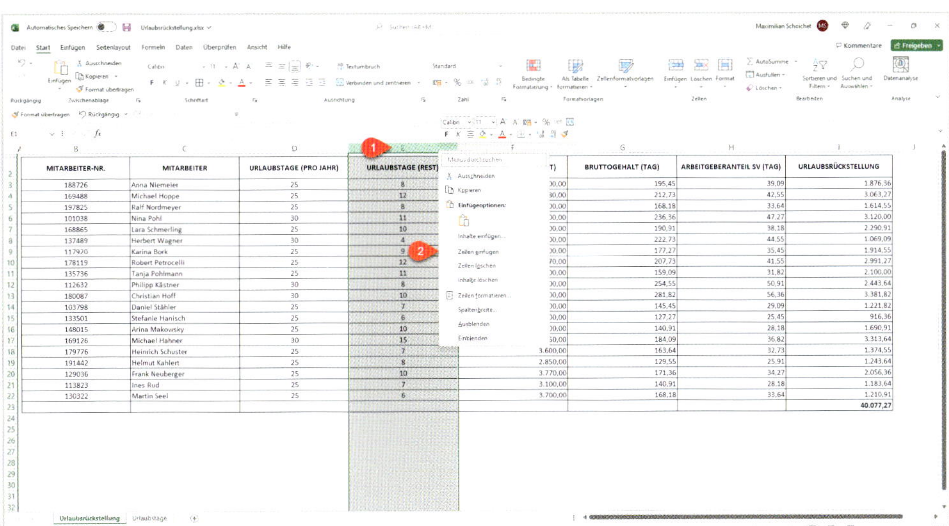

3 die Breite der neuen Spalte im Verhältnis zum späteren Inhalt (ein einziges Symbol) anpassen 4 die Zellen E2 und F2 markieren 5 die Registerkarte *Start* auswählen 6 den Befehl *Verbinden und Zentrieren* anklicken

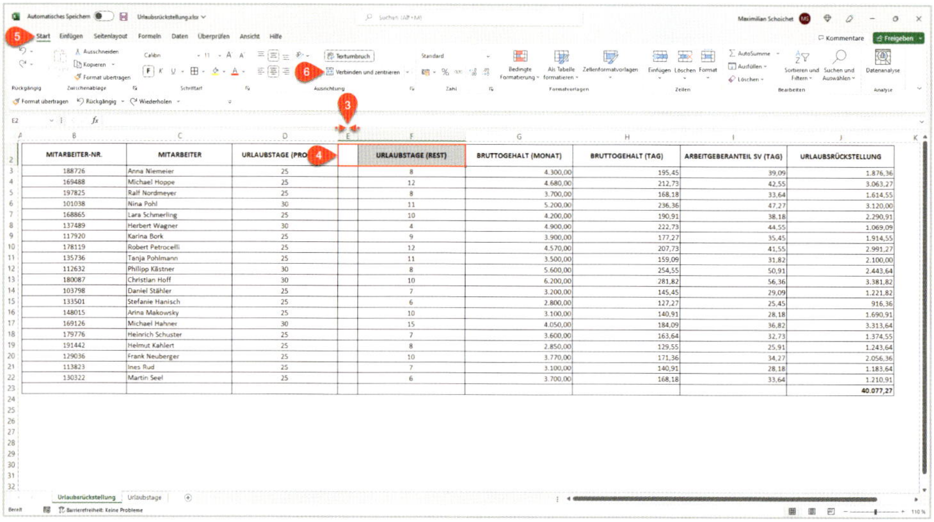

Anschließend muss noch die Rahmenlinie zwischen den Zellen der Spalte E und F wie folgt entfernt werden.

7 die Zellen E2 bis E23 markieren 8 das Dialogfenster *Zellen formatieren* durch die Tastenkombination *STRG 1* aufrufen 9 zur Registerkarte *Rahmen* wechseln 10 die rechte Rahmenlinie mit der Maus anklicken (damit wird sie deaktiviert) 11 mit Klick auf *OK* bestätigen

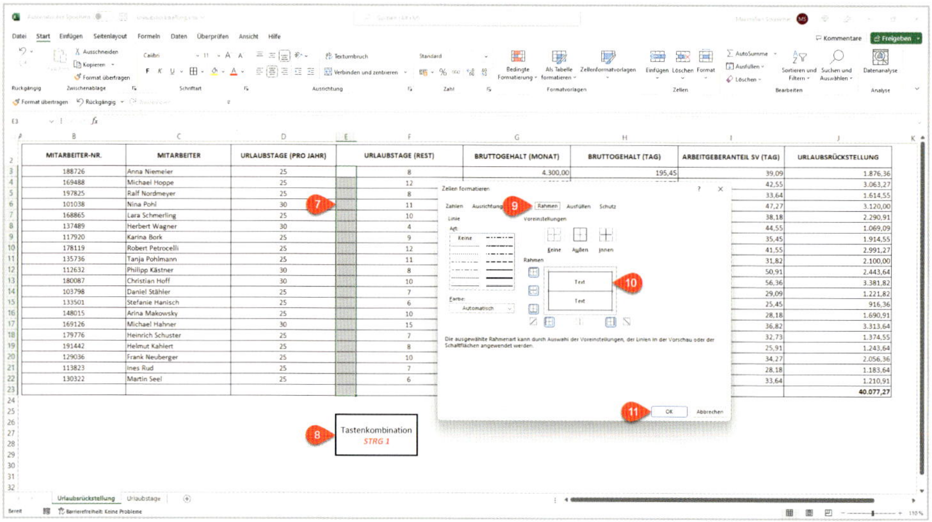

Die oben genannten Schritte 1 bis 11 sollen mit den Spalten G, H, I und J wiederholt werden, sodass am Ende ein Gesamtbild wie das in der nachfolgenden Abbildung entsteht.

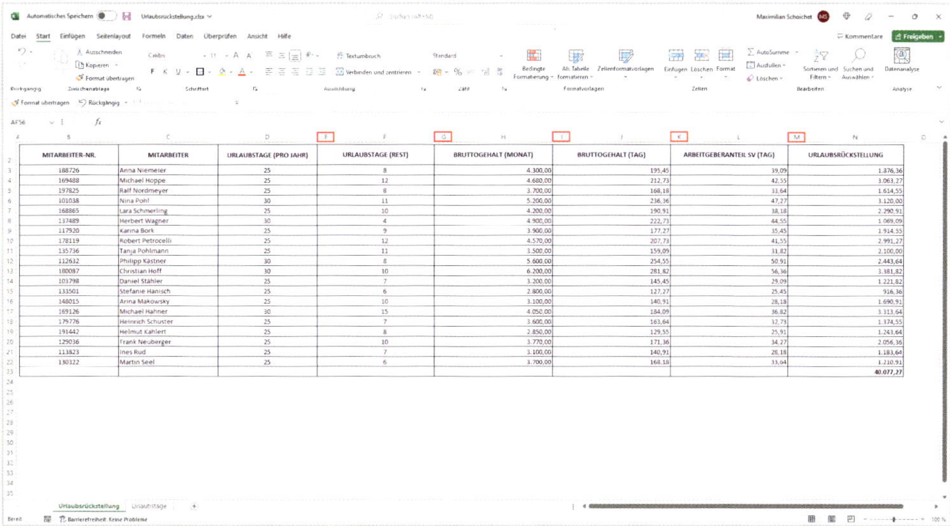

MITARBEITER-NR.	MITARBEITER	URLAUBSTAGE (PRO JAHR)	URLAUBSTAGE (REST)	BRUTTOGEHALT (MONAT)	BRUTTOGEHALT (TAG)	ARBEITGEBERANTEIL SV (TAG)	URLAUBSRÜCKSTELLUNG
188726	Anna Niemeier	25	8	4.300,00	195,45	39,09	1.876,36
169488	Michael Hoppe	25	12	4.680,00	212,73	42,55	3.063,27
197825	Ralf Nordmeyer	25	8	3.700,00	168,18	33,64	1.614,55
101038	Nina Pohl	30	11	5.200,00	236,36	47,27	3.120,00
168865	Lara Schmerling	25	10	4.200,00	190,91	38,18	2.290,91
137489	Herbert Wagner	30	4	4.900,00	222,73	44,55	1.069,09
117920	Karina Bork	25	9	3.900,00	177,27	35,45	1.914,55
178119	Robert Petrocelli	25	12	4.570,00	207,73	41,55	2.991,27
135736	Tanja Pohlmann	25	11	3.500,00	159,09	31,82	2.100,00
112632	Philipp Kästner	30	8	5.600,00	254,55	50,91	2.443,64
180087	Christian Hoff	30	10	6.200,00	281,82	56,36	3.381,82
103798	Daniel Stähler	25	7	3.200,00	145,45	29,09	1.221,82
133501	Stefanie Hanisch	25	6	2.800,00	127,27	25,45	916,36
148015	Arina Makowsky	25	10	3.100,00	140,91	28,18	1.690,91
169126	Michael Hahner	30	15	4.050,00	184,09	36,82	3.313,64
179776	Heinrich Schuster	25	7	3.600,00	163,64	32,73	1.374,55
191442	Helmut Kahlert	25	8	2.850,00	129,55	25,91	1.243,64
129036	Frank Neuberger	25	10	3.770,00	171,36	34,27	2.056,36
113823	Ines Rud	25	7	3.100,00	140,91	28,18	1.183,64
130322	Martin Seel	25	6	3.700,00	168,18	33,64	1.210,91
							40.077,27

Nach den optischen Anpassungen geht es nun mit der unmittelbaren Prüfung der Zahlen weiter. Als Erstes soll eine stichprobenartige Abstimmung der Gehälter in der Spalte H erfolgen. Es ist die einzige Prüfungshandlung, die in unserem Beispiel nicht mithilfe einer Formel/Funktion, sondern manuell durch Einsehen der entsprechenden Gehaltsabrechnungen durchgeführt wird.

Wir unterstellen, dass sich bei der Prüfung der ausgewählten Gehälter in den Zellen H3, H4, H6, H10 und H17 keine Beanstandungen ergeben haben. In den Zellen G3, G4, G6, G10 und G17 soll daher jetzt die Zahl *2* eingegeben werden, die durch anschließende Anwendung der Schriftart *Wingdings* auf den Zellbereich G3:G22 automatisch in das Symbol 🖹 umgewandelt wird.

Das Zwischenergebnis der Prüfung sieht wie folgt aus:

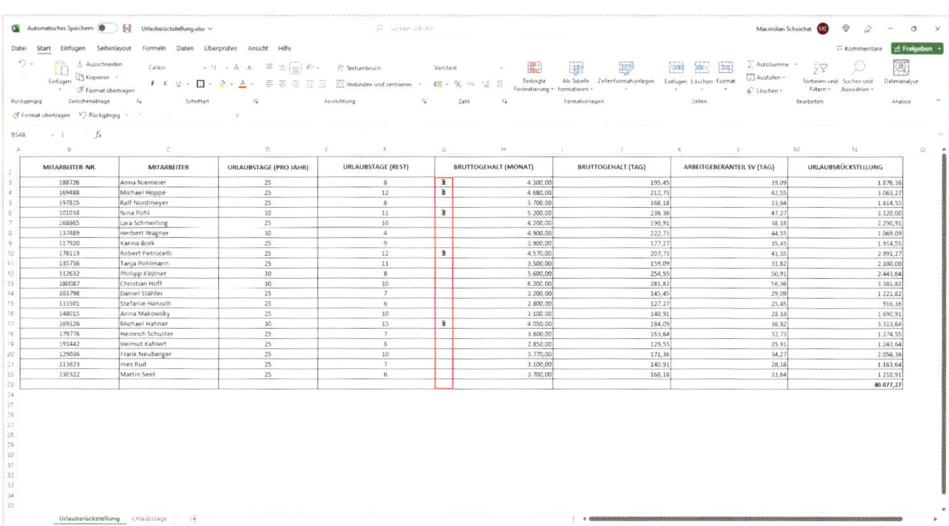

MITARBEITER-NR.	MITARBEITER	URLAUBSTAGE (PRO JAHR)	URLAUBSTAGE (REST)		BRUTTOGEHALT (MONAT)	BRUTTOGEHALT (TAG)	ARBEITGEBERANTEIL SV (TAG)	URLAUBSRÜCKSTELLUNG
188726	Anna Niemeier	25	8	🖹	4.300,00	195,45	39,09	1.876,36
169488	Michael Hoppe	25	12	🖹	4.680,00	212,73	42,55	3.063,27
197825	Ralf Nordmeyer	25	8		3.700,00	168,18	33,64	1.614,55
101038	Nina Pohl	30	11	🖹	5.200,00	236,36	47,27	3.120,00
168865	Lara Schmerling	25	10		4.200,00	190,91	38,18	2.290,91
137489	Herbert Wagner	30	4		4.900,00	222,73	44,55	1.069,09
117920	Karina Bork	25	9		3.900,00	177,27	35,45	1.914,55
178119	Robert Petrocelli	25	12	🖹	4.570,00	207,73	41,55	2.991,27
135736	Tanja Pohlmann	25	11		3.500,00	159,09	31,82	2.100,00
112632	Philipp Kästner	30	8		5.600,00	254,55	50,91	2.443,64
180087	Christian Hoff	30	10		6.200,00	281,82	56,36	3.381,82
103798	Daniel Stähler	25	7		3.200,00	145,45	29,09	1.221,82
133501	Stefanie Hanisch	25	6		2.800,00	127,27	25,45	916,36
148015	Arina Makowsky	25	10		3.100,00	140,91	28,18	1.690,91
169126	Michael Hahner	30	15	🖹	4.050,00	184,09	36,82	3.313,64
179776	Heinrich Schuster	25	7		3.600,00	163,64	32,73	1.374,55
191442	Helmut Kahlert	25	8		2.850,00	129,55	25,91	1.243,64
129036	Frank Neuberger	25	10		3.770,00	171,36	34,27	2.056,36
113823	Ines Rud	25	7		3.100,00	140,91	28,18	1.183,64
130322	Martin Seel	25	6		3.700,00	168,18	33,64	1.210,91
								40.077,27

i

Hinweis 14:
Sofern die **Gehaltsdaten aus dem System des Unternehmens** in Form einer Excel-Tabelle exportiert werden können, wäre auch eine entsprechende Abstimmung der in der Tabelle *Urlaubsrückstellung* aufgeführten Gehälter mit den exportieren Gehaltsdaten unter Verwendung der Funktion SVERWEIS() bzw. der Funktion XVERWEIS() möglich.

Nun werden mithilfe von Formeln/Funktionen die Zahlen in den vier folgenden Spalten geprüft:

- *URLAUBSTAGE (REST)*
- *BRUTTOGEHALT (TAG)*
- *ARBEITGEBERANTEIL SV (TAG)*
- *URLAUBSRÜCKSTELLUNG*

i

Hinweis 15:
Nachfolgend wird für jedes Prüfungsergebnis die bereits aus den früheren Kapiteln bekannte Funktion WENN() eingesetzt, die als Ergebnis der Prüfung entweder den Buchstaben *ü* oder zwei Anführungszeichen zurückgeben wird. Der Buchstabe *ü* wird später mit der Schriftart *Wingdings* in das Symbol ✓ umgewandelt und bei zwei Anführungszeichen bleibt der Inhalt der Ergebniszelle leer.

Die Abstimmung der restlichen Urlaubstage in der Spalte F erfolgt mithilfe der Funktion WENN() und der Funktion SVERWEIS() bzw. XVERWEIS().

Mit der Funktion SVERWEIS() bzw. der Funktion XVERWEIS() sollen zunächst die Urlaubstage aus der Tabelle *Urlaubstage* in die Spalte E der aktuellen Tabelle übertragen werden, um anschließend mit der Funktion WENN() einen Vergleich zwischen den Werten der Spalte E und F durchzuführen.

Die in der unteren Abbildung gezeigte verschachtelte Funktion in der Zelle E3 wird nachfolgend schrittweise aufgebaut.

=WENN(SVERWEIS(B3;Urlaubstage!B:H;7;FALSCH)=F3;"ü";"")

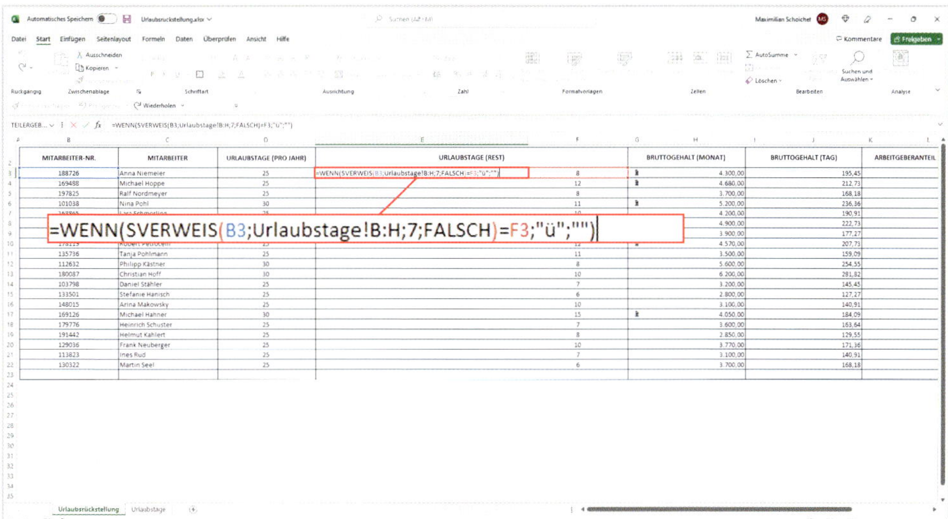

Als erstes soll in die Zelle E3 die innere Funktion SVERWEIS() eingegeben werden.

= SVERWEIS(B3;Urlaubstage!B:H;7;FALSCH)

Das erste Argument der Funktion SVERWEIS(), genannt *Suchkriterium*, ist der Wert der Zelle B3 und damit die Mitarbeiternummer.

Das zweite Argument, genannt *Matrix*, enthält den Verweis auf die Tabelle *Urlaubstage* und deren Spalten B bis H, wobei die als Suchkriterium ausgewählte Mitarbeiternummer per Voreinstellung der Funktion ausschließlich in der ersten Spalte der Matrix (Spalte B) gesucht wird.

Das dritte Argument, genannt *Spaltenindex*, bestimmt die Spalte aus der zuvor markierten Matrix, die den Rückgabewert liefert. Somit bekommt das Argument *Spaltenindex* die Zahl 7, welche auf die siebte Spalte (Spalte H) der Matrix als die Spalte mit den Rückgabewerten verweist.

Mit dem vierten Argument, genannt *Bereich_Verweis*, wird bestimmt, ob die Suche nach dem Suchkriterium aus der Zelle B3 (Mitarbeiternummer) genau oder ungefähr erfolgen soll. Wir nutzen die Option der genauen Suche *FALSCH – Genaue Übereinstimmung*.

Mit der Funktion SVERWEIS() werden die restlichen Urlaubstage aus der Tabelle *Urlaubstage* in die Tabelle *Urlaubsrückstellung* übertragen. Diese **innere** Funktion SVERWEIS() soll nun wie folgt in die **äußere** Funktion WENN() eingeschlossen werden:

= WENN(SVERWEIS(B3;Urlaubstage!B:H;7;FALSCH)=F3;"ü";"")

Die Funktion WENN() prüft, ob die mit der Funktion SVERWEIS() übertragenen Urlaubstage mit den Urlaubstagen aus der benachbarten Zelle F3 übereinstimmen. Falls die Prüfungsbedingung erfüllt ist, liefert die Funktion WENN() als Ergebnis den Buchstaben *ü* und anderenfalls zwei Anführungszeichen, wodurch die Zelle leer bleibt.

Die alternative Verschachtelung mit der Funktion XVERWEIS() anstelle der Funktion SVERWEIS() wird in der unteren Abbildung gezeigt und nachfolgend ebenso schrittweise aufgebaut.

=WENN(XVERWEIS(B3;Urlaubstage!B:B;Urlaubstage!H:H)=F3;"ü";"")

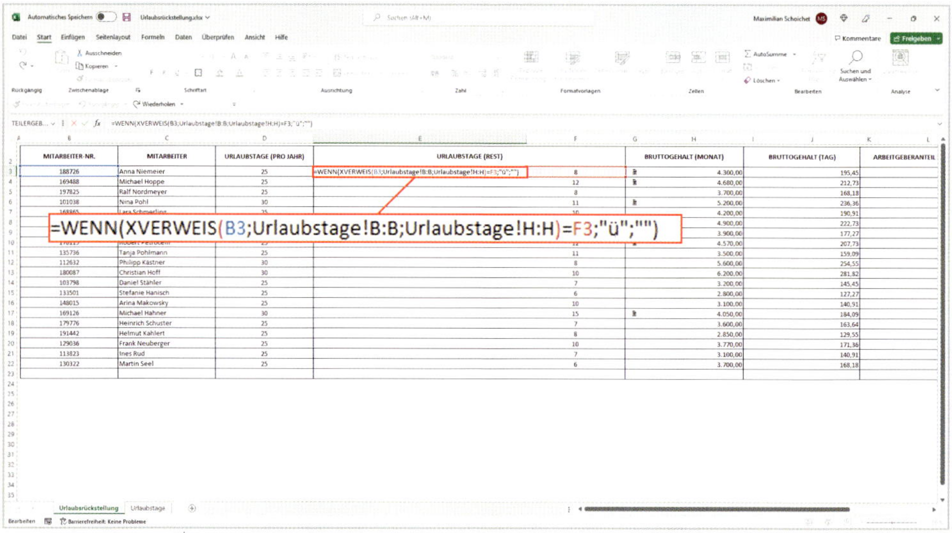

Auch hier soll die Eingabe mit der inneren Funktion XVERWEIS() beginnen.

= XVERWEIS(B3;Urlaubstage!B:B;Urlaubstage!H:H)

Das erste Argument der Funktion XVERWEIS(), genannt *Suchkritierium*, ist dasselbe wie bei der Funktion SVERWEIS() und entsprechend die Mitarbeiternummer aus der Zelle B3.

Mit dem zweiten Argument, genannt *Suchmatrix*, ist nicht wie bei der Funktion SVERWEIS() die insgesamt sowohl für die Suche als auch für die Übertragung des Rückgabewertes relevante Matrix gemeint, sondern ausschließlich die Spalte der Tabelle *Urlaubstage*, in der die Suche erfolgen soll, in unserem Beispiel also die Spalte B.

Das dritte Argument, genannt *Rückgabematrix*, ist die Spalte aus der der Rückgabewert kommen soll, in unserem Beispiel die Spalte H.

Die Option der genauen Suche ist bei der Funktion XVERWEIS() bereits als Voreinstellung definiert, und damit sind es insgesamt nur **drei erforderliche Argumente**. Eine Erfassung der drei weiteren, in die Funktion ebenfalls integrierten **optionalen Argumente** ist für unser Beispiel nicht notwendig.

Mit der Funktion XVERWEIS() werden wie auch zuvor mit der alternativen Funktion SVERWEIS() die restlichen Urlaubstage aus der Tabelle *Urlaubstage* in die Tabelle *Urlaubsrückstellung* übertragen. Diese **innere** Funktion XVERWEIS() soll nun genauso in die **äußere** Funktion WENN() eingeschlossen werden:

=WENN(XVERWEIS(B3;Urlaubstage!B:B;Urlaubstage!H:H)=F3;"ü";"")

Sobald eine der beiden verschachtelten Funktionen auf die nachfolgenden relevanten Zellen übertragen wird, erscheint in jeder dieser Zellen der Buchstabe *ü*. Somit wurden die Urlaubstage in der Tabelle *Urlaubsrückstellung* mit der aus dem System des Mandanten stammenden Tabelle *Urlaubstage* abgestimmt.

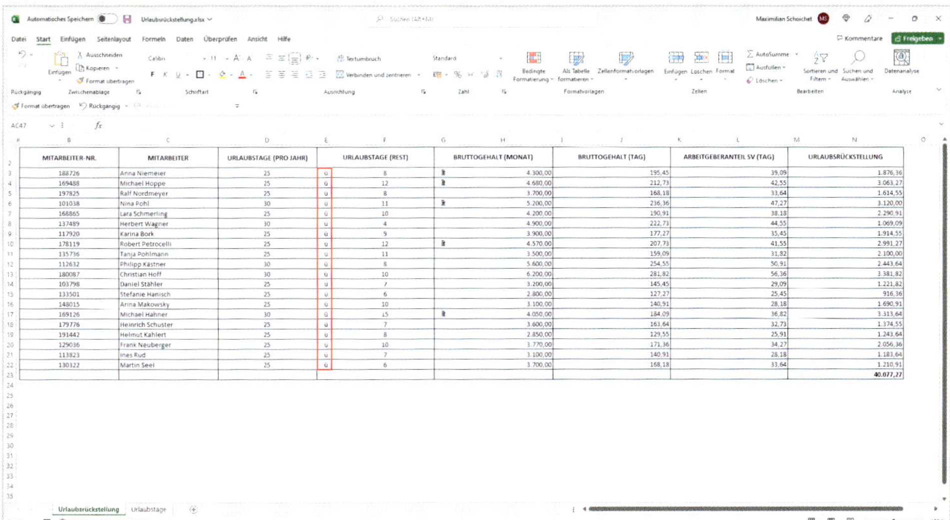

Weiter geht es mit der Funktion WENN() in der Zelle I3, mit deren Hilfe die **Berechnung des Bruttotagesgehaltes** aus der Zelle J3 geprüft werden soll.

=WENN(H3/22=J3;"ü";"")

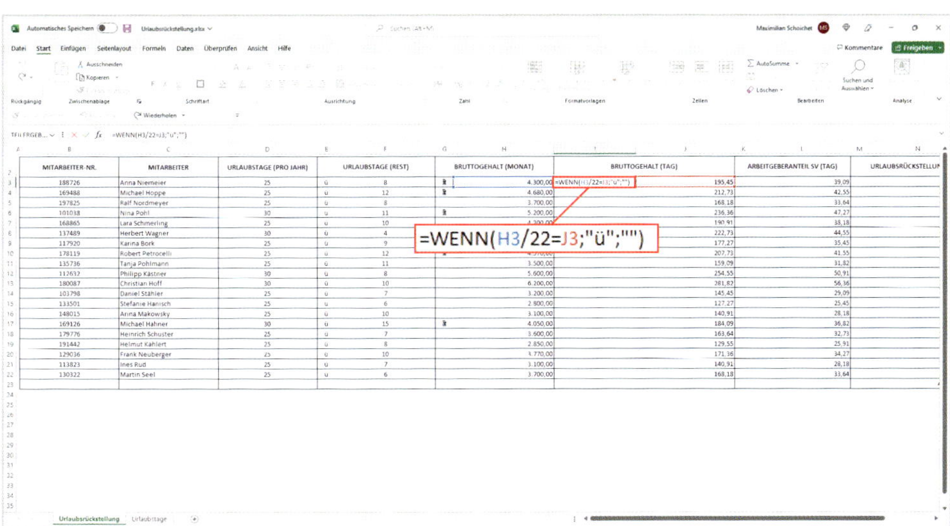

Das monatliche Bruttogehalt wird durch die Anzahl der Arbeitstage im Monat (angenommen werden 22 Arbeitstage) geteilt, wobei geprüft wird, ob das Ergebnis der Teilung dem Wert in der Zelle J3 entspricht. Falls die Prüfungsbedingung erfüllt ist, liefert die Funktion WENN() als Ergebnis den Buchstaben *ü* und anderenfalls zwei Anführungszeichen, wodurch die Zelle leer bleibt.

Nach der Übertragung der Funktion auf die nachfolgenden relevanten Zellen erscheint in jeder dieser Zellen der Buchstabe *ü* und damit auch die Bestätigung der rechnerischen Richtigkeit der Bruttotagesgehälter.

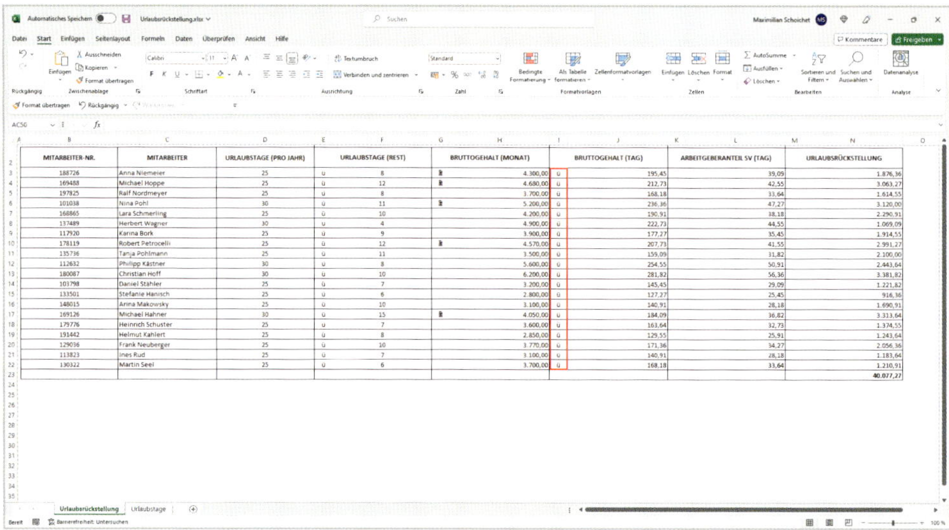

MITARBEITER-NR.	MITARBEITER	URLAUBSTAGE (PRO JAHR)		URLAUBSTAGE (REST)	BRUTTOGEHALT (MONAT)		BRUTTOGEHALT (TAG)	ARBEITGEBERANTEIL SV (TAG)	URLAUBSRÜCKSTELLUNG
188726	Anna Niemeier	25	ü	8	4.300,00	ü	195,45	39,09	1.876,36
169488	Michael Hoppe	25	ü	12	4.680,00	ü	212,73	42,55	3.063,27
197825	Ralf Nordmeyer	25	ü	8	3.700,00	ü	168,18	33,64	1.614,55
101038	Nina Pohl	30	ü	11	5.200,00	ü	236,36	47,27	3.120,00
168865	Lara Schmerling	25	ü	10	4.200,00	ü	190,91	38,18	2.290,91
137489	Herbert Wagner	30	ü	4	4.900,00	ü	222,73	44,55	1.069,09
117920	Karina Bork	25	ü	9	3.900,00	ü	177,27	35,45	1.914,55
178119	Robert Petrocelli	25	ü	12	4.570,00	ü	207,73	41,55	2.991,27
135736	Tanja Pohlmann	25	ü	11	3.500,00	ü	159,09	31,82	2.100,00
112632	Philipp Kästner	30	ü	8	5.600,00	ü	254,55	50,91	2.443,64
180087	Christian Hoff	30	ü	10	6.200,00	ü	281,82	56,36	3.381,82
103798	Daniel Stähler	25	ü	7	3.200,00	ü	145,45	29,09	1.221,82
133501	Stefanie Hanisch	25	ü	6	2.800,00	ü	127,27	25,45	916,36
148015	Arina Makowsky	25	ü	10	3.100,00	ü	140,91	28,18	1.690,91
169126	Michael Hahner	30	ü	15	4.050,00	ü	184,09	36,82	3.313,64
179776	Heinrich Schuster	25	ü	7	3.600,00	ü	163,64	32,73	1.374,55
191442	Helmut Kahlert	25	ü	8	2.850,00	ü	129,55	25,91	1.243,64
129036	Frank Neuberger	25	ü	10	3.770,00	ü	171,36	34,27	2.056,36
113823	Ines Rud	25	ü	7	3.100,00	ü	140,91	28,18	1.183,64
130322	Martin Seel	25	ü	6	3.700,00	ü	168,18	33,64	1.210,91
									40.077,27

Mit einer weiteren Funktion WENN() verplausiblisieren wir in der Spalte K die anteiligen Sozialversicherungskosten des Arbeitgebers. In unserem Beispiel unterstellen wir pauschal einen Anteil der zwischen 18% und 20% des Bruttogehalts liegt. Um diesen Bereich in die Prüfungsbedingung der Funktion WENN() aufzunehmen, nutzen wir eine Verschachtelung mit der Funktion UND(). Die untere Abbildung zeigt die verschachtelte Funktion WENN(), die nachfolgend näher erläutert wird.

=WENN(UND(L3/J3>=0,18;L3/J3<=0,2);"ü";"")

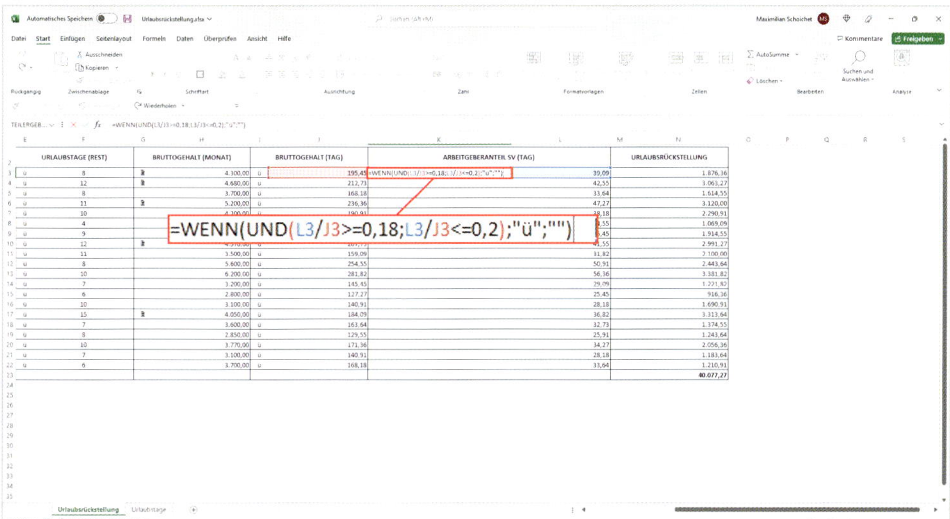

Die Prüfungsbedingung der Funktion WENN() bezieht sich auf eine Untergrenze von 18% und zugleich auf eine Obergrenze von 20%. Um beide Grenzwerte zu erfassen, nutzen wir bei der Prüfung die Funktion UND(), welche die beiden Prüfungsbedingungen kombiniert.

=WENN(UND(L3/J3>=0,18;L3/J3<=0,2);"ü";"")

Liegt der SV-Anteil des Arbeitgebers (berechnet durch L3/J3) im Bereich zwischen 18% und 20%, liefert die Funktion WENN() als Ergebnis den Buchstaben *ü* und anderenfalls zwei Anführungszeichen, wodurch die Zelle leer bleibt.

Nach der Übertragung der Funktion auf die nachfolgenden relevanten Zellen erscheint in jeder dieser Zellen der Buchstabe *ü*, und damit liegt der jeweilige SV-Anteil des Arbeitgebers in einem vertretbaren Bereich.

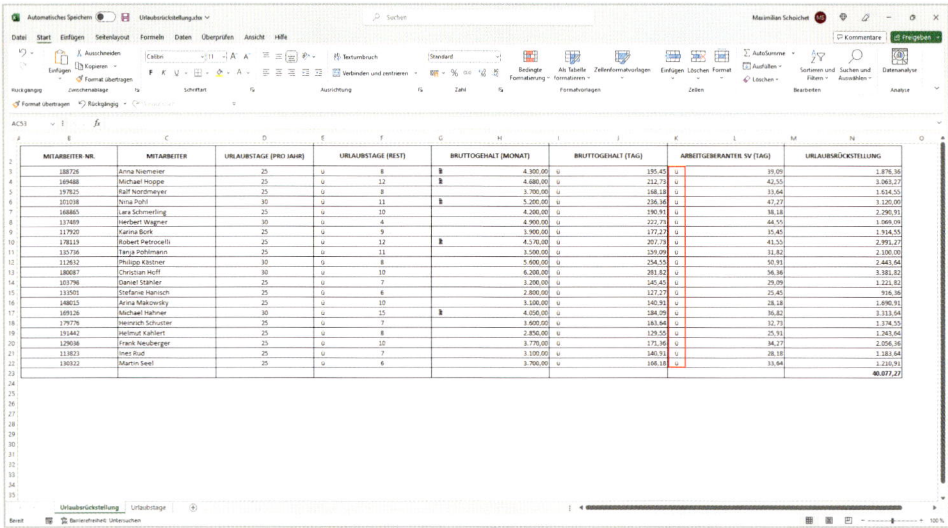

Mit einer weiteren und letzten Funktion WENN() wird auf Basis der zuvor geprüften bzw. verplausibilisierten Werte die rechnerische Richtigkeit der gebildeten Urlaubsrückstellung geprüft. Die Funktion in der Zelle N3 lautet:

=WENN(F3*(J3+L3)=N3;"ü";"")

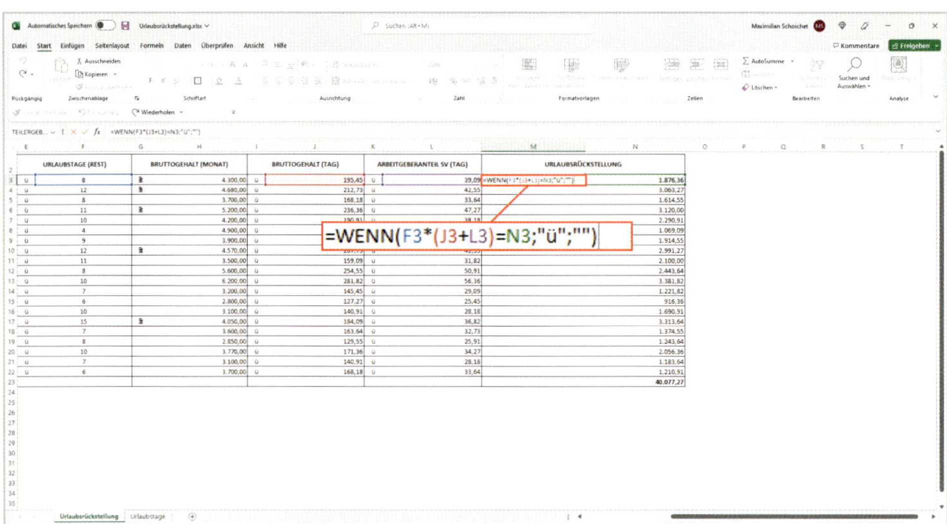

In der Prüfungsbedingung wird die Anzahl der Urlaubstage mit der Summe aus Bruttogehalt und SV-Anteil des Arbeitgebers (beide Größen umgerechnet auf Tagesbasis) multipliziert und das Ergebnis mit der tatsächlich gebildeten Urlaubsrückstellung in der Zelle N3 verglichen. Bei einer Übereinstimmung liefert die Funktion WENN() als Ergebnis den Buchstaben *ü* und anderenfalls zwei Anführungszeichen, wodurch die Zelle leer bleibt.

Die Übertragung der Funktion auf die nachfolgenden relevanten Zellen führt zum Gesamtergebnis der Prüfung. In unserem Beispiel wurde die Urlaubsrückstellung richtig berechnet. Der nächste und letzter Schritt betrifft die optische Umwandlung des Buchstabens *ü* in das Symbol ✓.

❶ alle Zellen mit dem Buchstaben *ü* markieren (bei gedrückter Taste *STRG* können einzelne nicht angrenzende Zellbereiche markiert werden) ❷ für die markierten Zellbereiche die Schriftart *Wingdings* auswählen

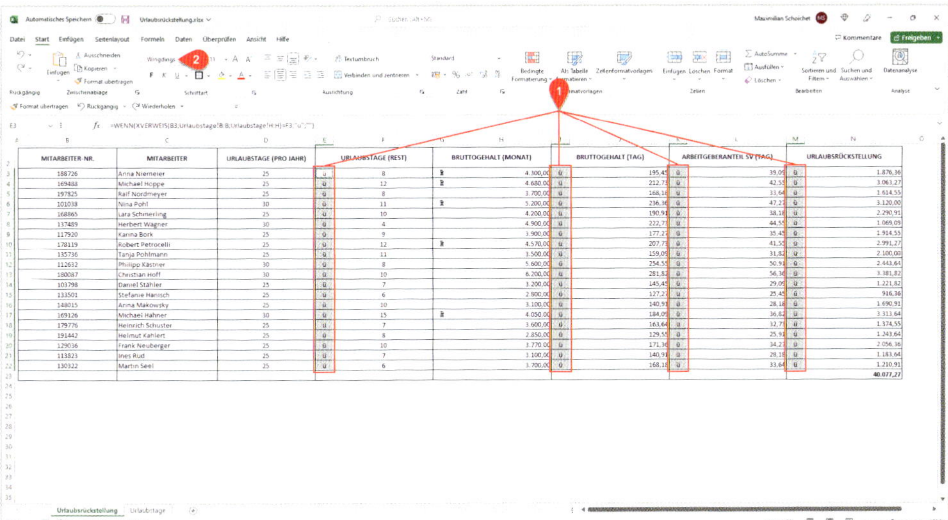

Der Vollständigkeit halber sei an dieser Stelle erwähnt, dass auch die Gesamtsumme der Urlaubsrückstellung in der Zelle N23 durch eine entsprechende Funktion SUMME() zu prüfen ist.

In der nachfolgenden Abbildung wird das Endergebnis der Prüfung mit einem beispielhaften Erläuterungsteil (Legende unterhalb der Tabelle) dargestellt.

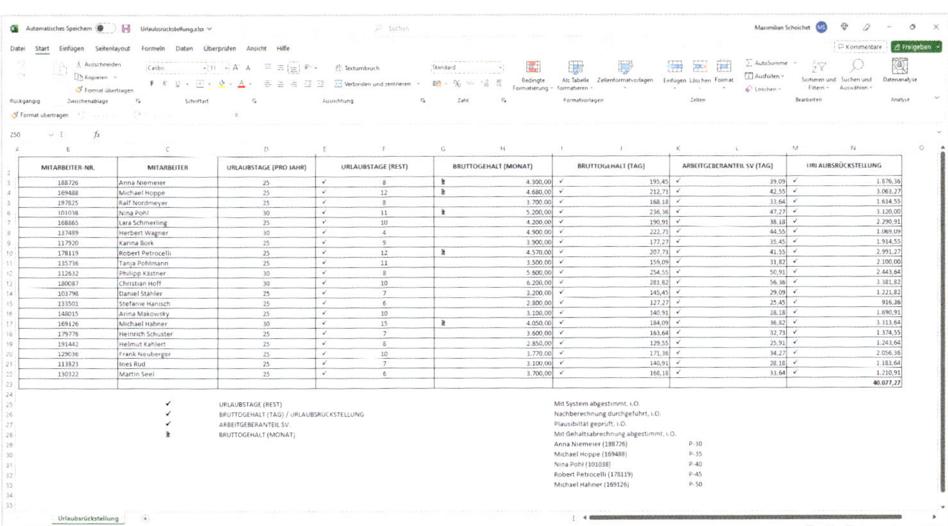

10 Erstellung einer Vorlage zur Abstimmung von Verbindlichkeiten und Forderungen zwischen verbundenen Unternehmen

Download-Datei:

Verbindlichkeiten_Forderungen_Verbund.xlsx

Excel-Werkzeuge:

- Bedingte Formatierung

In diesem Kapitel geht es um Erstellung einer Vorlage zur Abstimmung der Forderungen und Verbindlichkeiten zwischen den Unternehmen in einer Konzernstruktur. Insbesondere bei umfangreichen Leistungsverflechtungen innerhalb eines größeren Konzerns ist eine gut strukturierte Unterlage zur Dokumentation der Abstimmung nahezu unverzichtbar.

Als Beispiel wird eine Konzernstruktur unterstellt, die aus insgesamt zehn verbundenen Unternehmen besteht, welche in der Vorlage durch UNT.1 bis UNT.10 abgekürzt werden.

Das nachfolgend abgebildete Grundgerüst in Form einer einfachen Tabelle, in der die einzelnen Salden für Verbindlichkeiten und Forderungen zwischen verbundenen Unternehmen eingetragen werden können, ist in der Download-Datei Verbindlichkeiten_Forderungen_Verbund.xlsx enthalten.

Zur Veranschaulichung der Funktionsweise der Vorlage wurden für Verbindlichkeits- und Forderungssalden der zehn Unternehmen, wie nachfolgend abgebildet, beispielhafte Zahlen eingetragen.

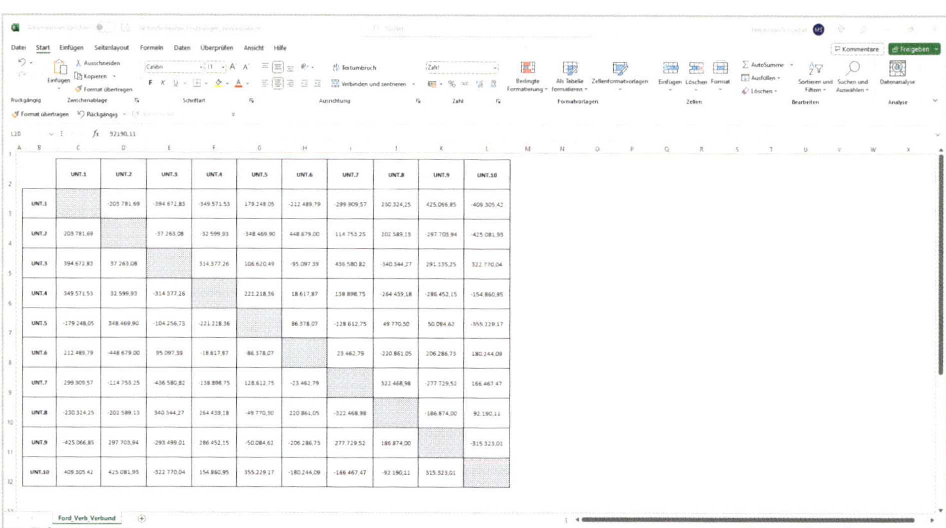

	UNT.1	UNT.2	UNT.3	UNT.4	UNT.5	UNT.6	UNT.7	UNT.8	UNT.9	UNT.10
UNT.1		-203.781,69	-394.672,83	-349.571,53	179.248,05	-212.489,79	-299.909,57	230.324,25	425.066,85	-409.305,42
UNT.2	203.781,69		-37.263,08	-32.599,93	-348.469,90	448.679,00	114.753,25	202.589,13	-297.703,94	-425.081,93
UNT.3	394.672,83	37.263,08		314.377,26	106.620,49	-95.097,39	436.580,82	-340.344,27	291.135,25	322.770,04
UNT.4	349.571,53	32.599,93	-314.377,26		221.218,36	18.617,87	138.898,75	-264.439,18	-286.452,15	-154.860,95
UNT.5	-179.248,05	348.469,90	-104.256,73	-221.218,36		86.378,07	-128.612,75	49.770,30	50.084,62	-355.229,17
UNT.6	212.489,79	-448.679,00	95.097,39	-18.617,87	-86.378,07		23.462,79	-220.861,05	206.286,73	180.244,09
UNT.7	299.909,57	-114.753,25	-436.580,82	-138.898,75	128.612,75	-23.462,79		322.468,98	-277.729,52	166.467,47
UNT.8	-230.324,25	-202.589,13	340.344,27	264.439,18	-49.770,30	220.861,05	-322.468,98		-186.874,00	92.190,11
UNT.9	-425.066,85	297.703,94	-293.499,01	286.452,15	-50.084,62	-206.286,73	277.729,52	186.874,00		-315.323,01
UNT.10	409.305,42	425.081,93	-322.770,04	154.860,95	355.229,17	-180.244,09	-166.467,47	-92.190,11	315.323,01	

Die Salden eines jeden Unternehmens werden in der Tabelle spaltenweise erfasst. So zeigt zum Beispiel die Zelle C4 eine Forderung des UNT.1 gegen UNT.2 in Höhe von 203.781,69 EUR. Gleichzeitig ist in der Zelle D3 eine korrespondierende Verbindlichkeit des UNT.2 gegenüber UNT.1 zu finden.

Auch wenn es auf den ersten Blick sicherlich nicht bemerkbar ist, beinhaltet die Abstimmungstabelle zwei Differenzen zwischen den Salden der Verbindlichkeiten auf der einen Seite und der Forderungen auf der anderen Seite. In der nachfolgenden Abbildung sind die Zellen mit den Salden, aus denen sich die beiden Differenzen ergeben, farblich eingerahmt.

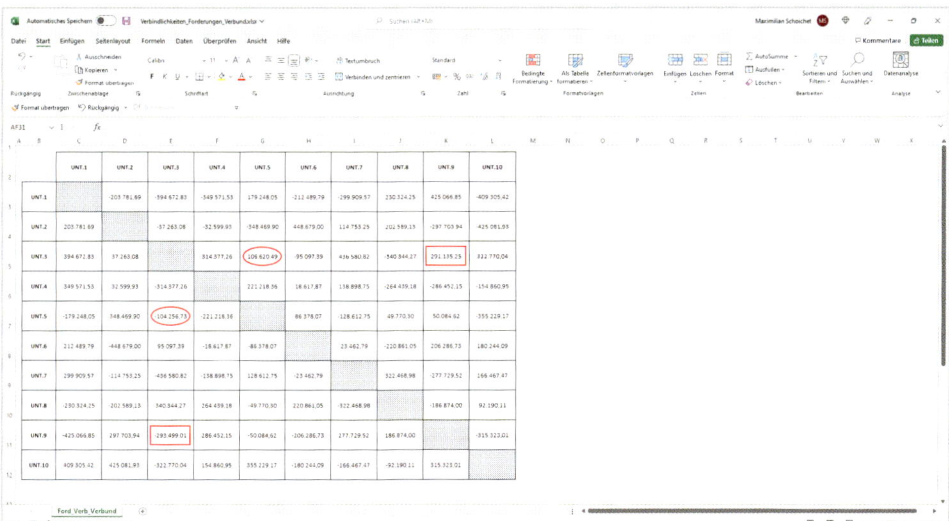

	UNT.1	UNT.2	UNT.3	UNT.4	UNT.5	UNT.6	UNT.7	UNT.8	UNT.9	UNT.10
UNT.1		-203.781,69	-394.672,83	-349.571,53	179.248,05	-212.489,79	-299.909,57	230.324,25	425.066,85	-409.305,42
UNT.2	203.781,69		-37.263,08	-32.599,93	-348.469,90	448.679,00	114.753,25	202.589,13	-297.703,94	-425.081,93
UNT.3	394.672,83	37.263,08		314.377,26	106.620,49	-95.097,39	436.580,82	-340.344,27	291.135,25	322.770,04
UNT.4	349.571,53	32.599,93	-314.377,26		221.218,36	18.617,87	138.898,75	-264.439,18	-286.452,15	-154.860,95
UNT.5	-179.248,05	348.469,90	-104.256,73	-221.218,36		86.378,07	-128.612,75	49.770,30	50.084,62	-355.229,17
UNT.6	212.489,79	-448.679,00	95.097,39	-18.617,87	-86.378,07		23.462,79	-220.861,05	206.286,73	180.244,09
UNT.7	299.909,57	-114.753,25	-436.580,82	-138.898,75	128.612,75	-23.462,79		322.468,98	-277.729,52	166.467,47
UNT.8	-230.324,25	-202.589,13	340.344,27	264.439,18	-49.770,30	220.861,05	-322.468,98		-186.874,00	92.190,11
UNT.9	-425.066,85	297.703,94	-293.499,01	286.452,15	-50.084,62	-206.286,73	277.729,52	186.874,00		-315.323,01
UNT.10	409.305,42	425.081,93	-322.770,04	154.860,95	355.229,17	-180.244,09	-166.467,47	-92.190,11	315.323,01	

Während in der Zelle E7 als Verbindlichkeitssaldo des UNT.3 gegenüber dem UNT.5 ein Betrag in Höhe von 104.256,73 EUR angezeigt wird, beinhaltet die Zelle G5 als Forderungssaldo des UNT.5 gegen UNT.3 einen Betrag in Höhe von 106.620,49 EUR.

Zugleich besteht auch eine Differenz zwischen den Salden in den Zellen K5 und E11, sodass dem Forderungssaldo des UNT.9 in Höhe von 291.135,25 EUR ein Verbindlichkeitssaldo des UNT.3 in Höhe von 293.499,01 EUR gegenübersteht.

Die Differenzen wären sofort aufgefallen, wenn Excel die Abstimmung zwischen den Forderungen und Verbindlichkeiten automatisch vornehmen und den Hintergrund der Zellen mit abweichenden und übereinstimmenden Salden durch unterschiedliche Farben (z.B. Rot und Grün) hervorheben würde. Auf den nächsten Seiten schauen wir uns den Aufbau einer solchen automatischen Abstimmung der Forderungen und Verbindlichkeiten zwischen verbundenen Unternehmen in unserer Vorlage genau an.

Das Hauptwerkzeug zur automatischen farblichen Hervorhebung von Zellen und/oder deren Inhalten ist in Excel als bedingte Formatierung bekannt. Die nächste Abbildung zeigt beispielhaft einige der zur Auswahl stehenden Regeln für die bedingte Formatierung.

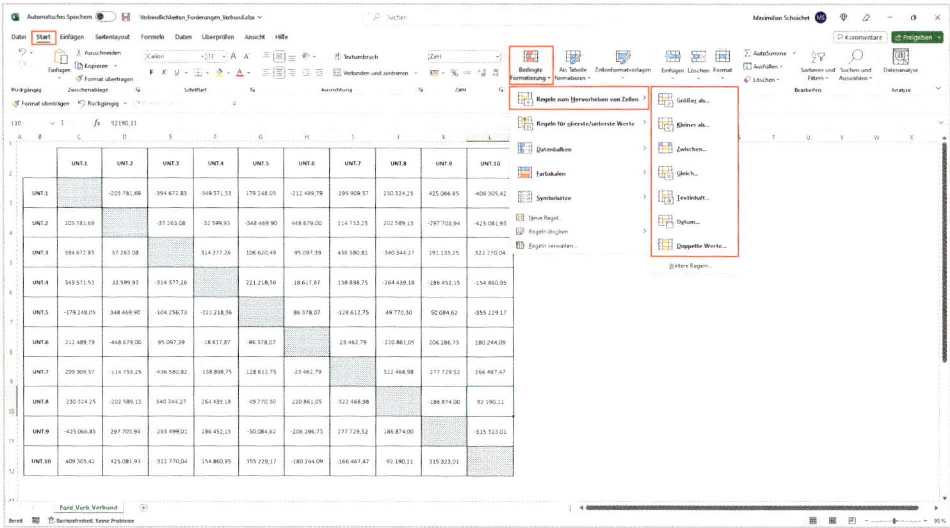

Im Kapitel 4 (*Prüfung der Offene-Posten-Liste der Forderungen auf doppelte Belegnummern*) haben wir inzwischen die Regel *Doppelte Werte* zur Prüfung von eventuell mehrfach vorhandenen Belegnummern angeschaut. Für die Abstimmung der Forderungen und Verbindlichkeiten werden zwei neue Regeln erstellt, und zwar exemplarisch für die Zellen C4 und D3, also zur Abstimmung der Salden zwischen UNT.1 und UNT.2. Für die restlichen Zellen der Abstimmungstabelle können dann analoge Regeln verwendet werden.

1 die Zelle C4 anklicken 2 die Registerkarte *Start* anklicken 3 in der Gruppe *Formatvorlagen* die *Bedingte Formatierung* anklicken 4 die Option *Neue Regeln* anklicken

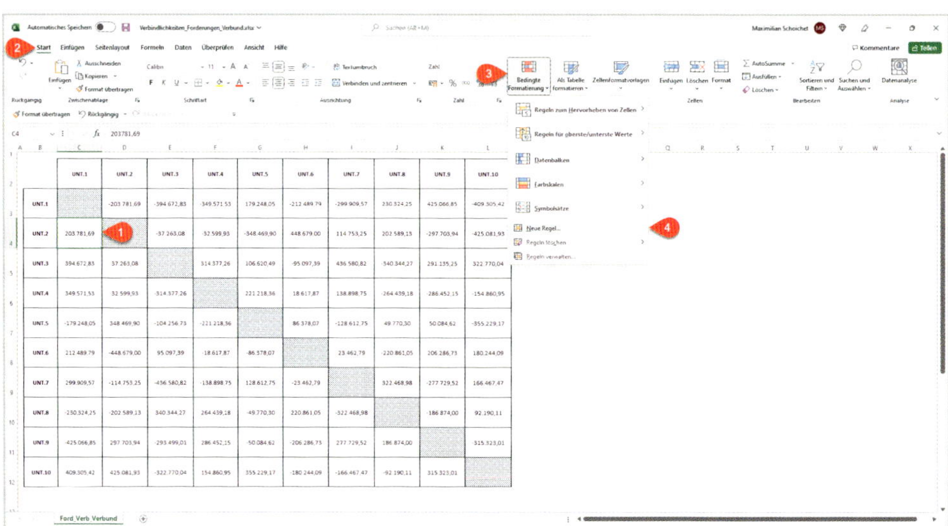

5 die Option *Formel zur Ermittlung der zu formatierenden Zellen verwenden* anklicken 6 in das Eingabefeld *Werte formatieren, für die diese Formel wahr ist:* folgende Formel eingeben =C4=-D3 7 die Schaltfläche *Formatieren* anklicken

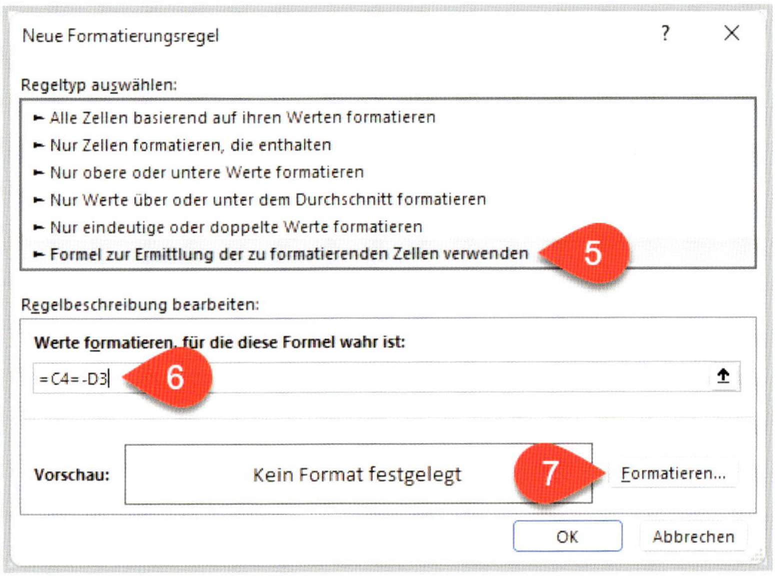

8 zur Registerkarte *Ausfüllen* wechseln 9 grüne Farbe (für den Zellenhintergrund) auswählen 10 mit Klick auf *OK* bestätigen

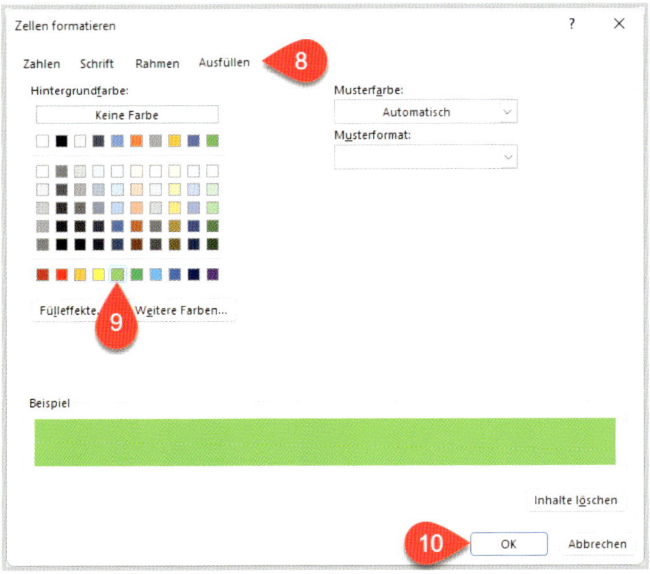

Der Hintergrund der Zelle C4 wird automatisch grün eingefärbt, falls der Wert dieser Zelle dem negativen Wert der Zelle D3 gleicht und folglich die Forderung und die Verbindlichkeit zwischen UNT.1 und UNT.2 einander entsprechen.

Es bleibt noch eine weitere Regel für dieselbe Zelle C4 zu definieren, nämlich für den Fall, dass die Forderung und Verbindlichkeit zwischen UNT.1 und UNT.2 nicht übereinstimmen.

1 die Zelle C4 anklicken 2 die Registerkarte *Start* anklicken 3 in der Gruppe *Formatvorlagen* die *Bedingte Formatierung* anklicken 4 die Option *Neue Regeln* anklicken

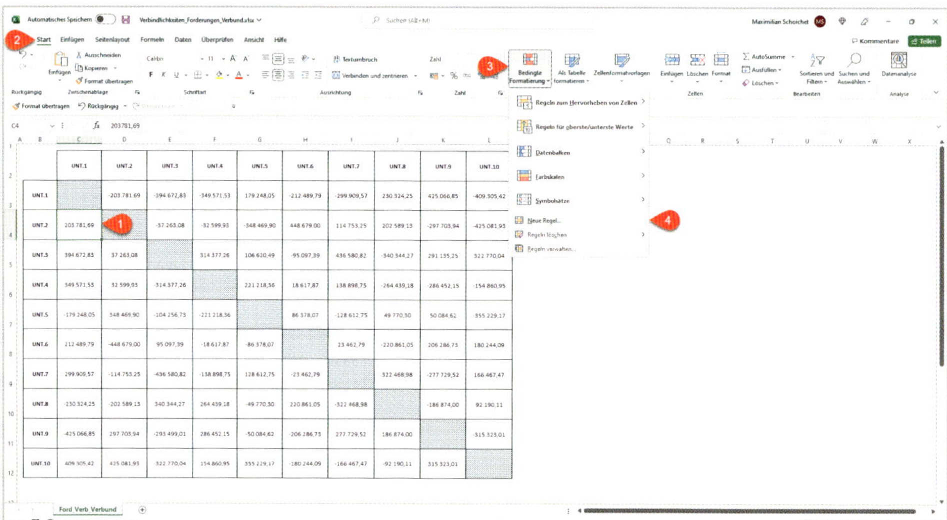

5 die Option *Formel zur Ermittlung der zu formatierenden Zellen verwenden* anklicken 6 in das Eingabefeld *Werte formatieren, für die diese Formel wahr ist:* folgende Formel eingeben =C4<>-D3 7 die Schaltfläche *Formatieren* anklicken

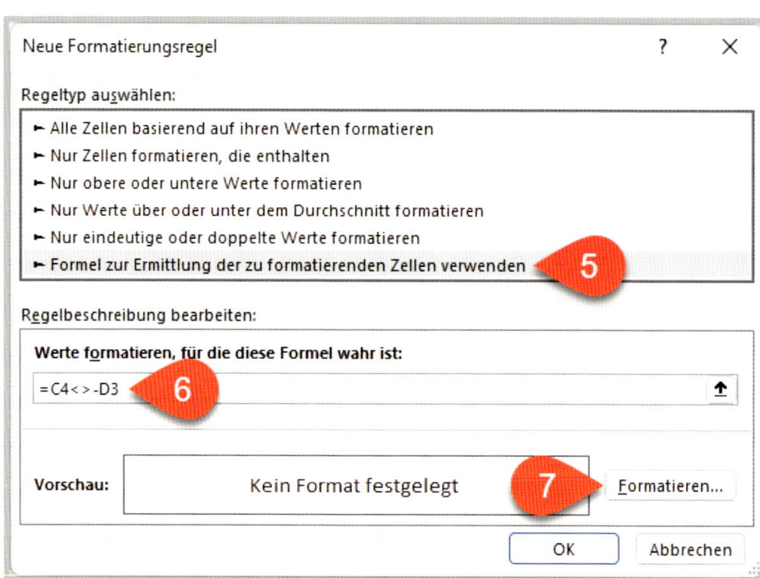

8 zur Registerkarte *Ausfüllen* wechseln 9 rote Farbe (für den Zellenhintergrund) auswählen 10 mit Klick auf *OK* bestätigen

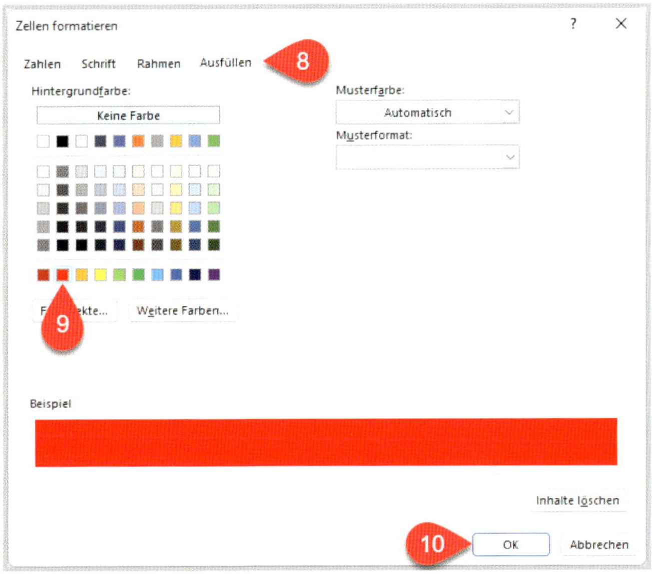

Als Nächstes müssen genau die gleichen Regeln für die bedingte Formatierung auch für die „Gegenseite“, also für die Zelle D3, durch die oben gezeigten Schritte 1 bis 10 definiert werden. Dabei sind die gleichen Formeln und Farben wie auch für die Zelle C4 zu verwenden.

In der Regel kann die in einer Zelle vorgenommene Formatierung (auch bedingte Formatierung) mithilfe des gelben Pinsels, der in der Registerkarte *Start* in der Gruppe *Zwischenablage* zu finden ist, ganz leicht auf andere Zellen übertragen werden. In unserem Beispiel als einem Fall der Abstimmung zwischen den **Zellen einer Spalte** mit den **Zellen einer Zeile** würden allerdings bei einer solchen Übertragung der bedingten Formatierung falsche Zellbezüge in den Formeln entstehen. Aus diesem Grund müssen die Formeln und die Farben für die einzelnen Zellen der Abstimmungstabelle einmalig manuell eingetragen bzw. ausgewählt werden.

In der nachfolgenden Übersicht sind die Formeln für die zwei Regeln der bedingten Formatierung für alle relevanten Zellen dargestellt. Die grüne Hintergrundfarbe soll jeweils für die erste Formel, also für den Fall einer Übereinstimmung, und die rote Hintergrundfarbe für die zweite Formel, also für den Fall einer Nichtübereinstimmung zwischen Forderung und Verbindlichkeit zweier Unternehmen, gewählt werden.

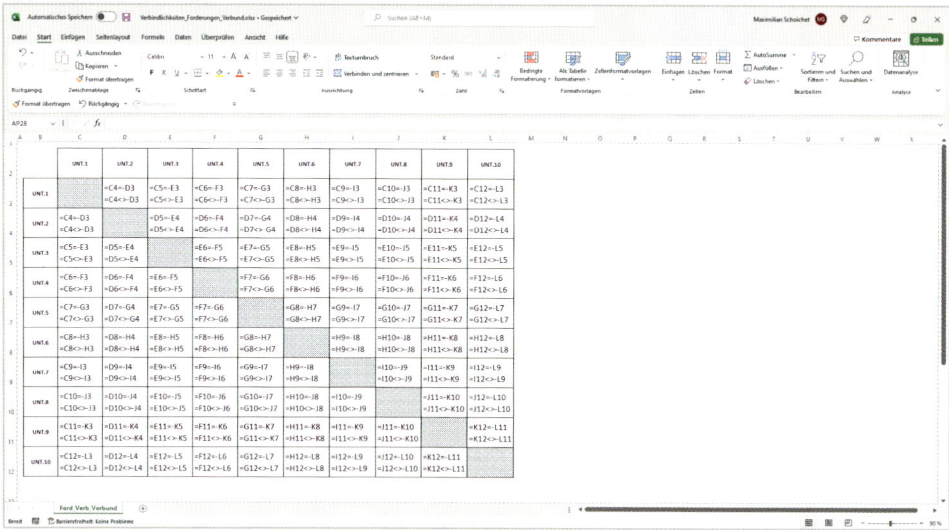

	UNT.1	UNT.2	UNT.3	UNT.4	UNT.5	UNT.6	UNT.7	UNT.8	UNT.9	UNT.10
UNT.1		=C4=-D3 =C4<>-D3	=C5=-E3 =C5<>-E3	=C6=-F3 =C6<>-F3	=C7=-G3 =C7<>-G3	=C8=-H3 =C8<>-H3	=C9=-I3 =C9<>-I3	=C10=-J3 =C10<>-J3	=C11=-K3 =C11<>-K3	=C12=-L3 =C12<>-L3
UNT.2	=C4=-D3 =C4<>-D3		=D5=-E4 =D5<>-E4	=D6=-F4 =D6<>-F4	=D7=-G4 =D7<>-G4	=D8=-H4 =D8<>-H4	=D9=-I4 =D9<>-I4	=D10=-J4 =D10<>-J4	=D11=-K4 =D11<>-K4	=D12=-L4 =D12<>-L4
UNT.3	=C5=-E3 =C5<>-E3	=D5=-E4 =D5<>-E4		=E6=-F5 =E6<>-F5	=E7=-G5 =E7<>-G5	=E8=-H5 =E8<>-H5	=E9=-I5 =E9<>-I5	=E10=-J5 =E10<>-J5	=E11=-K5 =E11<>-K5	=E12=-L5 =E12<>-L5
UNT.4	=C6=-F3 =C6<>-F3	=D6=-F4 =D6<>-F4	=E6=-F5 =E6<>-F5		=F7=-G6 =F7<>-G6	=F8=-H6 =F8<>-H6	=F9=-I6 =F9<>-I6	=F10=-J6 =F10<>-J6	=F11=-K6 =F11<>-K6	=F12=-L6 =F12<>-L6
UNT.5	=C7=-G3 =C7<>-G3	=D7=-G4 =D7<>-G4	=E7=-G5 =E7<>-G5	=F7=-G6 =F7<>-G6		=G8=-H7 =G8<>-H7	=G9=-I7 =G9<>-I7	=G10=-J7 =G10<>-J7	=G11=-K7 =G11<>-K7	=G12=-L7 =G12<>-L7
UNT.6	=C8=-H3 =C8<>-H3	=D8=-H4 =D8<>-H4	=E8=-H5 =E8<>-H5	=F8=-H6 =F8<>-H6	=G8=-H7 =G8<>-H7		=H9=-I8 =H9<>-I8	=H10=-J8 =H10<>-J8	=H11=-K8 =H11<>-K8	=H12=-L8 =H12<>-L8
UNT.7	=C9=-I3 =C9<>-I3	=D9=-I4 =D9<>-I4	=E9=-I5 =E9<>-I5	=F9=-I6 =F9<>-I6	=G9=-I7 =G9<>-I7	=H9=-I8 =H9<>-I8		=I10=-J9 =I10<>-J9	=I11=-K9 =I11<>-K9	=I12=-L9 =I12<>-L9
UNT.8	=C10=-J3 =C10<>-J3	=D10=-J4 =D10<>-J4	=E10=-J5 =E10<>-J5	=F10=-J6 =F10<>-J6	=G10=-J7 =G10<>-J7	=H10=-J8 =H10<>-J8	=I10=-J9 =I10<>-J9		=J11=-K10 =J11<>-K10	=J12=-L10 =J12<>-L10
UNT.9	=C11=-K3 =C11<>-K3	=D11=-K4 =D11<>-K4	=E11=-K5 =E11<>-K5	=F11=-K6 =F11<>-K6	=G11=-K7 =G11<>-K7	=H11=-K8 =H11<>-K8	=I11=-K9 =I11<>-K9	=J11=-K10 =J11<>-K10		=K12=-L11 =K12<>-L11
UNT.10	=C12=-L3 =C12<>-L3	=D12=-L4 =D12<>-L4	=E12=-L5 =E12<>-L5	=F12=-L6 =F12<>-L6	=G12=-L7 =G12<>-L7	=H12=-L8 =H12<>-L8	=I12=-L9 =I12<>-L9	=J12=-L10 =J12<>-L10	=K12=-L11 =K12<>-L11	

Im Endergebnis sieht die Abstimmungstabelle wie folgt aus:

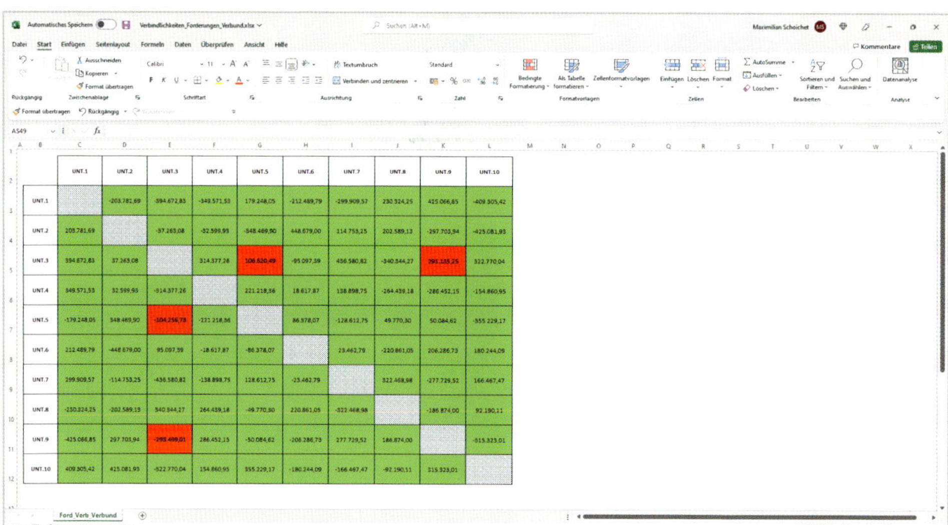

	UNT.1	UNT.2	UNT.3	UNT.4	UNT.5	UNT.6	UNT.7	UNT.8	UNT.9	UNT.10
UNT.1		-203.781,69	-394.672,83	-349.571,53	179.248,05	-212.489,79	-299.909,57	230.324,25	425.066,85	-409.305,42
UNT.2	203.781,69		-37.263,08	-32.599,95	-348.469,90	448.679,00	114.753,25	202.589,13	-297.703,94	-425.081,93
UNT.3	394.672,83	37.263,08		314.377,26	106.820,49	-95.097,39	436.580,82	-340.344,27	291.135,25	322.770,04
UNT.4	349.571,53	32.599,95	-314.377,26		221.218,36	18.617,87	138.898,75	-264.439,18	-286.452,15	-154.860,95
UNT.5	-179.248,05	348.469,90	-104.256,78	-221.218,36		86.378,07	-128.612,75	49.770,30	50.084,62	-355.229,17
UNT.6	212.489,79	-448.679,00	95.097,39	-18.617,87	-86.378,07		23.462,79	-220.861,05	206.286,73	180.244,09
UNT.7	299.909,57	-114.753,25	-436.580,82	-138.898,75	128.612,75	-23.462,79		322.468,98	-277.729,52	166.467,47
UNT.8	-230.324,25	-202.589,13	340.344,27	264.439,18	-49.770,30	220.861,05	-322.468,98		-186.874,00	92.190,11
UNT.9	-425.066,85	297.703,94	-293.499,01	286.452,15	-50.084,62	-206.286,73	277.729,52	186.874,00		-315.323,01
UNT.10	409.305,42	425.081,93	-322.770,04	154.860,95	355.229,17	-180.244,09	-166.467,47	-92.190,11	315.323,01	

Falls nachträglich eine für die bedingte Formatierung ausgewählte bzw. erstellte Regel angeschaut werden soll, kann dies wie folgt durch wenige Klicks erfolgen.

1 die Zelle mit bedingter Formatierung anklicken 2 die Registerkarte *Start* anklicken 3 in der Gruppe *Formatvorlagen* die *Bedingte Formatierung* anklicken 4 die Option *Regeln verwalten* anklicken

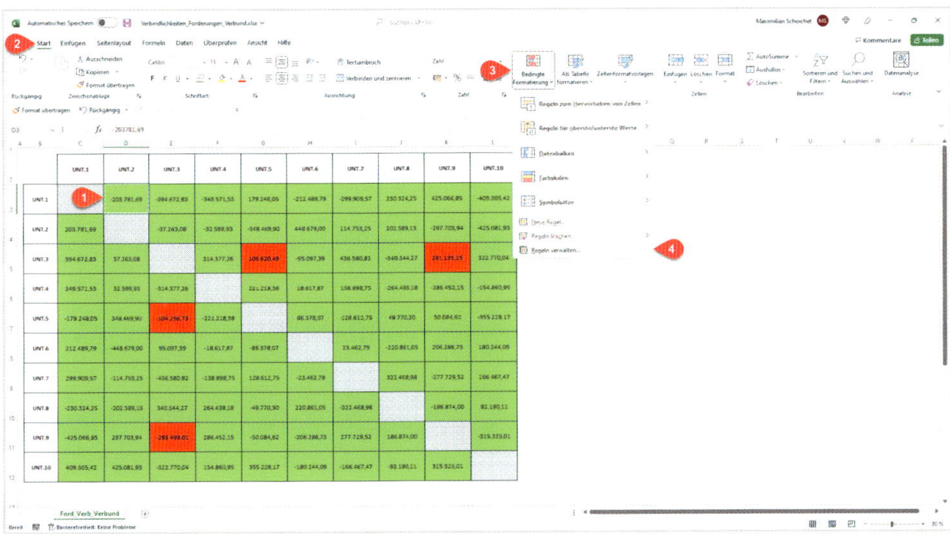

Die angezeigten Regeln und die dazu ausgewählten Farben können anschließend durch einen Klick auf die Schaltfläche *Regel bearbeiten* bzw. *Regel löschen* bearbeitet bzw. gelöscht werden.

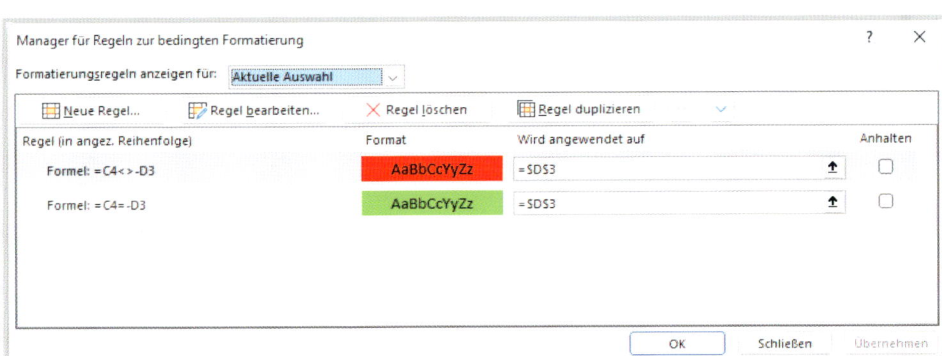

11 Erstellung einer Tilgungsplan-Vorlage für ein Annuitätendarlehen

Download-Datei:

Tilgungsplan_Annuitätendarlehen.xlsx

Excel-Werkzeuge:

- Datenüberprüfung
- Benutzerdefinierte Formatierung
- Funktion WENN()
- Funktion RMZ()
- Funktion EDATUM()
- Funktion JAHR()
- Option Fenster einfrieren

In diesem Kapitel beschäftigen wir uns mit der Erstellung einer Vorlage, auf deren Grundlage es möglich sein soll, einen Tilgungsplan für ein Annuitätendarlehen gemäß den vertraglich vereinbarten Darlehenskonditionen automatisch zu erstellen.

Ein Tilgungsplan ermöglicht eine zügige Abstimmung des tatsächlichen Darlehensstandes in der Bilanz und des Zinsaufwandes in der GuV mit dem jeweiligen Soll nach Maßgabe des Darlehensvertrages.

Die untere Abbildung zeigt einen Ausschnitt aus der Vorlage, wie sie nachfolgend Schritt für Schritt nachgebaut werden soll.

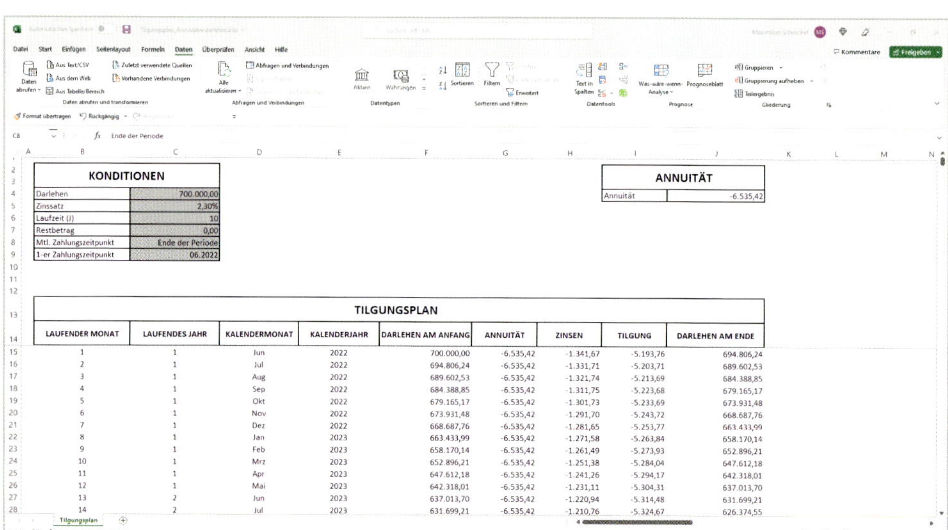

KONDITIONEN	
Darlehen	700.000,00
Zinssatz	2,30%
Laufzeit (J)	10
Restbetrag	0,00
Mtl. Zahlungszeitpunkt	Ende der Periode
1-er Zahlungszeitpunkt	06.2022

ANNUITÄT	
Annuität	-6.535,42

TILGUNGSPLAN

LAUFENDER MONAT	LAUFENDES JAHR	KALENDERMONAT	KALENDERJAHR	DARLEHEN AM ANFANG	ANNUITÄT	ZINSEN	TILGUNG	DARLEHEN AM ENDE
1	1	Jun	2022	700.000,00	-6.535,42	-1.341,67	-5.193,76	694.806,24
2	1	Jul	2022	694.806,24	-6.535,42	-1.331,71	-5.203,71	689.602,53
3	1	Aug	2022	689.602,53	-6.535,42	-1.321,74	-5.213,69	684.388,85
4	1	Sep	2022	684.388,85	-6.535,42	-1.311,75	-5.223,68	679.165,17
5	1	Okt	2022	679.165,17	-6.535,42	-1.301,73	-5.233,69	673.931,48
6	1	Nov	2022	673.931,48	-6.535,42	-1.291,70	-5.243,72	668.687,76
7	1	Dez	2022	668.687,76	-6.535,42	-1.281,65	-5.253,77	663.433,99
8	1	Jan	2023	663.433,99	-6.535,42	-1.271,58	-5.263,84	658.170,14
9	1	Feb	2023	658.170,14	-6.535,42	-1.261,49	-5.273,93	652.896,21
10	1	Mrz	2023	652.896,21	-6.535,42	-1.251,38	-5.284,04	647.612,18
11	1	Apr	2023	647.612,18	-6.535,42	-1.241,26	-5.294,17	642.318,01
12	1	Mai	2023	642.318,01	-6.535,42	-1.231,11	-5.304,31	637.013,70
13	2	Jun	2023	637.013,70	-6.535,42	-1.220,94	-5.314,48	631.699,21
14	2	Jul	2023	631.699,21	-6.535,42	-1.210,76	-5.324,67	626.374,55

Wie hier ersichtlich wird die Vorlage aus einer Tabelle zur Erfassung der Darlehenskonditionen, einer separaten Berechnung der Annuität und dem eigentlichen Tilgungsplan bestehen.

Das nachfolgend abgebildete Grundgerüst für die Vorlage ist dem Tabellenblatt *Tilgungsplan* der Download-Datei Tilgungsplan_Annuitätendarlehen.xlsx zu entnehmen.

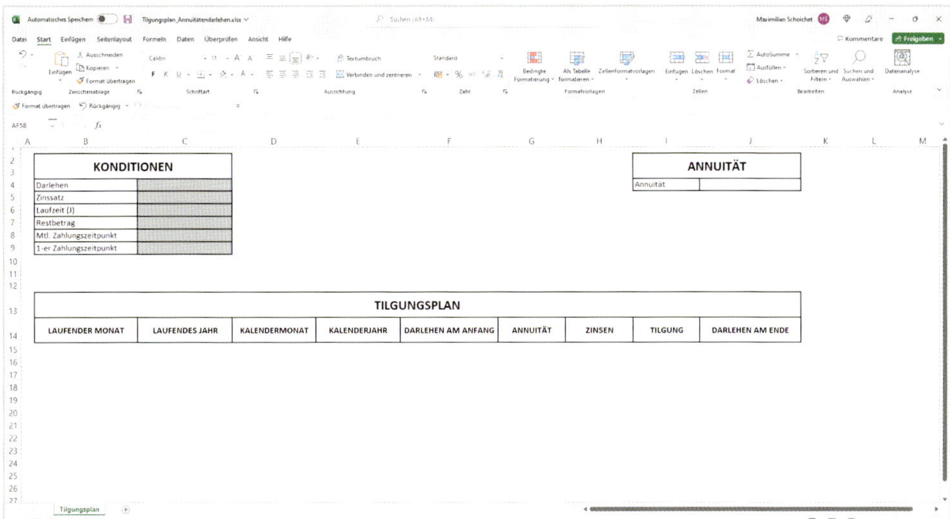

Wir beginnen mit der Eingabe von beispielhaften Darlehenskonditionen in die grau markierten Zellen der Tabelle *Konditionen*.

1 in die Zelle C4 einen Darlehensbetrag (z.B. 700.000,00) eingeben 2 in die Zelle C5 einen Zinssatz (z.B. 2,30%) eingeben

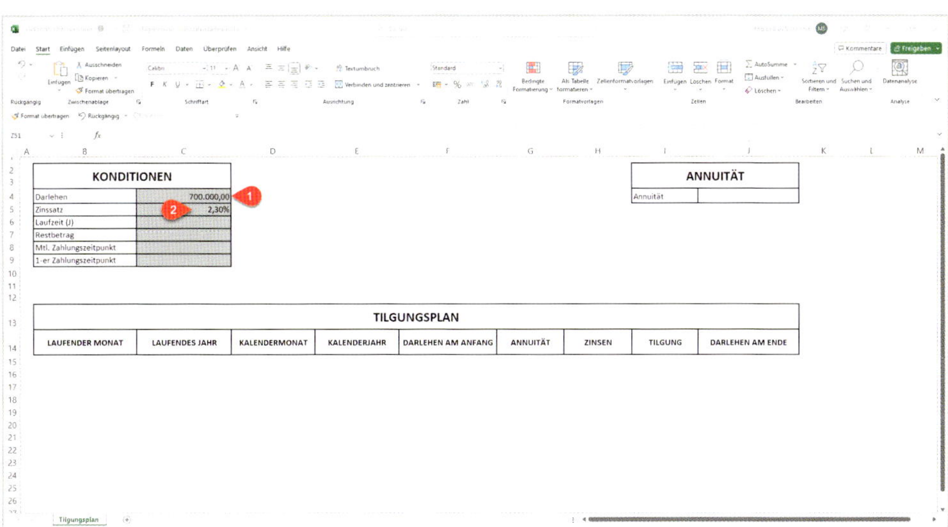

Die Eingabe der Restlaufzeit in Jahren in der Zelle C6 wollen wir für die zukünftige Nutzung auf ausschließlich ganze Zahlen einschränken und setzen dazu die sogenannte Datenüberprüfung ein.

❶ in die Zelle C6 eine Restlaufzeit in Jahren (z.B. 10) eingeben, die Eingabe mit der Taste *Enter* bestätigen und die Zelle C6 erneut auswählen ❷ die Registerkarte *Daten* anklicken ❸ in der Gruppe *Datentools* die *Datenüberprüfung* anklicken

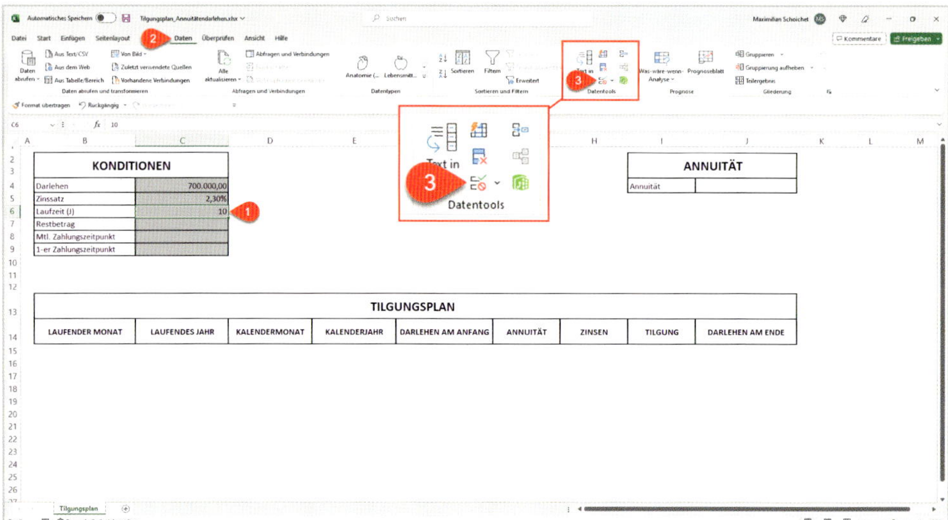

❹ aus dem Dropdown-Feld *Zulassen:* die Option *Ganze Zahl* auswählen ❺ aus dem Dropdown-Feld *Daten:* die Option *größer als* auswählen ❻ im Eingabefeld *Minimum:* die Zahl *0* eingeben ❼ mit Klick auf *OK* bestätigen

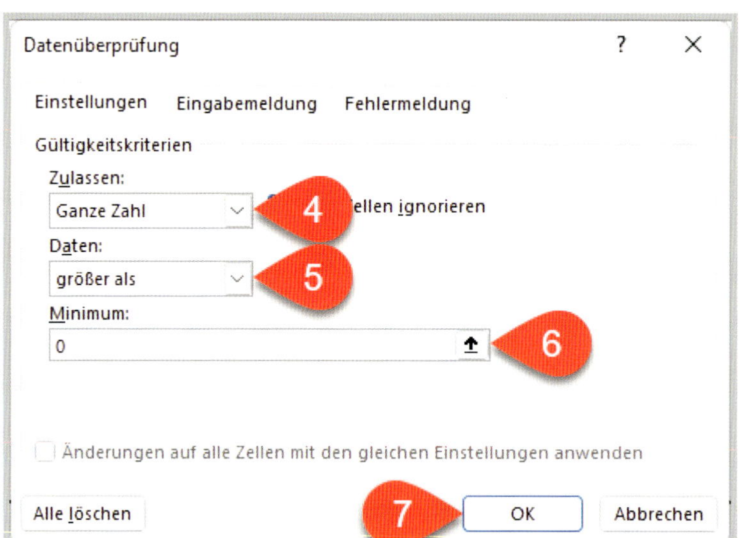

Des Weiteren geben wir in die Zelle C7 und in die Zelle C8 die Angaben für den nach der Darlehenslaufzeit verbleibenden Restbetrag und den Zeitpunkt der monatlichen Rückzahlungen ein. Für die Zelle C8 wird ebenfalls eine Datenüberprüfung eingerichtet, die es erlaubt, eine Auswahl zwischen den Einträgen *Ende der Periode* und *Anfang der Periode* zu treffen.

1 in die Zelle C7 einen Restbetrag (z.B. *0,00*) eingeben 2 in die Zelle C8 den Text *Ende der Periode* eingeben, die Eingabe mit der Taste *Enter* bestätigen und die Zelle C8 erneut auswählen 3 die Registerkarte *Daten* anklicken 4 in der Gruppe *Datentools* die *Datenüberprüfung* anklicken

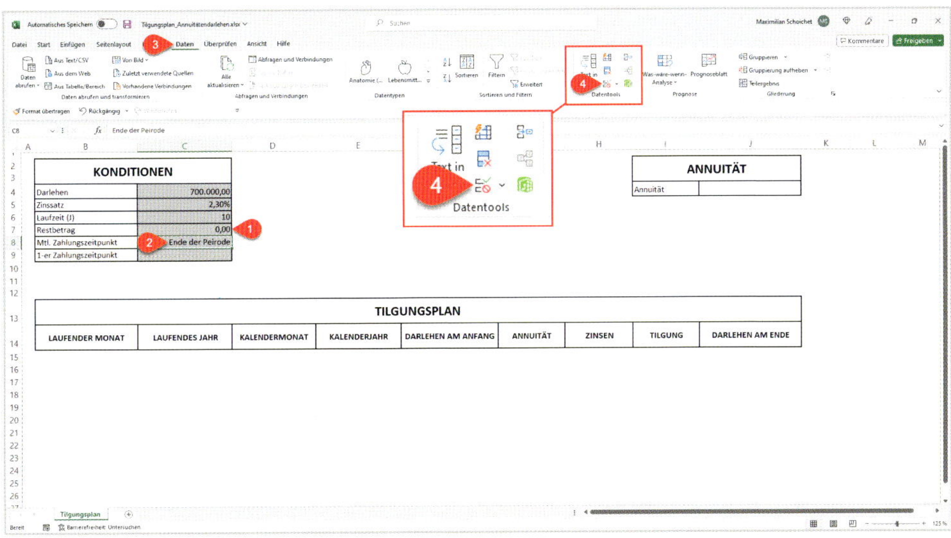

5 aus dem Dropdown-Feld *Zulassen:* die Option *Liste* auswählen 6 im Eingabefeld *Quelle:* als Liste die zwei möglichen Einträge *Ende der Periode* und *Anfang der Periode* getrennt durch ein Semikolonzeichen eingeben 7 mit Klick auf *OK* bestätigen

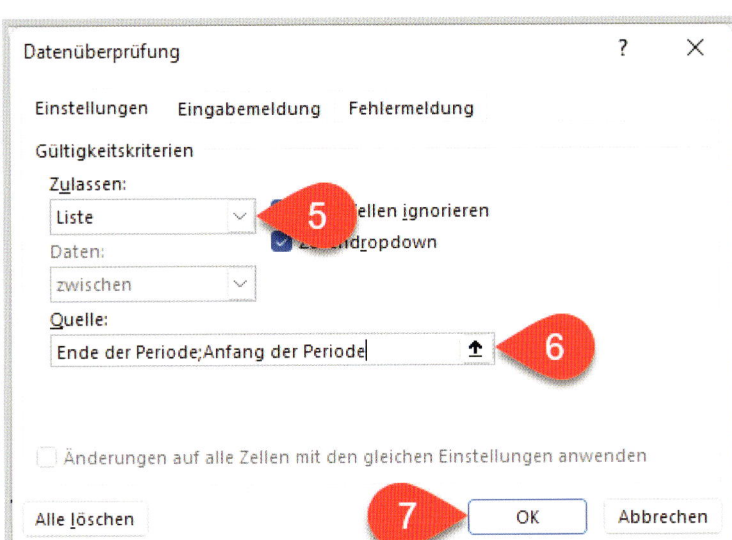

Im Ergebnis erscheint rechts von der ausgewählten Zelle C8 ein Dropdown-Feld, aus dem nur die beiden gerade festgelegten Optionen ausgewählt werden können. Alle anderen Werte für diese Zelle werden automatisch mit einem entsprechenden Hinweis abgelehnt.

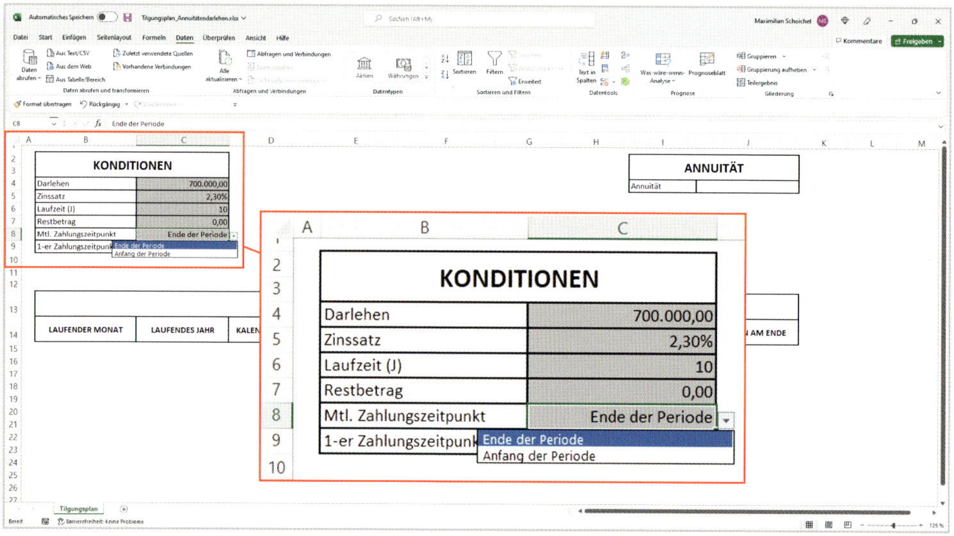

Der nächste Input erfolgt in der Zelle C9 und ist nicht für die Berechnung der Annuität, sondern ausschließlich als Startdatum zur Erstellung des Tilgungsplanes notwendig. Dabei ist nicht der genaue Tag, sondern nur der Monat und das Jahr entscheidend, denn in der Zelle C8 wird bereits eine Auswahl zwischen den Optionen *Ende der Periode* und *Anfang der Periode* für die zu leistenden Rückzahlungen getroffen. Mithilfe der benutzerdefinierten Formatierung wollen wir daher in der Zelle C9 bei Eingabe eines Datums nur Monat und Jahr anzeigen lassen.

❶ die Zelle C9 mit der rechten Maustaste anklicken ❷ aus dem angezeigten Kontextmenü die Option *Zellen formatieren* wählen (alternativ kann die Tastenkombination *STRG 1* verwendet werden)

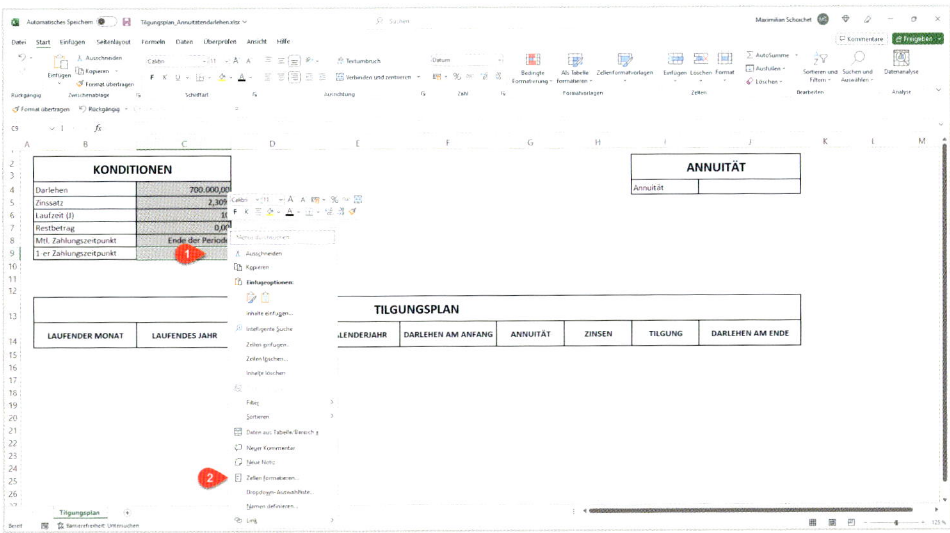

❸ als Kategorie die Option *Benutzerdefiniert* anklicken ❹ in das Eingabefeld *Typ:* das Format *MM.JJJJ* eintragen ❺ mit Klick auf *OK* bestätigen

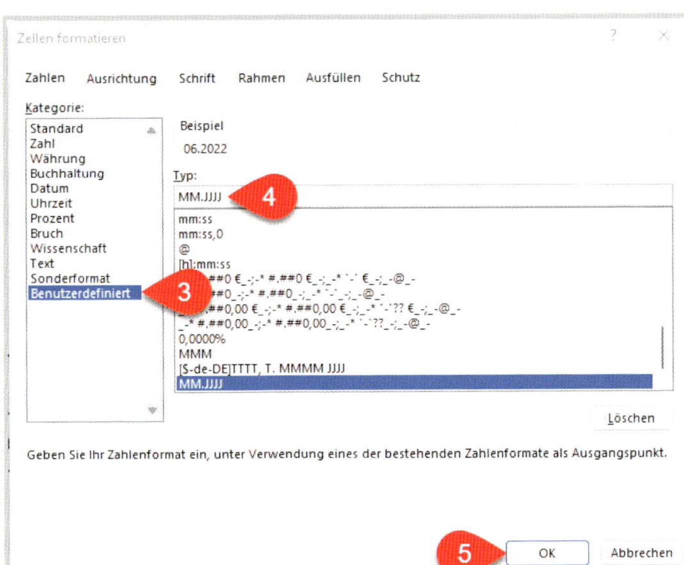

6 in die Zelle C9 ein Datum für die erste Rückzahlung eingeben (z.B. *01.06.2022*, relevant in dieser Zelle ist jedoch nur der Monat und das Jahr)

Wie die nachfolgende Abbildung zeigt, erscheint in der Bearbeitungsleiste das gesamte Datum (inklusive Tag), wohingegen in der Zelle C9 aufgrund der benutzerdefinierten Formatierung lediglich der Monat und das Jahr zu sehen sind.

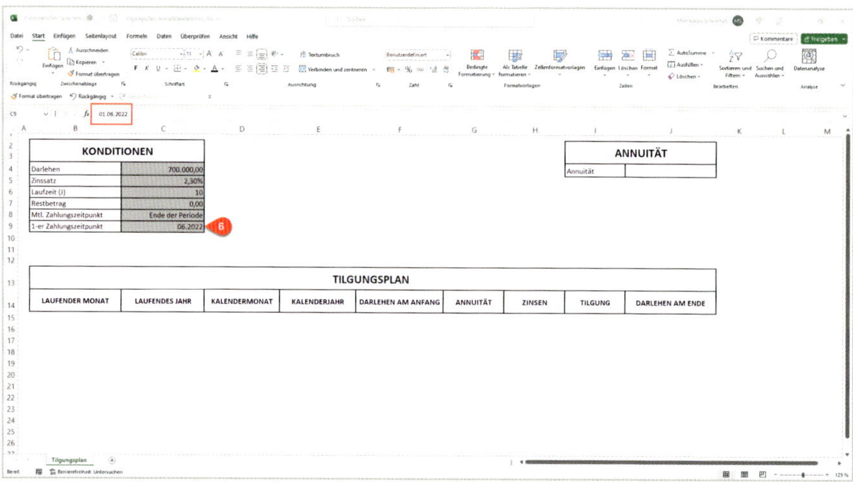

Nachdem nun alle Darlehenskonditionen erfasst wurden, muss die Angabe in der Zelle C8 (*Ende der Periode* oder *Anfang der Periode*) für die Funktion RMZ() zur Berechnung der Annuität in einen gültigen Input in Form der Zahl *0* (*für Ende der Periode*) oder der Zahl *1* (für *Anfang der Periode*) „übersetzt" werden, da das Argument für die Fälligkeit keine Textform erkennt. Zur „Übersetzung" des Textes aus der Zelle C8 in die Zahl *0* oder *1* tragen wir in die benachbarte Zelle D8 die folgende Funktion WENN() ein:

=WENN(C8="Ende der Periode";0;1)

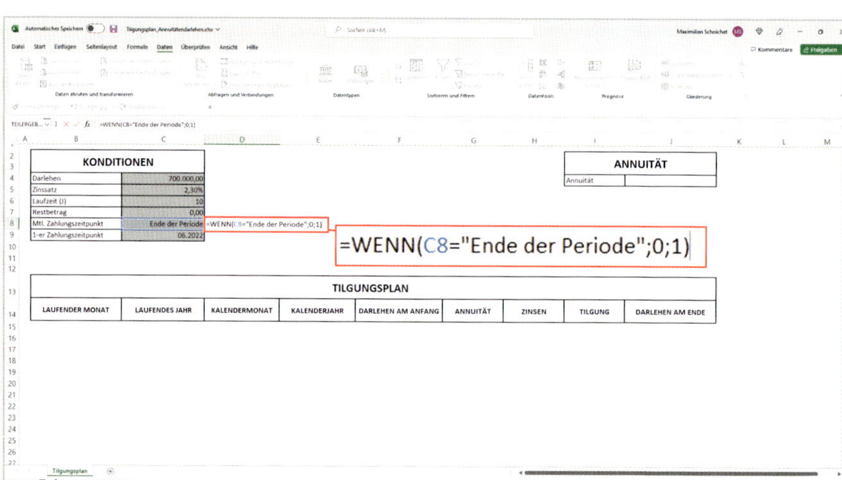

Die Funktion WENN() prüft, ob in der Zelle C8 der Text *Ende der Periode* steht. Falls die Prüfungsbedingung erfüllt ist, erscheint in der Zelle D8 die Zahl *0* und anderenfalls (bei fehlender Angabe oder der Auswahl *Anfang der Periode*) die Zahl *1*.

Nun können wir in der Zelle J4 mit der Funktion RMZ() die Annuität berechnen. Der Name der Funktion steht als Abkürzung für *regelmäßige Zahlungen*. Die fünf Argumente der Funktion RMZ() für unser Beispiel werden wir nachfolgend im Einzelnen anschauen. Die Funktion für die Zelle J4 lautet:

=RMZ(C5/12;C6*12;C4;C7;D8)

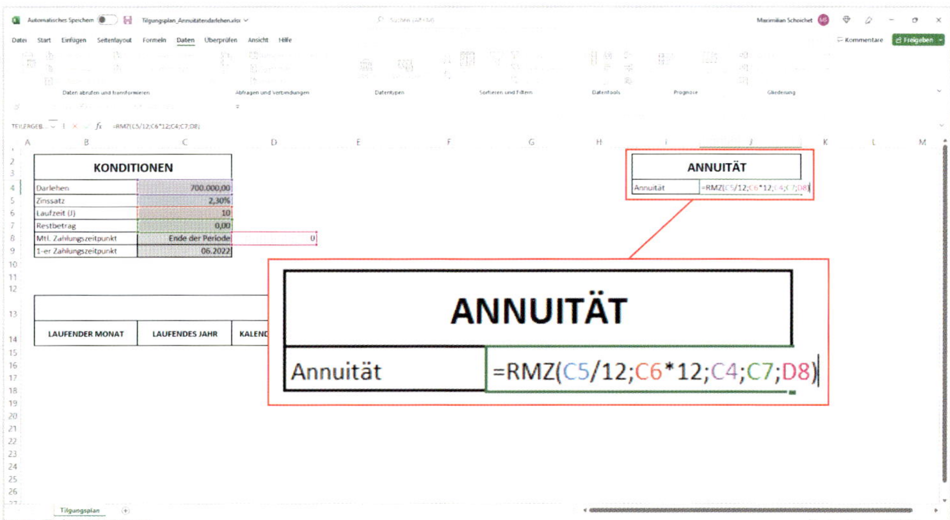

Das erste Argument heißt *Zins* und dieser muss bei Berechnung einer monatlichen Annuität auch auf monatlicher Basis in die Funktion eingegeben werden, daher die Division des Zinses aus der Zelle C5 durch *12*.

=RMZ(C5/12;C6*12;C4;C7;D8)

Das zweite Argument trägt die Abkürzung *Zzr*, und damit sind die Zahlungszeiträume oder anders gesagt die Laufzeit gemeint, die aber in unserem Beispiel ebenfalls in Monate umgerechnet werden muss, weswegen die Jahresanzahl in der Zelle C6 mit *12* multipliziert wird.

=RMZ(C5/12;C6*12;C4;C7;D8)

Das dritte Argument heißt *Bw*, und das ist die Abkürzung für den Barwert, also den aufgenommenen Darlehensbetrag, welcher in der Zelle C4 erfasst wurde.

=RMZ(C5/12;C6*12;C4;C7;D8)

Das vierte Argument wird als *Zw* abgekürzt, und damit ist der Zukunftswert und folglich der Restbetrag des Darlehens nach dem Ende der Darlehenslaufzeit aus der Zelle C7 gemeint.

=RMZ(C5/12;C6*12;C4;C7;D8)

Das fünfte und letzte Argument wird durch den Buchstaben *F* dargestellt, welcher für die Fälligkeit des wiederkehrenden Rückzahlungsbetrages steht und wie bereits oben erwähnt mit der Zahl *0* als zum *Ende einer Periode* und mit der Zahl *1* als zum *Anfang einer Periode* interpretiert wird. Wir verweisen daher auf das Ergebnis der Funktion WENN() in der Zelle D8.

=RMZ(C5/12;C6*12;C4;C7;D8)

Hinweis 16:
Die Bezeichnungen der beiden letzten Argumente stehen bei der Eingabe der Funktion in eckigen Klammern: *[Zw]* und *[F]*. Dies ist lediglich der Hinweis darauf, dass diese Argumente sogenannte **optionale Argumente** sind, auf deren Angaben ggf. verzichtet werden kann. Sollten die Angaben für beide Argumente in der Funktion tatsächlich ausbleiben, so wird per Voreinstellung für den Zukunftswert *[Zw]* der Wert *0* und für die Fälligkeit *[F]* ebenfalls der Wert *0* (Ende der Periode) angenommen.

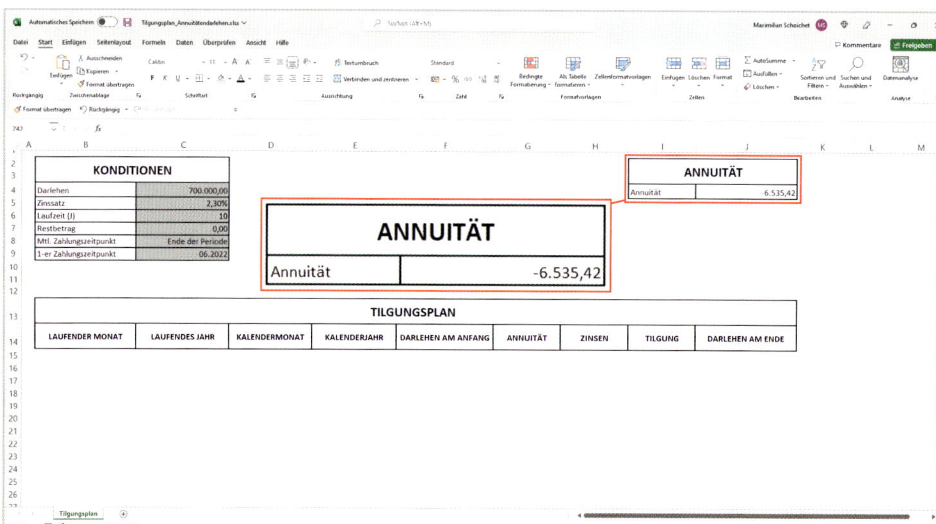

Als Annuität ergibt sich in unserem Beispiel ein monatlicher Betrag von -6.535,42. Das negative Vorzeichen steht für eine Auszahlung unsererseits. Bevor wir zur Erstellung des Tilgungsplanes übergehen, soll noch eine kleine optische Schönheitskorrektur vorgenommen werden. Das Ergebnis der Funktion WENN() in der Zelle D8 mag einen anderen Nutzer als den Ersteller der Vorlage verwirren, daher soll diese Zelle die Schriftfarbe *Weiß* bekommen.

❶ die Zelle D8 anklicken ❷ die Registerkarte *Start* anklicken ❸ in der Gruppe *Schriftart* die weiße Schriftfarbe auswählen

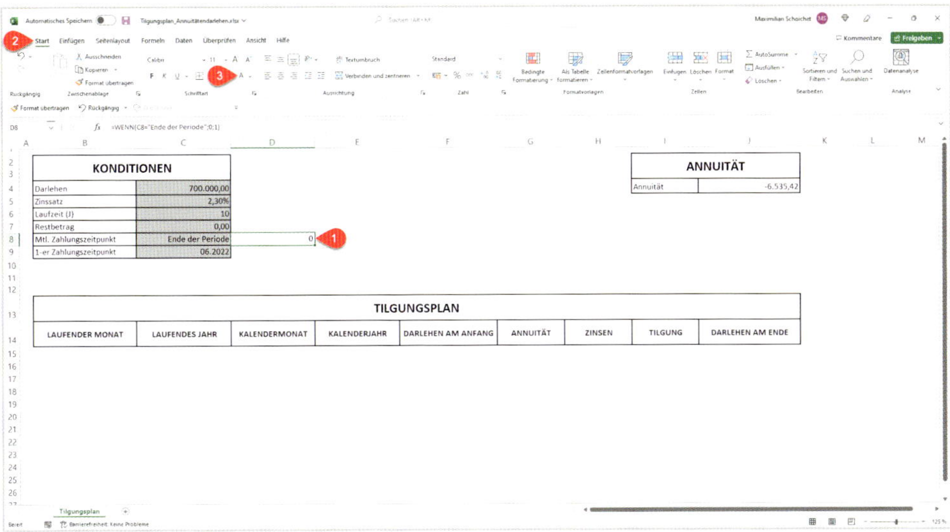

Beim Aufbau des Tilgungsplanes beschäftigen wir uns als Erstes mit den Spalten *LAUFENDER MONAT*, *LAUFENDES JAHR* und *KALENDERMONAT*. Eine Besonderheit bei diesen Spalten besteht darin, dass die Funktionen zur Ermittlung der ersten Werte (in der unteren Abbildung rot markiert) sich von den Funktionen zur Ermittlung der nachfolgenden Werte (in der unteren Abbildung grün markiert) unterscheiden und somit für jede Spalte einmalig zwei Funktionen erfasst werden müssen.

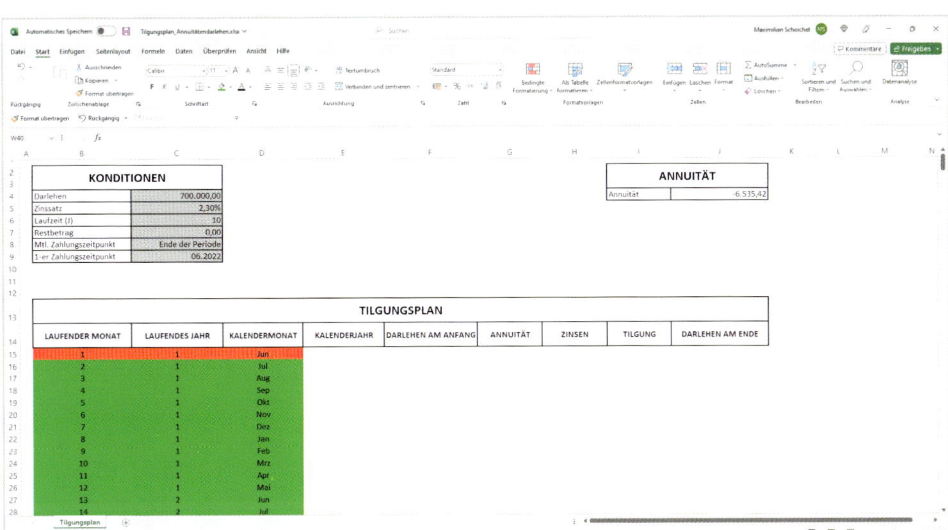

ZELLE	FUNKTION
B15	=WENN(C6<>"";1;"")

Die Funktion WENN() prüft, ob die Zelle C6 nicht leer ist (und somit eine Zahl als Laufzeitangabe enthält). In der Prüfungsbedingung stehen die zwei Anführungszeichen für eine leere Zelle und folglich bedeutet der Ausdruck <> "" *ungleich leer*. Falls die Prüfungsbedingung erfüllt ist (bei einer in der Zelle C6 vorhandener Laufzeitangabe), erscheint in der Zelle B15 die Zahl *1* (für den ersten laufenden Monat), anderenfalls bleibt die Zelle B15 leer (solange eine Laufzeitangabe in Zelle C6 fehlt).

ZELLE	FUNKTION
C15	=WENN(B15<>"";1;"")

Die Funktion WENN() prüft, ob die Zelle B15 nicht leer ist (und somit eine Zahl als Monatsangabe enthält). Falls die Prüfungsbedingung erfüllt ist, erscheint in der Zelle C15 die Zahl *1* (für das erste laufende Jahr), anderenfalls bleibt die Zelle C15 leer.

ZELLE	FUNKTION
D15	=WENN(B15<>"";C9;"")

Die Funktion WENN() prüft, ob die Zelle B15 nicht leer ist (und somit eine Zahl als Monatsangabe enthält). Falls die Prüfungsbedingung erfüllt ist, erscheint in der Zelle D15 der Wert aus der Zelle C9 (Monat und Jahr des ersten Zahlungszeitpunktes), anderenfalls bleibt die Zelle D15 leer.

In der aktuellen Zelle D15 sowie auch in den nachfolgenden Zellen der Spalte D sollen aber nicht jeweils der Monat und das Jahr angezeigt werden, sondern ausschließlich nur der Monat. Die Anzeige verändern wir wie folgt mit der benutzerdefinierten Formatierung.

(1) alle Zellen der Spalte D ab der Zelle D15 markieren (dazu die Zelle D15 anklicken und mit der Tastenkombination *STRG SHIFT PFEILTASTE NACH UNTEN* die Markierung auf die nachfolgenden Zellen erweitern) (2) mit der rechten Maustaste in den markierten Bereich klicken und aus dem angezeigten Kontextmenü die Option *Zellen formatieren* wählen (alternativ zu der im zweiten Schritt beschriebenen Vorgehensweise kann die Option *Zellen formatieren* mit der Tastenkombination *STRG 1* aufgerufen werden)

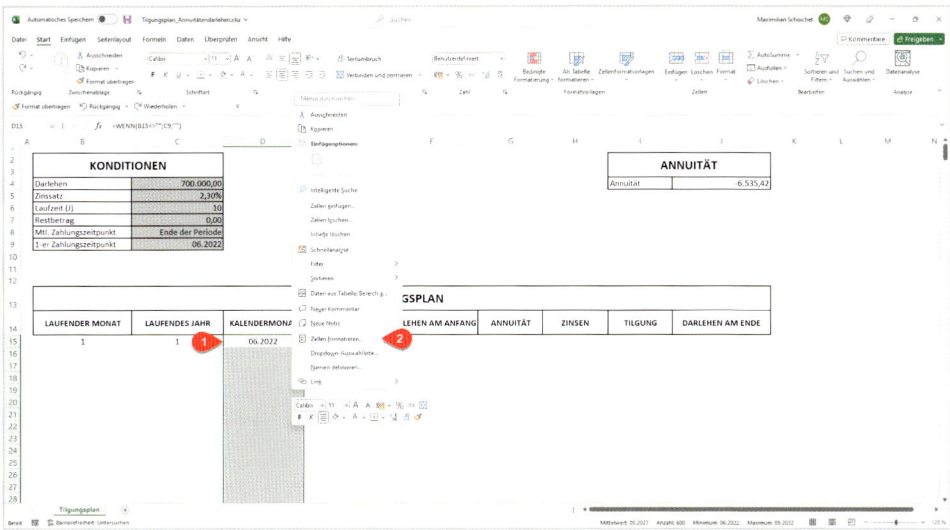

(3) als Kategorie die Option *Benutzerdefiniert* anklicken (4) in das Eingabefeld *Typ:* das Format *MMM* eintragen (5) mit Klick auf *OK* bestätigen

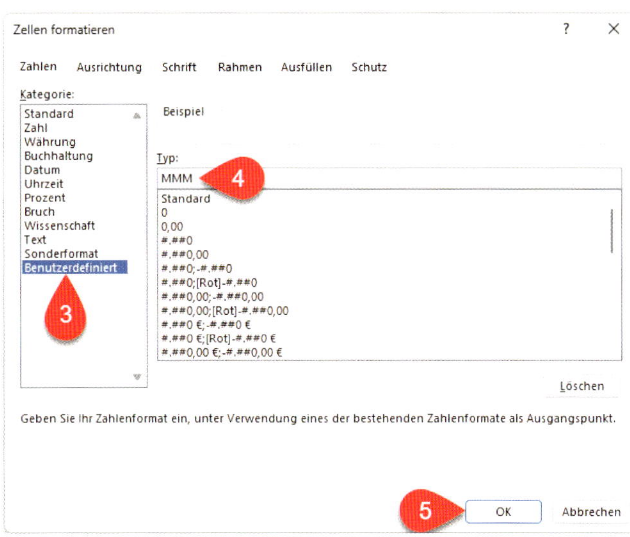

Unser Zwischenergebnis sieht wie folgt aus:

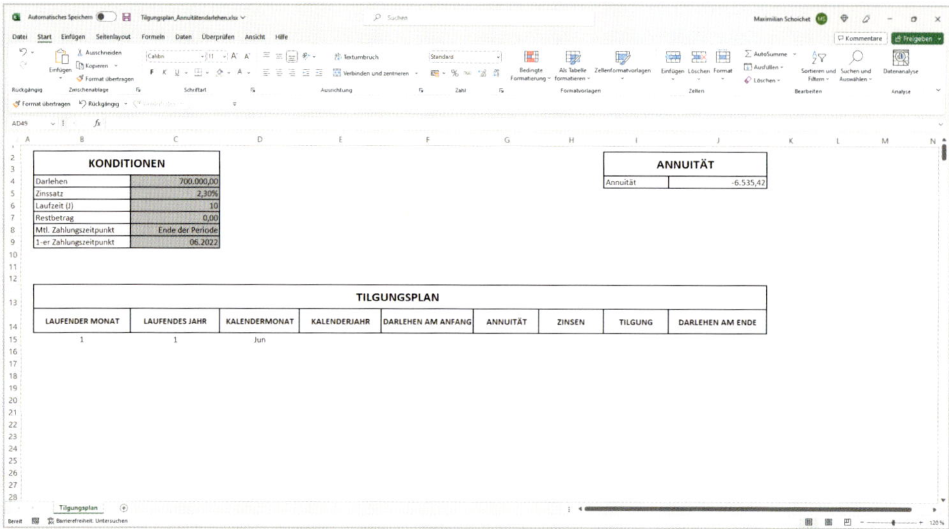

Nun wenden wir uns den Funktionen in den Zellen B16, C16 und D16 zu.

ZELLE	FUNKTION
B16	=WENN($C$6*12>B15;B15+1;"")

Die Funktion WENN() prüft, ob die gesamte Darlehenslaufzeit in Monaten den laufenden Monat in der Zelle B15 übersteigt. Falls diese Prüfungsbedingung erfüllt ist, wird der laufende Monat aus der Zelle B15 in der Zelle B16 um eins erhöht, anderenfalls bleibt die Zelle B16 leer.

Hinweis 17:
Der absolute Zellbezug auf die Zelle C6 ist zu beachten!

ZELLE	FUNKTION
C16	=WENN(B16<>"";WENN(12*C15>=B16;C15;C15+1);"")

Die äußere Funktion WENN() prüft, ob die Zelle B16 nicht leer ist (und somit eine Zahl als Monatsangabe enthält). Falls die Prüfungsbedingung erfüllt ist, erfolgt eine weitere Prüfung durch die innere Funktion WENN(), anderenfalls bleibt die Zelle C16 leer.

=WENN(B16<>"";WENN(12*C15>=B16;C15;C15+1);"")

In unserem Beispiel ist die Zelle B16 nicht leer, sondern enthält die Zahl 2 für den zweiten laufenden Monat. Folglich wird die nächste Prüfung durch die innere Funktion WENN() ausgelöst, die nun ermittelt, ob das laufende Jahr aus der Zelle C15 den laufenden Monat aus der Zelle B16 noch mit einschließt (12*C15>=B16). Falls die Prüfungsbedingung erfüllt ist, wird das laufende Jahr aus der

Zelle C15 entsprechend auch in die Zelle C16 übernommen, und anderenfalls wird es in der Zelle C16 um eins erhöht.

ZELLE	FUNKTION
D16	=WENN(B16<>"";EDATUM(D15;1);"")

Die Funktion WENN() prüft, ob die Zelle B16 nicht leer ist (und somit eine Zahl als Monatsangabe enthält). Falls die Prüfungsbedingung erfüllt ist, wird das Datum aus der Zelle D15 mit der Funktion EDATUM() um einen Monat vorgetragen, anderenfalls bleibt die Zelle D16 leer.

Als Nächstes schauen wir uns die Funktion an, welche das Kalenderjahr in der Zelle E15 anzeigt.

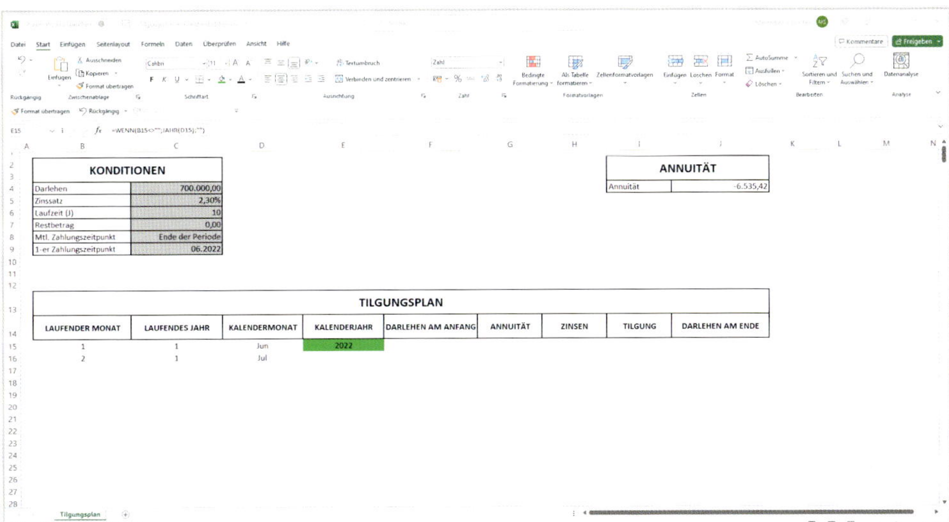

ZELLE	FUNKTION
E15	=WENN(B15<>"";JAHR(D15);"")

Die Funktion WENN() prüft, ob die Zelle B15 nicht leer ist (und somit eine Zahl als Monatsangabe enthält). Falls die Prüfungsbedingung erfüllt ist, wird mit der Funktion JAHR() das Jahr aus dem Datum der benachbarten Zelle D15 extrahiert, anderenfalls bleibt die Zelle E15 leer.

Für die nächste Spalte *DARLEHEN AM ANFANG* müssen wir, wie zuvor auch für die ersten drei Spalten des Beispiels, zwei unterschiedliche Funktionen formulieren. Die erste Funktion gilt ausschließlich für den ersten Wert und die zweite Funktion für den zweiten und die nachfolgenden Werte.

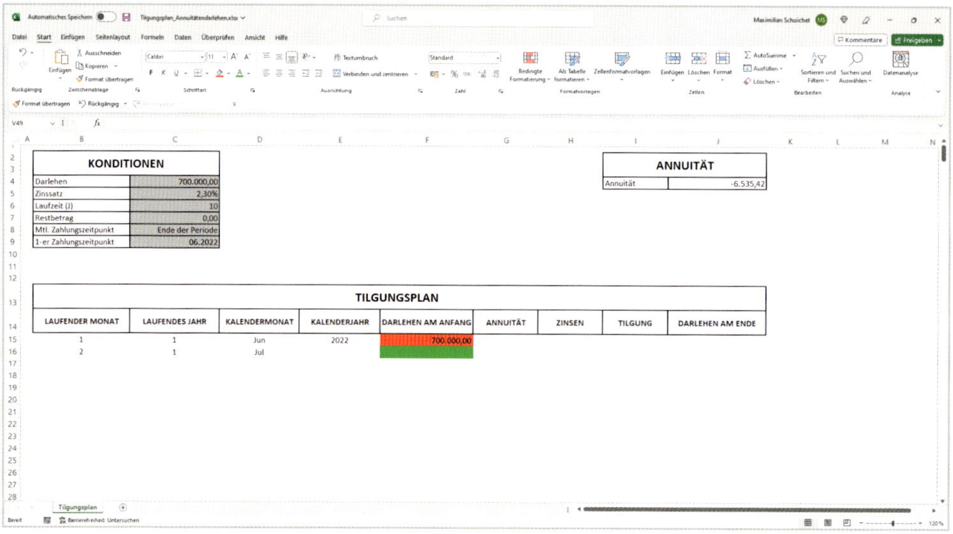

ZELLE	FUNKTION
F15	=WENN(B15<>"";C4;"")

Die Funktion WENN() prüft, ob die Zelle B15 nicht leer ist (und somit eine Zahl als Monatsangabe enthält). Falls die Prüfungsbedingung erfüllt ist, erscheint in der Zelle F15 der Wert aus der Zelle C4 (der Darlehensbetrag am Anfang), anderenfalls bleibt die Zelle F15 leer.

ZELLE	FUNKTION
F16	=WENN(B16<>"";J15;"")

Die Funktion WENN() prüft, ob die Zelle B16 nicht leer ist (und somit eine Zahl als Monatsangabe enthält). Falls die Prüfungsbedingung erfüllt ist, wird der Darlehensbetrag zum Ende der vorherigen Periode aus der Zelle J15 übernommen, anderenfalls bleibt die Zelle F16 leer.

Nachfolgend beschäftigen wir uns mit den letzten vier Funktionen des Tilgungsplanes, die für die Spalten *ANNUITÄT*, *ZINSEN*, *TILGUNG* und *DARLEHEN AM ENDE* erstellt werden.

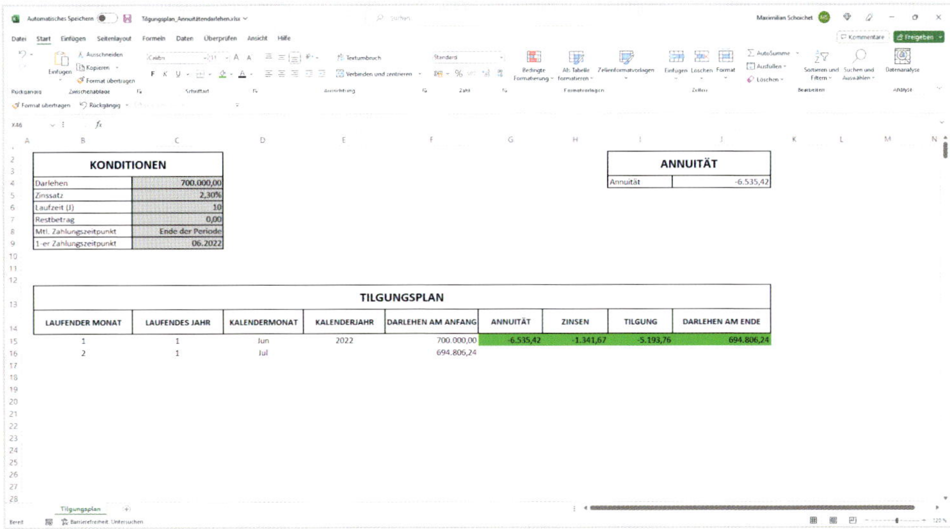

ZELLE	FUNKTION
G15	=WENN(B15<>"";$J$4;"")

Die Funktion WENN() prüft, ob die Zelle B15 nicht leer ist (und somit eine Zahl als Monatsangabe enthält). Falls die Prüfungsbedingung erfüllt ist, erscheint in der Zelle G15 die in der Zelle J4 berechnete Annuität, anderenfalls bleibt die Zelle G15 leer.

Hinweis 18:
Der absolute Zellbezug auf die Zelle J4 ist zu beachten!

ZELLE	FUNKTION
H15	=WENN(B15<>"";WENN($D$8=0;-F15*$C$5/12;-(F15+G15)*$C$5/12);"")

Die äußere Funktion WENN() prüft, ob die Zelle B15 nicht leer ist (und somit eine Zahl als Monatsangabe enthält). Falls die Prüfungsbedingung erfüllt ist, erfolgt eine weitere Prüfung durch die innere Funktion WENN(), anderenfalls bleibt die Zelle H15 leer.

=WENN(B15<>"";WENN($D$8=0;-F15*$C$5/12;-(F15+G15)*$C$5/12);"")

Die innere Funktion WENN() prüft, ob in der Zelle D8 die Zahl 0 steht und somit die Rückzahlung zum Ende einer jeden Periode fällig ist. Falls die Prüfungsbedingung erfüllt ist, werden die Zinsen wie folgt berechnet: -F15*$C$5/12

=WENN(B15<>"";WENN($D$8=0;-F15*$C$5/12;-(F15+G15)*$C$5/12);"")

Falls die Prüfungsbedingung nicht erfüllt ist und somit die Rückzahlung zum Anfang einer jeden Periode fällig ist, werden die Zinsen mit der Formel -(F15+G15)*$C$5/12 berechnet.

=WENN(B15<>"";WENN($D$8=0;-F15*$C$5/12;-(F15+G15)*$C$5/12);"")

Der Rechenweg bezüglich der Zinsen hängt von der vereinbarten Fälligkeit der monatlichen Rückzahlung ab; durch die innere Funktion WENN() werden beide Möglichkeiten berücksichtigt.

Hinweis 19:
Die in der Funktion WENN() verwendeten absoluten Zellbezüge sind zu beachten!

ZELLE	FUNKTION
I15	=WENN(B15<>"";G15-H15;"")

Die Funktion WENN() prüft, ob die Zelle B15 nicht leer ist (und somit eine Zahl als Monatsangabe enthält). Falls die Prüfungsbedingung erfüllt ist, wird von der Annuität der Zelle G15 der Zinsbetrag der Zelle H15 subtrahiert, anderenfalls bleibt die Zelle I15 leer.

ZELLE	FUNKTION
J15	=WENN(B15<>"";F15+I15;"")

Die Funktion WENN() prüft, ob die Zelle B15 nicht leer ist (und somit eine Zahl als Monatsangabe enthält). Falls die Prüfungsbedingung erfüllt ist, wird zum Darlehen am Anfang der Periode aus der Zelle F15 der negativ ausgewiesene Tilgungsbetrag aus der Zelle I15 hinzuaddiert, anderenfalls bleibt die Zelle J15 leer.

Zum Abschluss müssen die Funktionen aus den in der unteren Abbildung farblich markierten Zellen auf die nachfolgenden Zellen übertragen werden. Die Anzahl der für die Übertragung relevanten Zeilen kann in Abhängigkeit von der Laufzeit selbst bestimmt werden. Damit die Vorlage sowohl für die relativ kurzfristigen als auch für die langfristigen Darlehen ohne nachträgliche Erweiterung des durch die Funktionen belegten Bereiches funktioniert, würde sich eine Übertragung der Funktionen bis (inklusive) Zeile 614 anbieten. Damit wäre eine Laufzeit von maximal 50 Jahren (600 Monate) in dem Tilgungsplan berücksichtigt. Falls doch ausnahmsweise ein Darlehen mit einer Laufzeit von über 50 Jahren vorliegt, kann man den durch die Funktionen belegten Bereich jederzeit entsprechend anpassen.

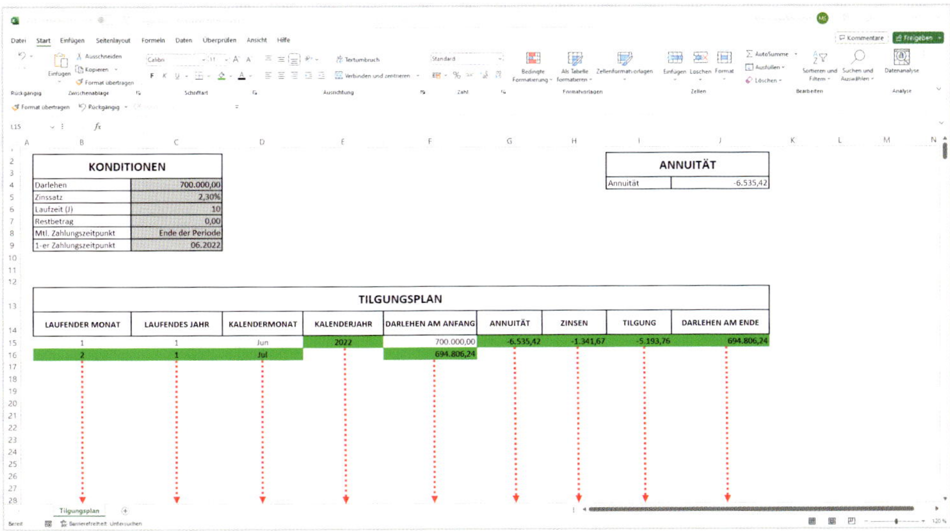

Zuallerletzt sollen die Überschriften in der Zeile 14 des Tilgungsplanes fixiert werden, sodass diese beim Scrollen nach unten immer sichtbar bleiben.

❶ die Nummerierung der Zeile 15 (eine Zeile unter der zu fixierenden Zeile!) anklicken ❷ die Registerkarte *Ansicht* anklicken ❸ in der Gruppe *Fenster* die Option *Fenster fixieren* (in älteren Excel-Versionen *Fenster einfrieren*) anklicken ❹ die Unteroption *Fenster fixieren* (in älteren Excel-Versionen *Fenster einfrieren*) anklicken

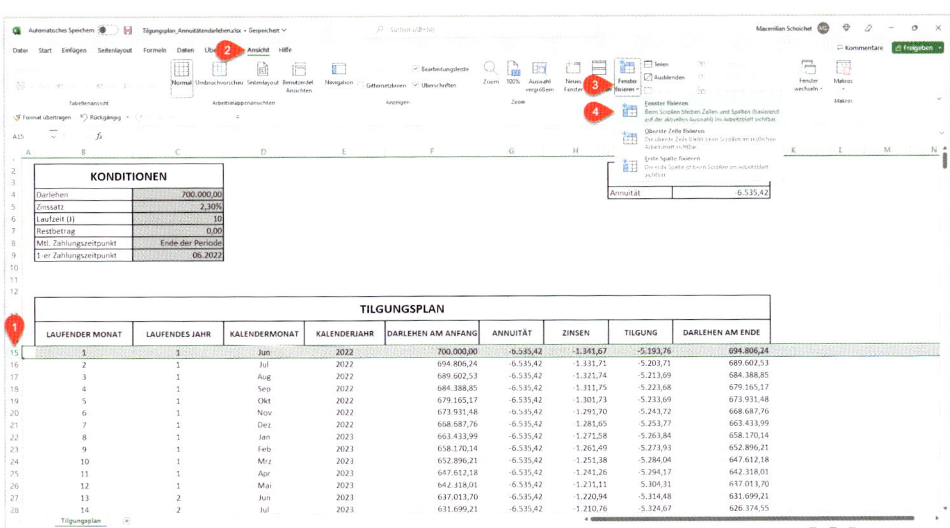

Die nachfolgende Abbildung zeigt unser Gesamtergebnis – ein dynamischer Tilgungsplan für ein Annuitätendarlehen!

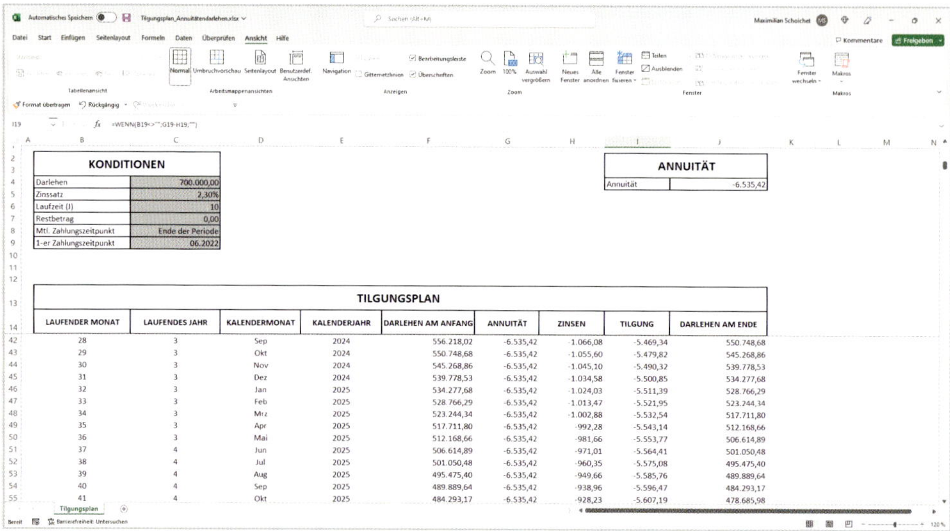

=WENN(B19<>"";G19-H19;"")

KONDITIONEN	
Darlehen	700.000,00
Zinssatz	2,30%
Laufzeit (J)	10
Restbetrag	0,00
Mtl. Zahlungszeitpunkt	Ende der Periode
1-er Zahlungszeitpunkt	06.2022

ANNUITÄT	
Annuität	-6.535,42

TILGUNGSPLAN								
LAUFENDER MONAT	LAUFENDES JAHR	KALENDERMONAT	KALENDERJAHR	DARLEHEN AM ANFANG	ANNUITÄT	ZINSEN	TILGUNG	DARLEHEN AM ENDE
28	3	Sep	2024	556.218,02	-6.535,42	-1.066,08	-5.469,34	550.748,68
29	3	Okt	2024	550.748,68	-6.535,42	-1.055,60	-5.479,82	545.268,86
30	3	Nov	2024	545.268,86	-6.535,42	-1.045,10	-5.490,32	539.778,53
31	3	Dez	2024	539.778,53	-6.535,42	-1.034,58	-5.500,85	534.277,68
32	3	Jan	2025	534.277,68	-6.535,42	-1.024,03	-5.511,39	528.766,29
33	3	Feb	2025	528.766,29	-6.535,42	-1.013,47	-5.521,95	523.244,34
34	3	Mrz	2025	523.244,34	-6.535,42	-1.002,88	-5.532,54	517.711,80
35	3	Apr	2025	517.711,80	-6.535,42	-992,28	-5.543,14	512.168,66
36	3	Mai	2025	512.168,66	-6.535,42	-981,66	-5.553,77	506.614,89
37	4	Jun	2025	506.614,89	-6.535,42	-971,01	-5.564,41	501.050,48
38	4	Jul	2025	501.050,48	-6.535,42	-960,35	-5.575,08	495.475,40
39	4	Aug	2025	495.475,40	-6.535,42	-949,66	-5.585,76	489.889,64
40	4	Sep	2025	489.889,64	-6.535,42	-938,96	-5.596,47	484.293,17
41	4	Okt	2025	484.293,17	-6.535,42	-928,23	-5.607,19	478.685,98

12 Aufgliederung eines Annuitätendarlehens nach den gesetzlichen Restlaufzeitangaben

Download-Datei:
Tilgungsplan_Annuitätendarlehen.xlsx

Excel-Werkzeuge:
– Funktion SUMMEWENN()

Gemäß § 268 Abs. 5 S. 1 HGB sind der Betrag der Verbindlichkeiten mit einer Restlaufzeit von bis zu einem Jahr und der Betrag der Verbindlichkeiten mit einer Restlaufzeit von mehr als einem Jahr bei jedem gesondert ausgewiesenen Posten zu vermerken. Darüber hinaus schreibt der § 285 Nr. 1a HGB die Anhangangabe des Gesamtbetrages der Verbindlichkeiten mit einer Restlaufzeit von mehr als fünf Jahren vor.

Dieses Kapitel setzt an der zuvor erstellten Tilgungsplan-Vorlage an, die durch eine neue Tabelle *RESTLAUFZEITEN* mit den Berechnungen entsprechend den oben genannten gesetzlichen Vorgaben erweitert werden soll.

Das Grundgerüst für die Tabelle *RESTLAUFZEITEN* ist im gleichnamigen Tabellenblatt der Download-Datei Tilgungsplan_Annuitätendarlehen.xlsx enthalten und soll wie in der nachfolgenden Abbildung gezeigt, in den Zellbereich I6:J11 der Tilgungsplan-Vorlage kopiert werden.

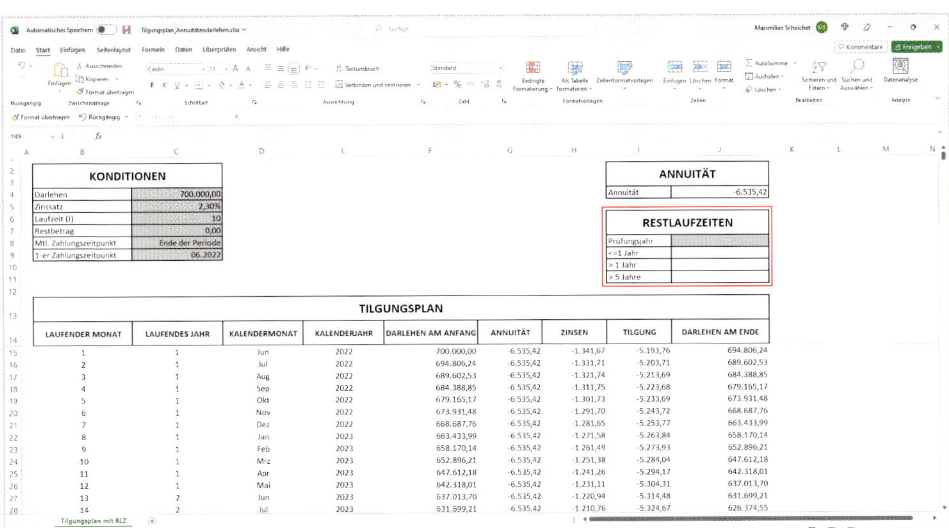

KONDITIONEN	
Darlehen	700.000,00
Zinssatz	2,30%
Laufzeit (J)	10
Restbetrag	0,00
Mtl. Zahlungszeitpunkt	Ende der Periode
1-er Zahlungszeitpunkt	06.2022

ANNUITÄT	
Annuität	-6.535,42

RESTLAUFZEITEN	
Prüfungsjahr	
<=1 Jahr	
> 1 Jahr	
> 5 Jahre	

LAUFENDER MONAT	LAUFENDES JAHR	KALENDERMONAT	KALENDERJAHR	DARLEHEN AM ANFANG	ANNUITÄT	ZINSEN	TILGUNG	DARLEHEN AM ENDE
1	1	Jun	2022	700.000,00	-6.535,42	-1.341,67	-5.193,76	694.806,24
2	1	Jul	2022	694.806,24	-6.535,42	-1.331,71	-5.203,71	689.602,53
3	1	Aug	2022	689.602,53	-6.535,42	-1.321,74	-5.213,69	684.388,85
4	1	Sep	2022	684.388,85	-6.535,42	-1.311,75	-5.223,68	679.165,17
5	1	Okt	2022	679.165,17	-6.535,42	-1.301,73	-5.233,69	673.931,48
6	1	Nov	2022	673.931,48	-6.535,42	-1.291,70	-5.243,72	668.687,76
7	1	Dez	2022	668.687,76	-6.535,42	-1.281,65	-5.253,77	663.433,99
8	1	Jan	2023	663.433,99	-6.535,42	-1.271,58	-5.263,84	658.170,14
9	1	Feb	2023	658.170,14	-6.535,42	-1.261,49	-5.273,93	652.896,21
10	1	Mrz	2023	652.896,21	-6.535,42	-1.251,38	-5.284,04	647.612,18
11	1	Apr	2023	647.612,18	-6.535,42	-1.241,26	-5.294,17	642.318,01
12	1	Mai	2023	642.318,01	-6.535,42	-1.231,11	-5.304,31	637.013,70
13	2	Jun	2023	637.013,70	-6.535,42	-1.220,94	-5.314,48	631.699,21
14	2	Jul	2023	631.699,21	-6.535,42	-1.210,76	-5.324,67	626.374,55

In allen Zellen mit der grauen Hintergrundfarbe stehen in der Vorlage keine Funktionen, sondern feste Werte und auch in der Zelle J8 soll das aktuelle Prüfungsjahr (in unserem Beispiel 2023) manuell eingetragen werden.

ZELLE	FUNKTION
J8	2023

Der zum Stichtag 31.12. des eingetragenen Prüfungsjahres verbleibende Verbindlichkeits-betrag wird in den Zellen J9, J10 und J11 nach den gesetzlich vorgeschriebenen Restlaufzeitangaben aufgeteilt.

In der Zelle J9 soll der innerhalb eines Jahres (gerechnet vom Stichtag 31.12. und dem in der Zelle J8 eingetragenen Prüfungsjahr) zu tilgende Verbindlichkeitsbetrag ermittelt werden.

ZELLE	FUNKTION
J9	=-SUMMEWENN(E15:E614;J8+1;I15:I614)

Die Funktion SUMMEWENN() durchsucht den Zellbereich E15:E614 nach dem Kalenderjahr, das dem in der Zelle J8 eingetragenen Jahr folgt (J8+1), und summiert innerhalb des Bereiches I15:I614 alle diesem Jahr zugehörigen Tilgungsbeträge.

In der Zelle J10 soll der zu tilgende Verbindlichkeitsbetrag mit einer Restlaufzeit von mehr als einem Jahr (gerechnet vom Stichtag 31.12. und dem in der Zelle J8 eingetragenen Prüfungsjahr) ermittelt werden.

ZELLE	FUNKTION
J10	=-SUMMEWENN(E15:E614;">"&J8+1;I15:I614)

Die Funktion SUMMEWENN() durchsucht den Zellbereich E15:E614 nach den Kalenderjahren, die nach dem ersten Jahr (ausgehend von dem in der Zelle J8 eingetragenen Jahr) folgen (">"&J8+1), und summiert innerhalb des Bereiches I15:I614 alle diesen Jahren zugehörigen Tilgungsbeträge.

In der Zelle J11 soll der zu tilgende Verbindlichkeitsbetrag mit einer Restlaufzeit von mehr als fünf Jahren (gerechnet vom Stichtag 31.12. und dem in der Zelle J8 eingetragenen Prüfungsjahr) ermittelt werden.

ZELLE	FUNKTION
J11	=-SUMMEWENN(E15:E614;">"&J8+5;I15:I614)

Die Funktion SUMMEWENN() durchsucht den Zellbereich E15:E614 nach den Kalenderjahren, die nach dem fünften Jahr (ausgehend von dem in der Zelle J8 eingetragenen Jahr) folgen (">"&J8+5), und summiert innerhalb des Bereiches I15:I614 alle zu diesen Jahren gehörenden Tilgungsbeträge.

Als Ergebnis zeigt die Tabelle *RESTLAUFZEITEN* für die gesetzlich vorgeschriebenen An- gaben die folgende Aufteilung des zum 31.12.2023 verbleibenden Verbindlichkeitsbetrages.

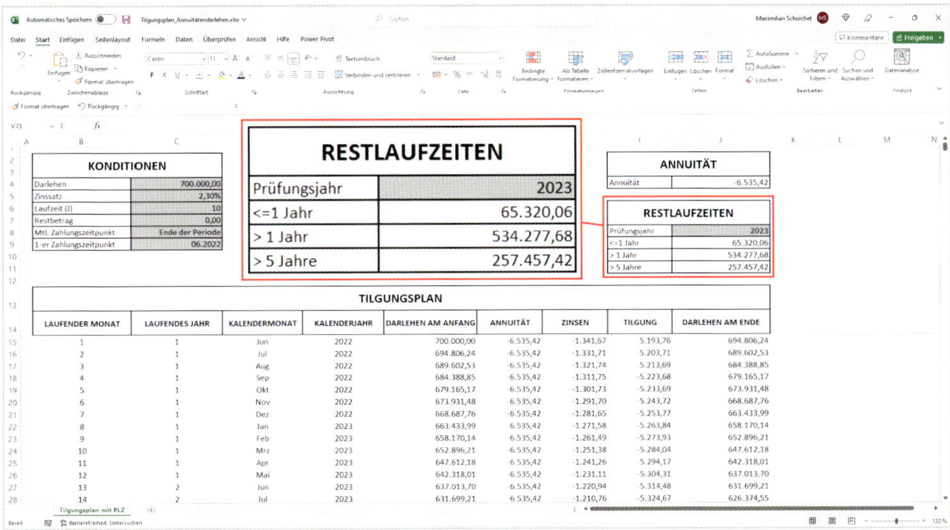
KONDITIONEN
Darlehen 700.000,00
Zinssatz 2,30%
Laufzeit (J) 10
Restbetrag 0,00
Mtl. Zahlungszeitpunkt Ende der Periode
1-er Zahlungszeitpunkt 06.2022
RESTLAUFZEITEN
Prüfungsjahr 2023
<=1 Jahr 65.320,06
> 1 Jahr 534.277,68
> 5 Jahre 257.457,42
ANNUITÄT
Annuität -6.535,42
TILGUNGSPLAN
LAUFENDER MONAT | LAUFENDES JAHR | KALENDERMONAT | KALENDERJAHR | DARLEHEN AM ANFANG | ANNUITÄT | ZINSEN | TILGUNG | DARLEHEN AM ENDE
1 | 1 | Jun | 2022 | 700.000,00 | -6.535,42 | -1.341,67 | -5.193,76 | 694.806,24
2 | 1 | Jul | 2022 | 694.806,24 | -6.535,42 | -1.331,71 | -5.203,71 | 689.602,53
3 | 1 | Aug | 2022 | 689.602,53 | -6.535,42 | -1.321,74 | -5.213,69 | 684.388,85
4 | 1 | Sep | 2022 | 684.388,85 | -6.535,42 | -1.311,75 | -5.223,68 | 679.165,17
5 | 1 | Okt | 2022 | 679.165,17 | -6.535,42 | -1.301,73 | -5.233,69 | 673.931,48
6 | 1 | Nov | 2022 | 673.931,48 | -6.535,42 | -1.291,70 | -5.243,72 | 668.687,76
7 | 1 | Dez | 2022 | 668.687,76 | -6.535,42 | -1.281,65 | -5.253,77 | 663.433,99
8 | 1 | Jan | 2023 | 663.433,99 | -6.535,42 | -1.271,58 | -5.263,84 | 658.170,14
9 | 1 | Feb | 2023 | 658.170,14 | -6.535,42 | -1.261,49 | -5.273,93 | 652.896,21
10 | 1 | Mrz | 2023 | 652.896,21 | -6.535,42 | -1.251,38 | -5.284,04 | 647.612,18
11 | 1 | Apr | 2023 | 647.612,18 | -6.535,42 | -1.241,26 | -5.294,17 | 642.318,01
12 | 1 | Mai | 2023 | 642.318,01 | -6.535,42 | -1.231,11 | -5.304,31 | 637.013,70
13 | 2 | Jun | 2023 | 637.013,70 | -6.535,42 | -1.220,94 | -5.314,48 | 631.699,21
14 | 2 | Jul | 2023 | 631.699,21 | -6.535,42 | -1.210,76 | -5.324,67 | 626.374,55
Tilgungsplan mit RLZ

13 Aufgliederung eines Tilgungsdarlehens nach den gesetzlichen Restlaufzeitangaben

Download-Datei:
Darlehensspiegel.xlsx

Excel-Werkzeuge:
– Funktion WENN()

Die Aufteilung der zum Abschlussstichtag verbleibenden Verbindlichkeiten nach den Restlaufzeiten gemäß § 268 Abs. 5 HGB und § 285 Nr. 1a HGB wird im Folgenden auch für ein Tilgungsdarlehen vorgenommen.

Im Gegensatz zum Annuitätendarlehen sind es die Tilgungsraten, die bei einem Tilgungsdarlehen konstant bleiben. Im nachfolgend abgebildeten Darlehensspiegel, der sich in der Download-Datei Darlehensspiegel.xlsx befindet, sind vier beispielhafte Darlehen mit konstanten jährlichen Tilgungsraten zu finden.

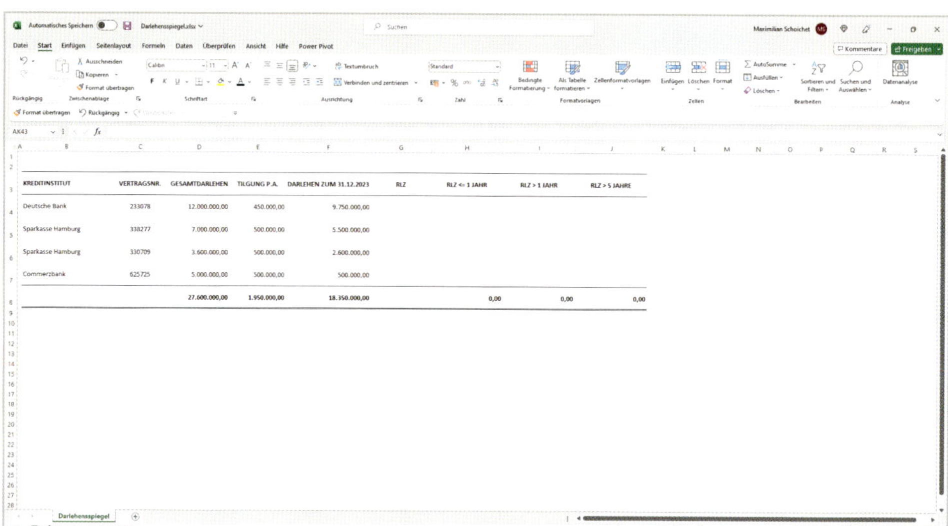

KREDITINSTITUT	VERTRAGSNR.	GESAMTDARLEHEN	TILGUNG P.A.	DARLEHEN ZUM 31.12.2023	RLZ	RLZ <= 1 JAHR	RLZ > 1 JAHR	RLZ > 5 JAHRE
Deutsche Bank	233078	12.000.000,00	450.000,00	9.750.000,00				
Sparkasse Hamburg	338277	7.000.000,00	500.000,00	5.500.000,00				
Sparkasse Hamburg	330709	3.600.000,00	500.000,00	2.600.000,00				
Commerzbank	625725	5.000.000,00	500.000,00	500.000,00				
		27.600.000,00	1.950.000,00	18.350.000,00		0,00	0,00	0,00

Anhand der Angaben zum Darlehensstand am Abschlussstichtag und zur festen jährlichen Tilgung soll für das erste der vier Darlehen die verbleibende Restlaufzeit in der Spalte *RLZ* berechnet und dann der gesamte Darlehensbetrag in den Spalten *RLZ<=1 JAHR*, *RLZ>1 JAHR* und *RLZ>5 JAHRE* gemäß den gesetzlichen Restlaufzeitangaben aufgeteilt werden. Die Berechnungen werden entsprechend in den Zellen G4, H4, I4 und J4 erstellt und anschließend auf die unteren relevanten Zellen in den jeweiligen Spalten übertragen.

Die Formel in der Zelle G4 soll die zum Abschlussstichtag verbleibende Restlaufzeit des Darlehens berechnen. Dazu wird der Darlehensstand zum Abschlussstichtag aus der Zelle F4 durch die jährliche Tilgungsrate aus der Zelle E4 geteilt.

ZELLE	FUNKTION
G4	=F4/E4

In der Zelle H4 soll der Darlehensbetrag, dessen Restlaufzeit ein Jahr nicht übersteigt, ermittelt werden.

ZELLE	FUNKTION
H4	=WENN(G4<=1;F4;E4)

Die Funktion WENN() prüft, ob der Wert in der Zelle G4 kleiner oder gleich 1 ist und somit die Restlaufzeit des Darlehens ein Jahr nicht übersteigt.

Falls die Prüfungsbedingung erfüllt ist, liefert die Funktion WENN() als Ergebnis den Wert aus der Zelle F4 und somit den gesamten verbleibenden Darlehensbetrag, anderenfalls den jährlichen Tilgungsbetrag aus der Zelle E4.

In der Zelle I4 soll der Darlehensbetrag mit einer Restlaufzeit von mehr als einem Jahr berechnet werden.

ZELLE	FUNKTION
I4	=WENN(G4>1;F4-H4;0)

Die Funktion WENN() prüft, ob der Wert in der Zelle G4 größer als 1 ist und somit die Restlaufzeit des Darlehens mehr als ein Jahr beträgt.

Falls die Prüfungsbedingung erfüllt ist, liefert die Funktion WENN() als Ergebnis den Darlehensbetrag, der sich als Differenz zwischen dem gesamten Restdarlehen und dem innerhalb eines Jahres zu tilgenden Darlehensbetrag berechnet.

Falls die Prüfungsbedingung nicht erfüllt ist und somit die Restlaufzeit des Darlehens ein Jahr nicht übersteigt, liefert die Funktion WENN() als Ergebnis die Zahl 0.

In der Zelle J4 soll der Darlehensbetrag mit einer Restlaufzeit von mehr als fünf Jahren berechnet werden.

ZELLE	FUNKTION
J4	=WENN(G4>5;(G4-5)*E4;0)

Die Funktion WENN() prüft, ob der Wert der Zelle G4 größer als 5 ist und somit die Restlaufzeit des Darlehens mehr als fünf Jahre beträgt.

Falls die Prüfungsbedingung erfüllt ist, liefert die Funktion WENN() als Ergebnis den Darlehensbetrag, der sich durch die Multiplikation der den Zeitraum von fünf Jahren übersteigenden Restlaufzeit mit dem jährlichen Tilgungsbetrag ergibt.

Falls die Prüfungsbedingung nicht erfüllt ist und somit die Restlaufzeit des Darlehens fünf Jahre nicht übersteigt, liefert die Funktion WENN() als Ergebnis die Zahl 0.

Nach der Übertragung der Berechnungen von den Zellen G4, H4, I4 und J4 auf die unteren relevanten Zellen in den jeweiligen Spalten ergibt sich die gesamte Aufteilung der Darlehensverbindlichkeiten nach dem vorgegebenen Restlaufzeitenschema.

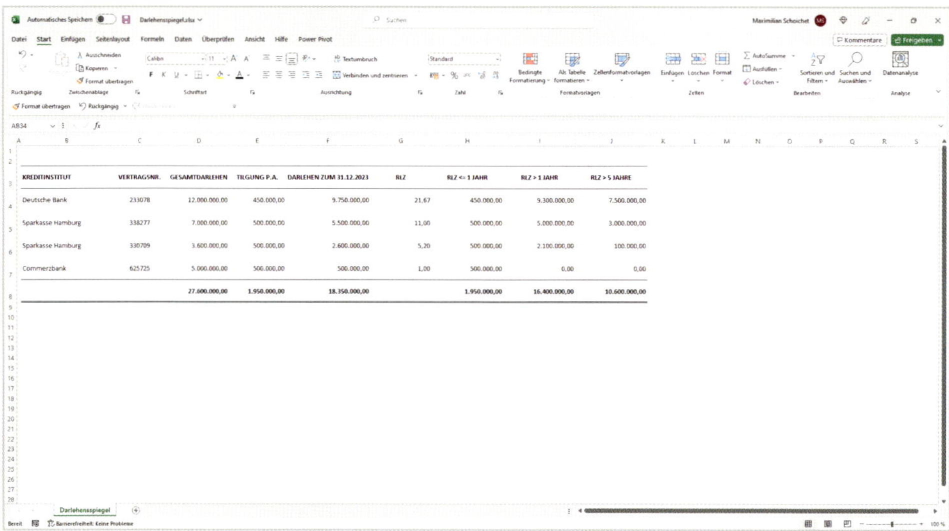

KREDITINSTITUT	VERTRAGSNR.	GESAMTDARLEHEN	TILGUNG P.A.	DARLEHEN ZUM 31.12.2023	RLZ	RLZ <= 1 JAHR	RLZ > 1 JAHR	RLZ > 5 JAHRE
Deutsche Bank	233078	12.000.000,00	450.000,00	9.750.000,00	21,67	450.000,00	9.300.000,00	7.500.000,00
Sparkasse Hamburg	338277	7.000.000,00	500.000,00	5.500.000,00	11,00	500.000,00	5.000.000,00	3.000.000,00
Sparkasse Hamburg	330709	3.600.000,00	500.000,00	2.600.000,00	5,20	500.000,00	2.100.000,00	100.000,00
Commerzbank	625725	5.000.000,00	500.000,00	500.000,00	1,00	500.000,00	0,00	0,00
		27.600.000,00	**1.950.000,00**	**18.350.000,00**		**1.950.000,00**	**16.400.000,00**	**10.600.000,00**

14 Einsatz von grafischen Elementen bei analytischer Prüfung der Gewinn- und Verlustrechnung

Download-Datei:
GuV-Kennzahlen.xlsx

Excel-Werkzeuge:
- Sparklines - Diagramme

Ein Bild sagt mehr als tausend Worte – ein bekannter Ausdruck, der sich insbesondere auf analytische Prüfungshandlungen im Rahmen der Jahresabschlussprüfung übertragen lässt. Mit visuellen Darstellungen kann man sich beispielsweise aus den Datenreihen jährlicher Gewinn- und Verlustrechnungen einen strukturierten Überblick über die Entwicklung einzelner Posten im zeitlichen Verlauf verschaffen, um so auch deren Plausibilität zu beurteilen und mit den Auskünften des Mandaten und anderweitigen Erkenntnissen in Verbindung zu setzten.

In diesem Kapitel werden wir zunächst die sogenannten Sparklines in Excel anschauen und danach schrittweise vier interessante Diagramme zur Darstellung diverser Quoten aufbauen. Anschließend blicken wir auch in Richtung Power BI Desktop als Self-Service Business Intelligence Program von Microsoft zur Entwicklung von interaktiven Reports für die Visualisierung und Analyse von Daten.

Die nachfolgende Abbildung zeigt schon mal vorab unser Ergebnis, welches wir bei der Visualisierung von betriebswirtschaftlichen Daten mit Sparklines und Diagrammen aufbauen werden.

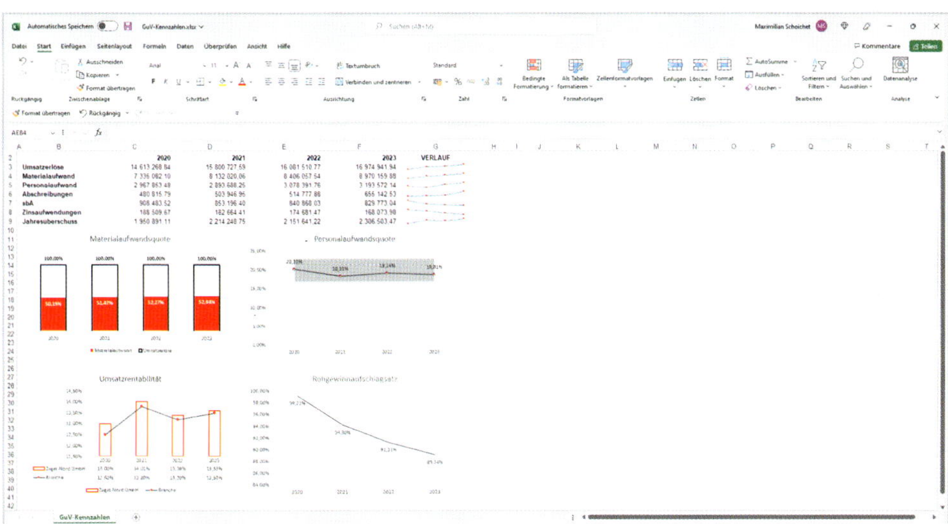

Als Erstes beginnen wir mit der Erstellung von Sparklines, mit denen platzsparend in einzelnen Zellen (als Alternative zu großen Diagrammen) der Entwicklungsverlauf von Kennzahlen dargestellt werden kann. Im Tabellenblatt *GuV-Kennzahlen* der gleichnamigen Download-Datei sind ausgewählte GuV-Kennzahlen und deren beispielhafte Entwicklung über vier Jahre zu finden.

1 den Zellbereich G3 bis G9 markieren 2 die Registerkarte *Einfügen* anklicken 3 in der Gruppe *Sparklines* die Sparkline *Linie* anklicken

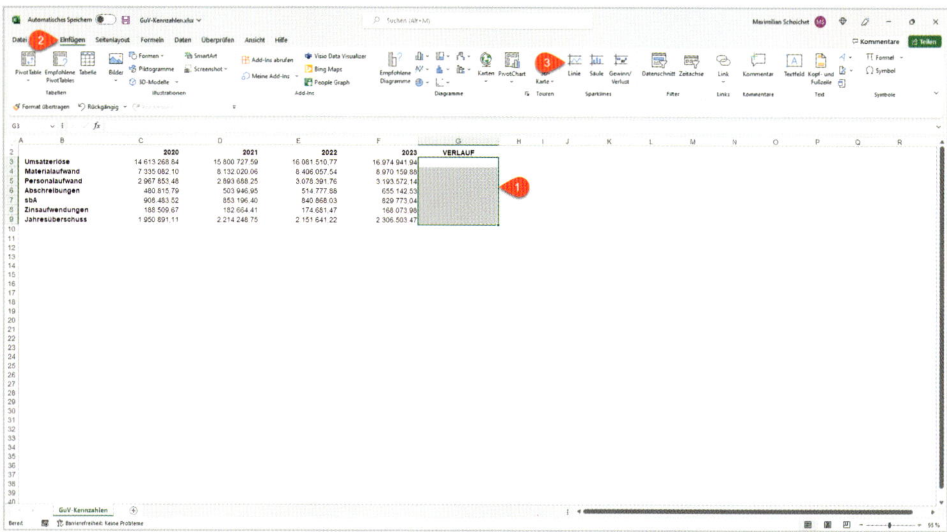

4 in das Eingabefeld *Datenbereich* klicken und den Zellbereich C3 bis F9 markieren 5 prüfen, ob im Eingabefeld *Positionsbereich* der richtige Bereich G3 bis G9 steht 6 mit Klick auf *OK* bestätigen

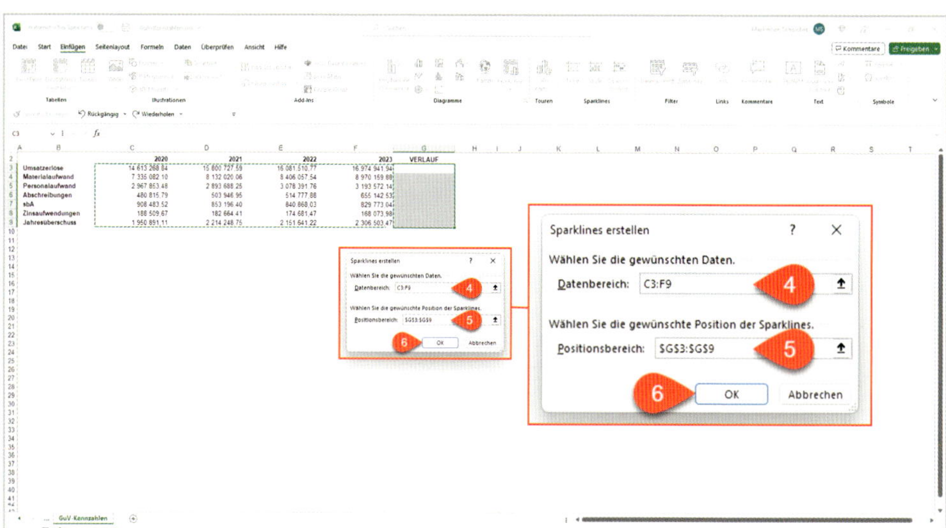

Die erstellten Sparklines zeigen die jahresübergreifende Entwicklung für die sieben Kennzahlen in unserem Beispiel. Als Indikator ist jeweils ein Richtungsverlauf ersichtlich, sodass an dieser Stelle bereits die ersten Schlussfolgerungen möglich sind, z.B. dass es keine widersprüchliche Entwicklung von Materialaufwand im Verhältnis zu den Umsatzerlösen gibt.

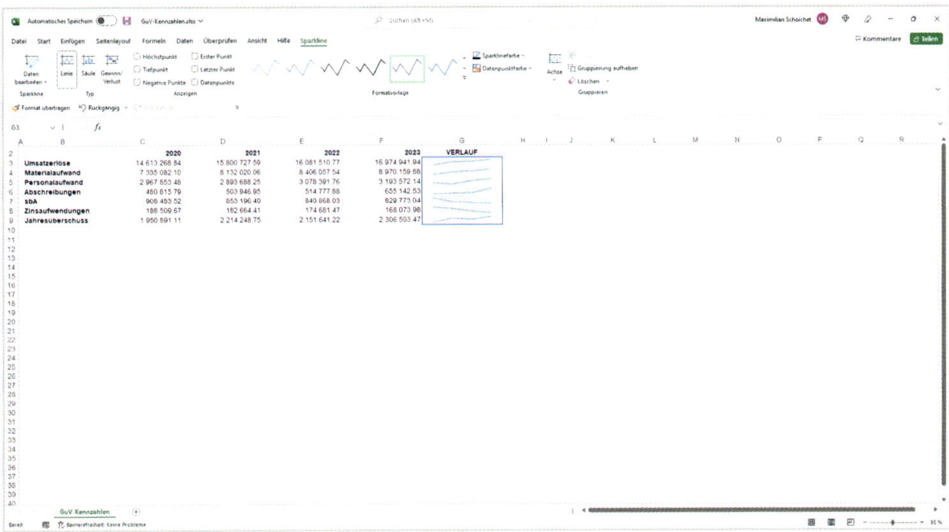

Im nächsten Schritt sollen bei den Sparklines die einzelnen Datenpunkte für die vier Jahre aktiviert werden. Damit wird die optische Wahrnehmung der Darstellung verbessert.

❶ die Registerkarte *Sparkline* (in älteren Excel-Versionen *Entwurf*) anklicken ❷ in der Gruppe *Anzeigen* die Option *Datenpunkte* (in älteren Excel-Versionen *Markierungen*) aktivieren

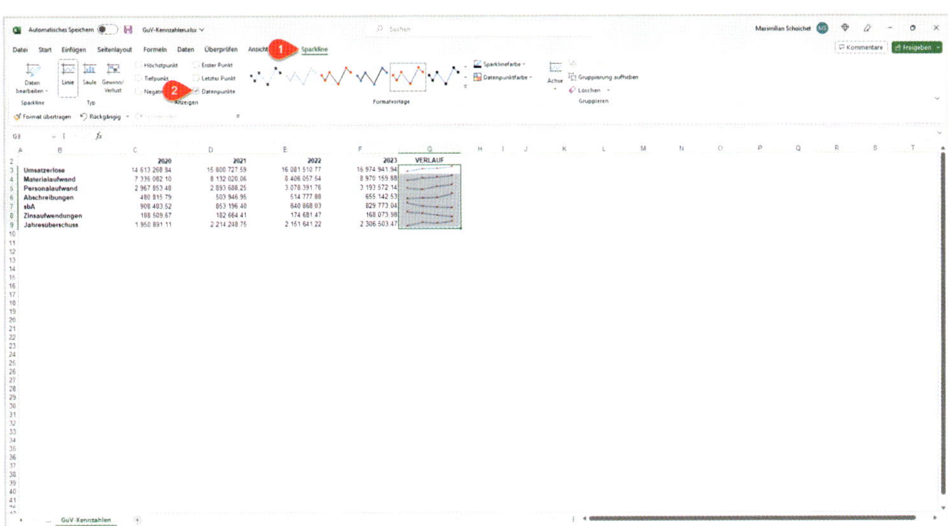

Als Nächstes werden wir ein Säulendiagramm aufbauen, bei dem die Säulen der beiden Datenreihen (*Umsatzerlöse 100%* und die jährliche *Materialaufwandsquote*) sich in der Darstellung überlappen, wie es die nachfolgende Abbildung zeigt.

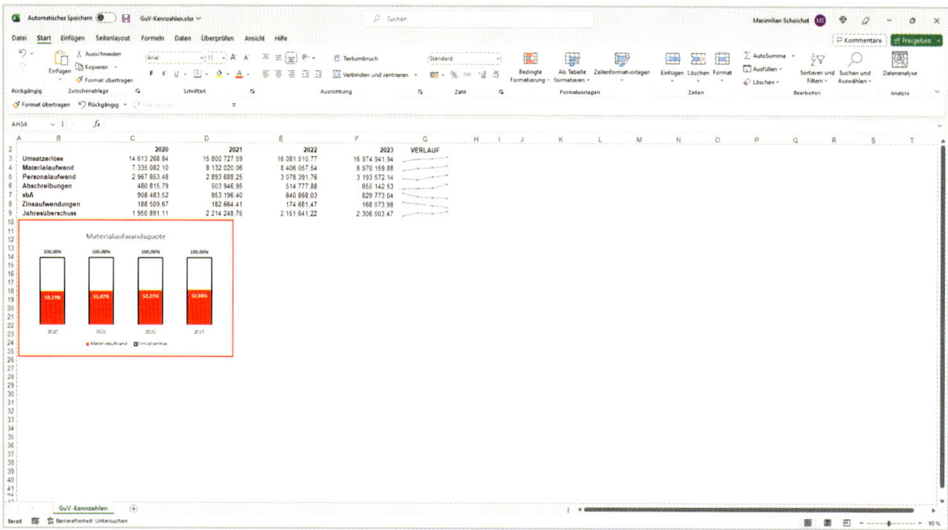

Die beispielhaften Daten befinden sich im Zellbereich A12 bis E14 des Tabellenblattes *Daten*.

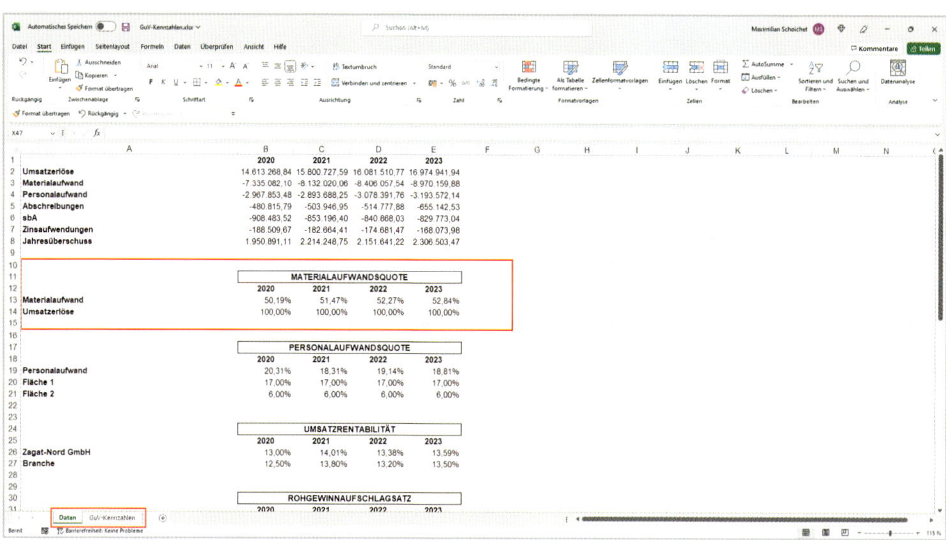

❶ den Zellbereich A12 bis E14 markieren ❷ die Registerkarte *Einfügen* anklicken ❸ in der Gruppe *Diagramme* den Diagrammtyp *Säulendiagramm* anklicken ❹ den Diagrammuntertyp *Gruppierte Säulen* anklicken

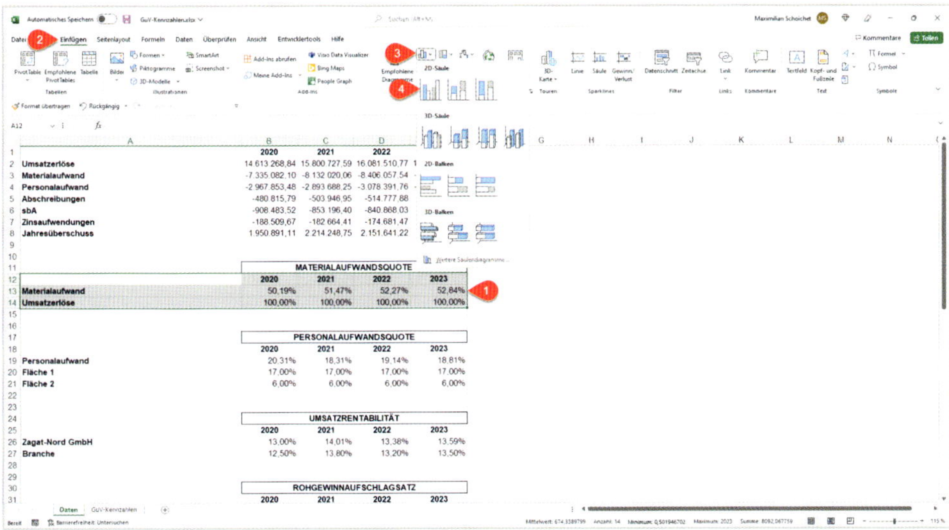

Das erstellte Diagramm mit der Tastenkombination *STRG X* ausschneiden und mit der Tastenkombination *STRG V* in das Tabellenblatt *GuV-Kennzahlen* einfügen.

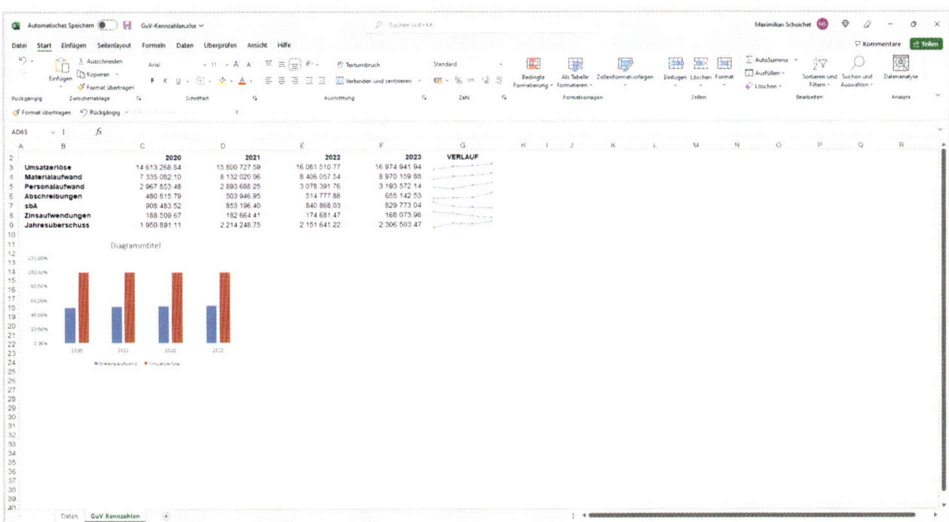

1 im Diagramm eine der Umsatzsäulen (mit dem Wert 100%) doppelt anklicken 2 im Aufgabenbereich das Symbol *Füllung und Linie* anklicken 3 die Optionen für die Füllung öffnen 4 die Option *Keine Füllung* auswählen 5 die Optionen für die Rahmen öffnen 6 die Option *Einfarbige Linie* auswählen 7 für die Kontur der Rahmenlinie die schwarze Farbe auswählen 8 für die Stärke der Rahmenlinie den Wert 1,25 Pt. festlegen

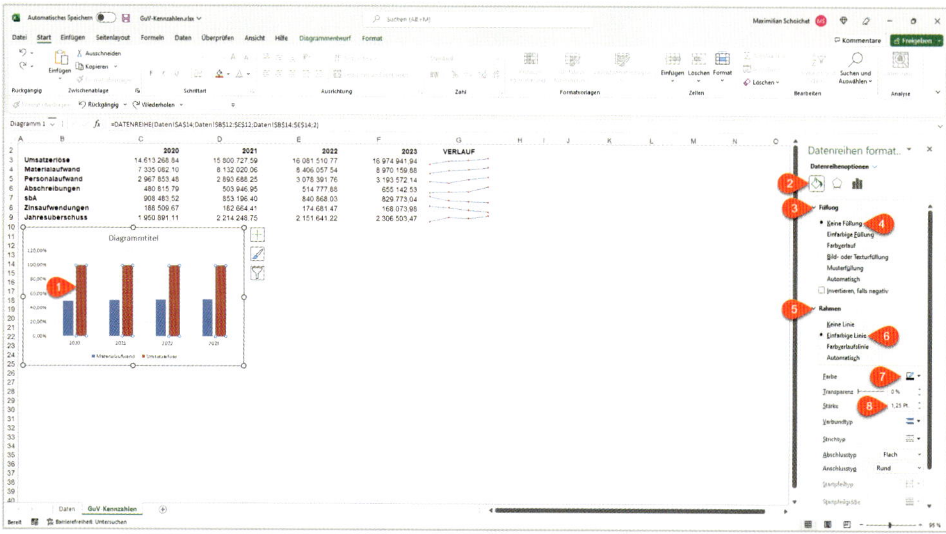

9 das Pluszeichen rechts neben dem Diagramm anklicken 10 das kleine Pfeilsymbol bei der Option *Datenbeschriftungen* anklicken 11 die Unteroption *Am Ende außerhalb* anklicken

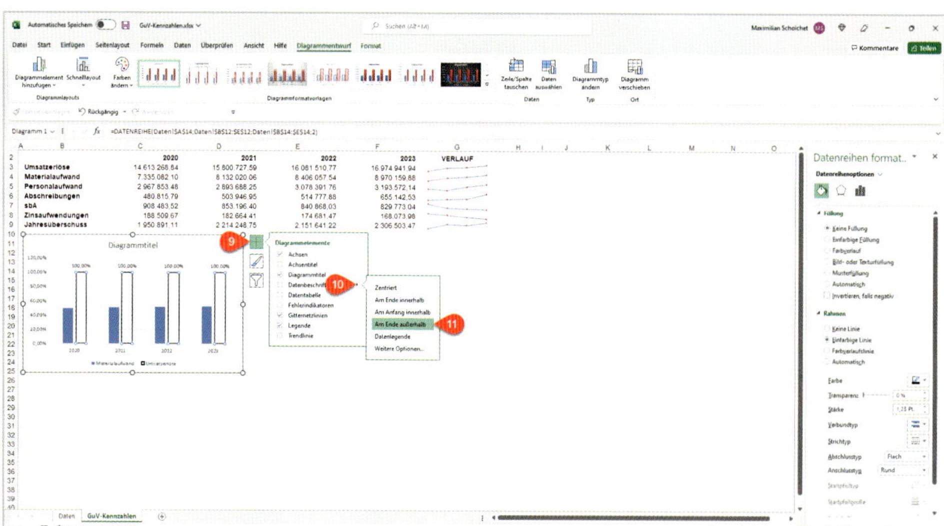

❶ im Diagramm einer der Materialaufwandsäulen anklicken ❷ im Aufgabenbereich das Symbol *Füllung und Linie* anklicken ❸ die Optionen für die Füllung öffnen ❹ die Option *Einfarbige Füllung* auswählen ❺ für die Füllung der Materialaufwandsäulen die rote Farbe auswählen

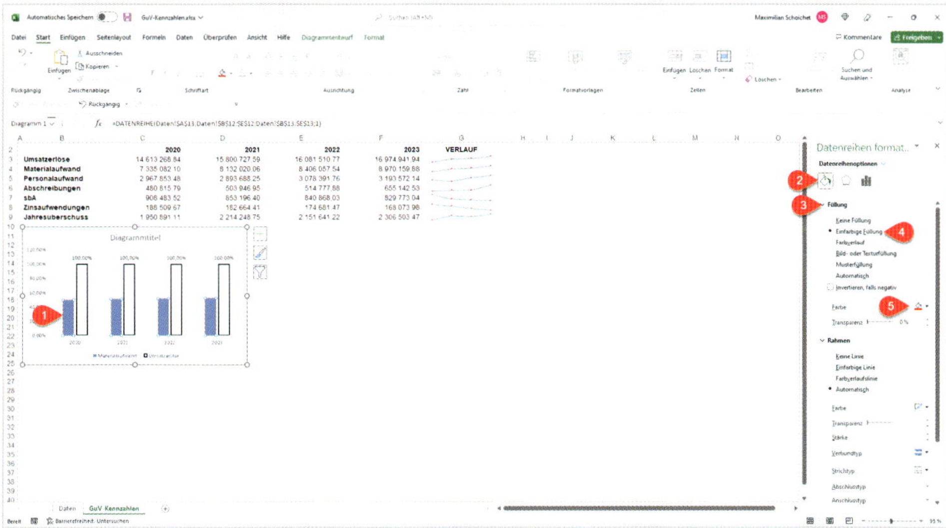

❻ im Aufgabenbereich das Symbol *Datenreihenoptionen* anklicken ❼ den Wert für die Reihenachsenüberlappung und für die Abstandsbreite auf 100 % setzen

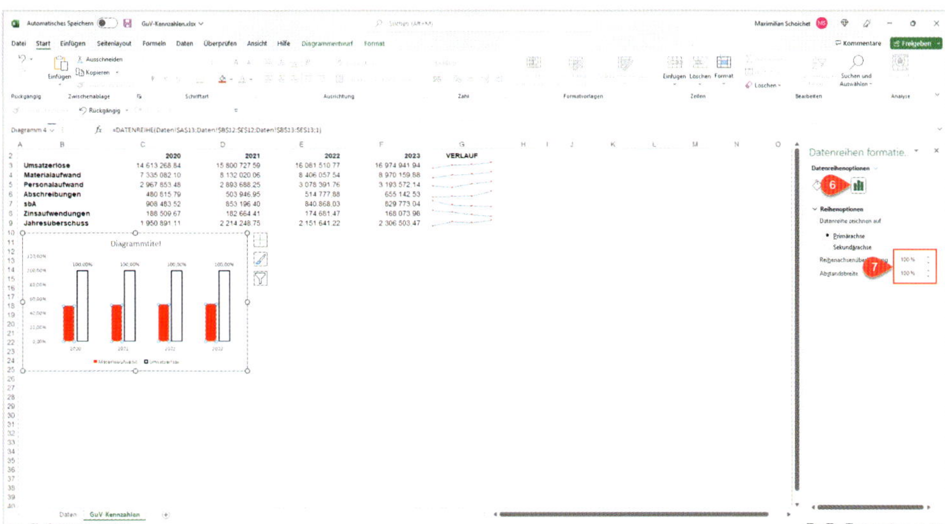

❶ das Pluszeichen rechts neben dem Diagramm anklicken ❷ das kleine Pfeilsymbol bei der Option *Datenbeschriftungen* anklicken ❸ die Unteroption *Am Ende innerhalb* anklicken

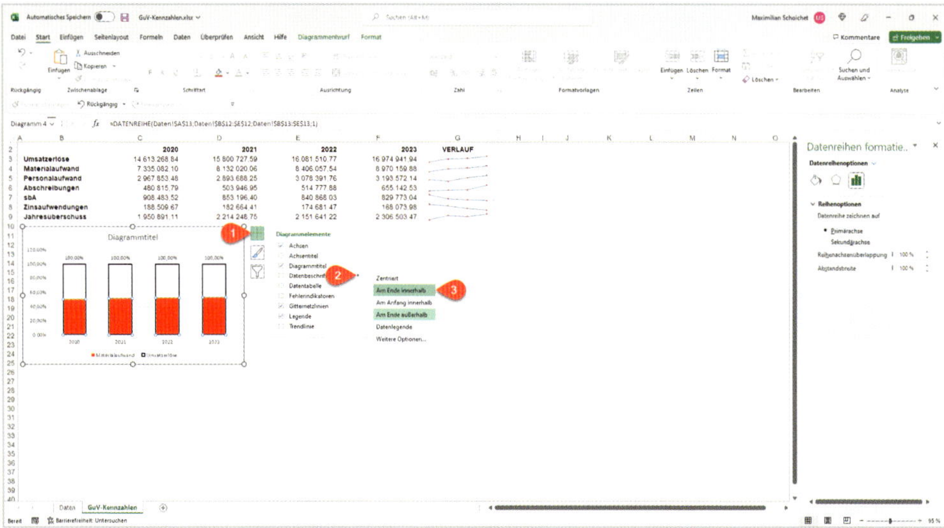

Eine der horizontalen Gitternetzlinien in der Diagrammfläche anklicken und mit der Taste *Entf* alle horizontalen Gitternetzlinien entfernen.

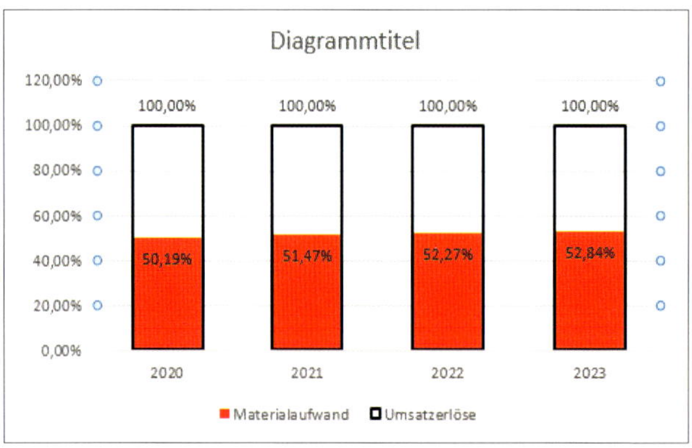

Die Y-Achse anklicken und diese mit der Taste *Entf* entfernen.

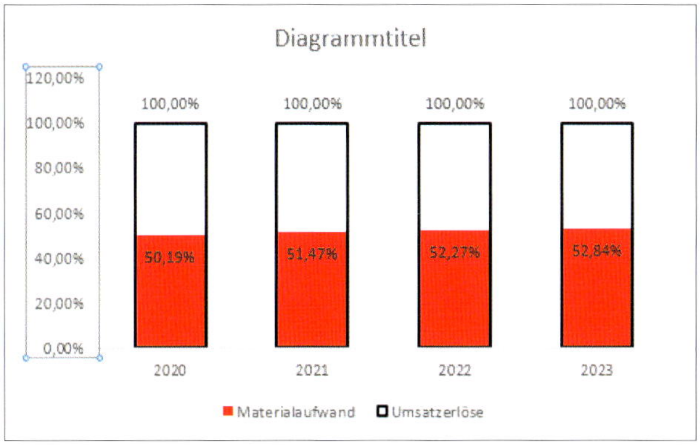

Die Datenbeschriftungen der Reihe *Umsatzerlöse* anklicken und sie fett formatieren*.

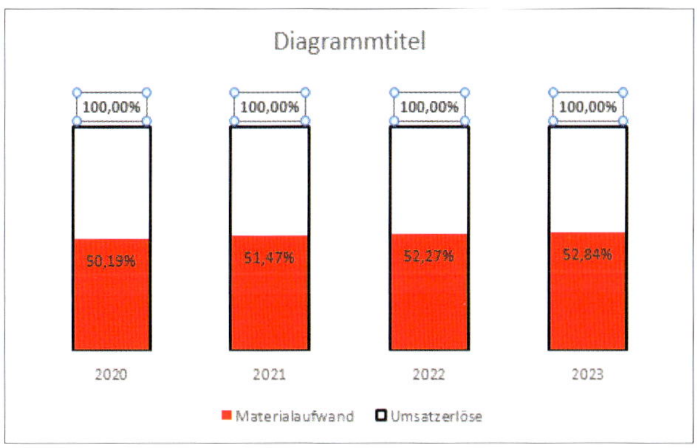

Die Datenbeschriftungen der Reihe *Materialaufwand* anklicken, sie fett formatieren und für die Schrift die weiße Farbe wählen*.

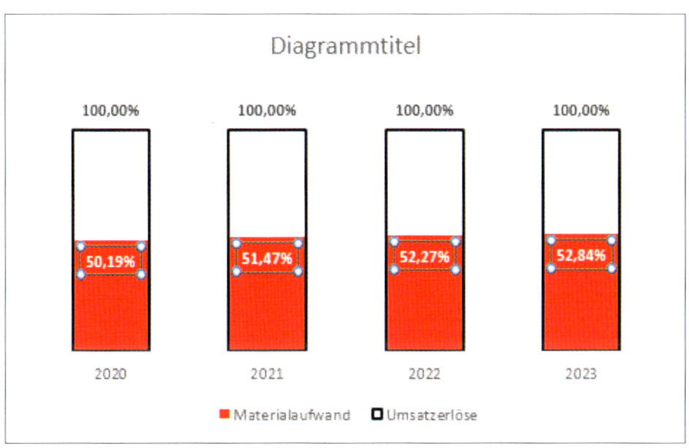

Den Diagrammtitel auf *Materialaufwandsquote* verändern.

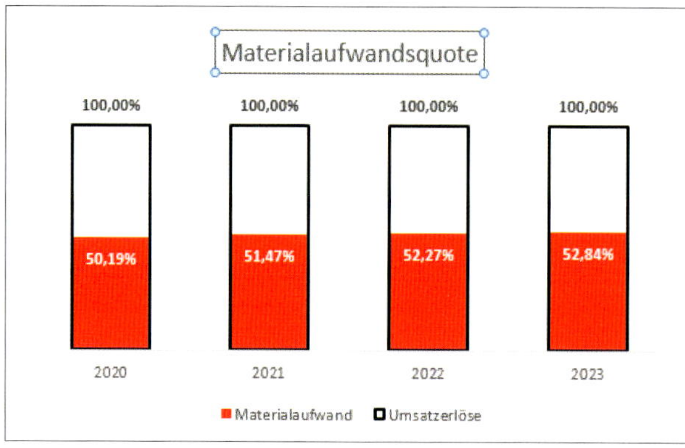

* Die Formatierungsoptionen sind in der Registerkarte *Start* in der Gruppe *Schriftart* zu finden.

Das nächste Diagramm, welches wir aufbauen werden, ist ein sogenanntes Kombidiagramm aus zwei unterschiedlichen Diagrammtypen. Die übliche Marktspanne für den Personalaufwand in der Branche wird durch ein Flächendiagramm und der Personalaufwand des einzelnen Unternehmens durch ein Liniendiagramm dargestellt.

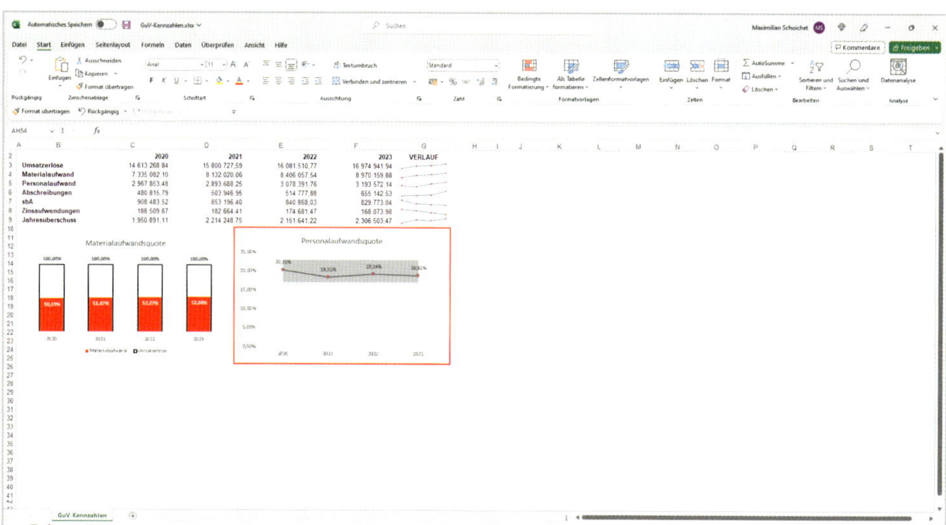

Die beispielhaften Daten befinden sich im Zellbereich A18 bis E21 des Tabellenblattes *Daten*.

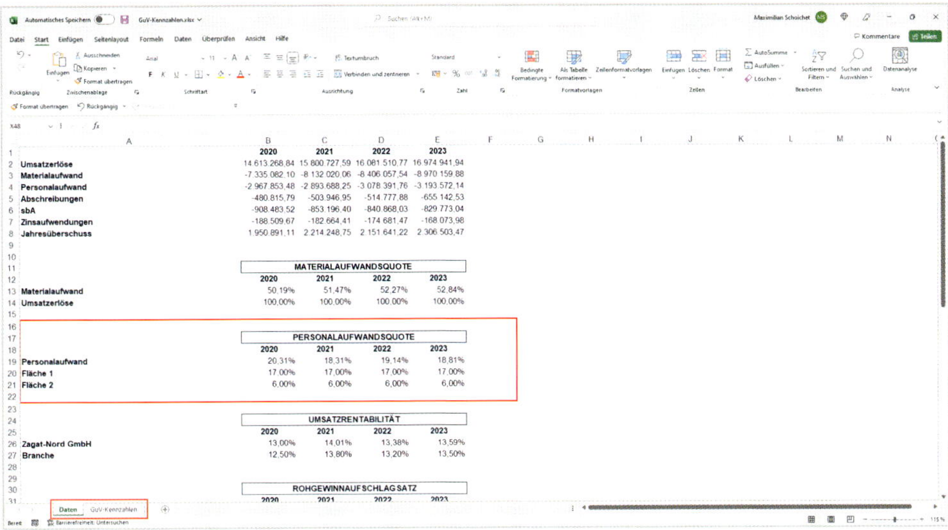

❶ den Zellbereich A18 bis E21 markieren ❷ die Registerkarte *Einfügen* anklicken ❸ in der Gruppe *Diagramme* das Symbol *Empfohlene Diagramme* anklicken

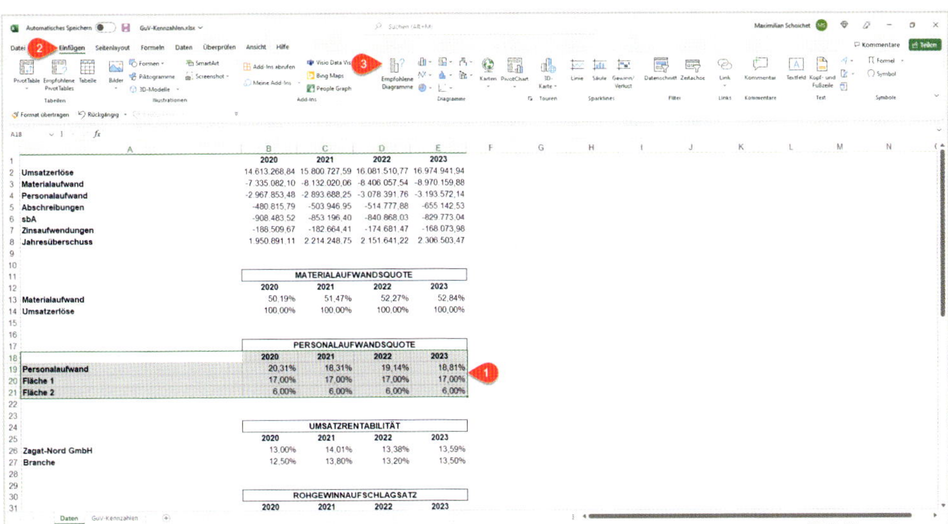

4 die Registerkarte *Alle Diagramme* anklicken 5 den Diagrammtyp *Kombi* (in älteren Excel-Versionen *Verbund*) wählen 6 für die Datenreihe *Personalaufwand* den Diagrammuntertyp *Linie mit Datenpunkten* wählen / für die Datenreihen *Fläche 1* und *Fläche 2* den Diagrammuntertyp *Gestapelte Fläche* wählen 7 mit Klick auf *OK* bestätigen

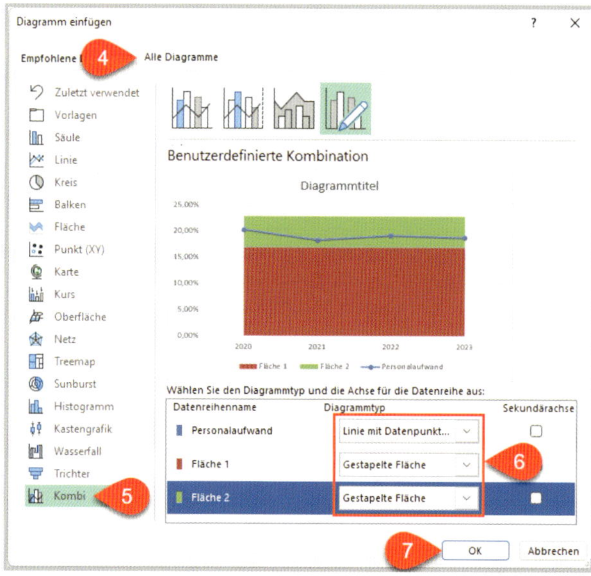

Das erstellte Diagramm mit der Tastenkombination STRG X ausschneiden und mit der Tastenkombination STRG V in das Tabellenblatt *GuV-Kennzahlen* einfügen.

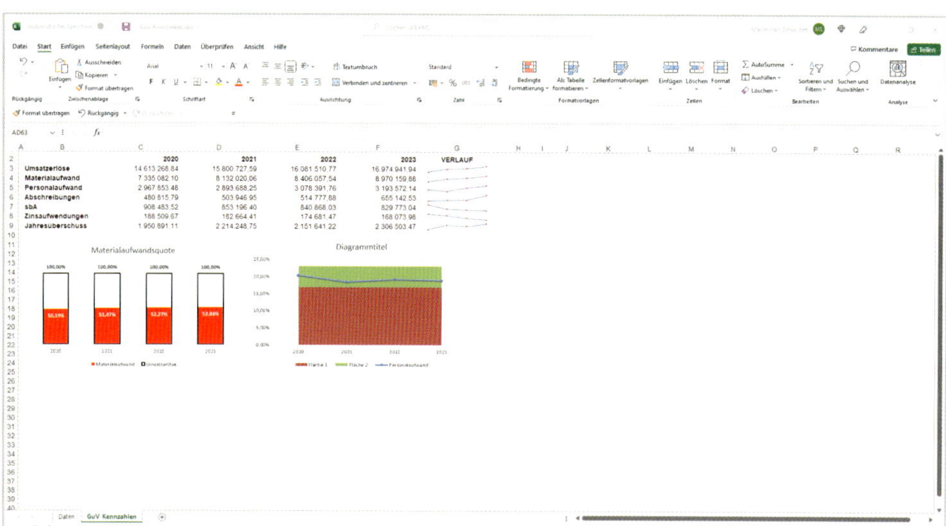

1 im Diagramm die untere Fläche anklicken 2 im Aufgabenbereich das Symbol *Füllung und Linie* anklicken 3 die Optionen für die Füllung öffnen 4 die Option *Keine Füllung* auswählen

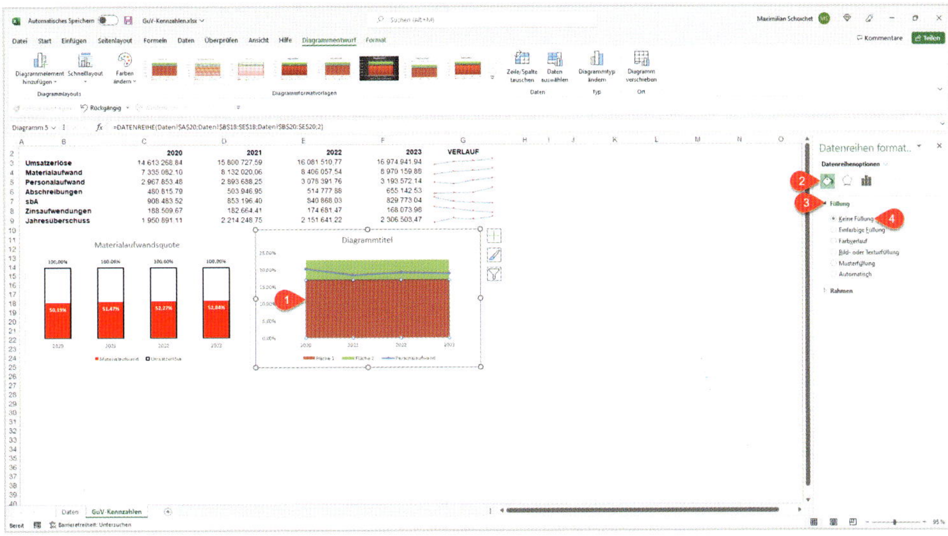

1 im Diagramm die obere Fläche anklicken 2 im Aufgabenbereich das Symbol *Füllung und Linie* anklicken 3 die Optionen für die Füllung öffnen 4 die Option *Einfarbige Füllung* auswählen 5 für die Füllung der oberen Fläche die graue Farbe auswählen

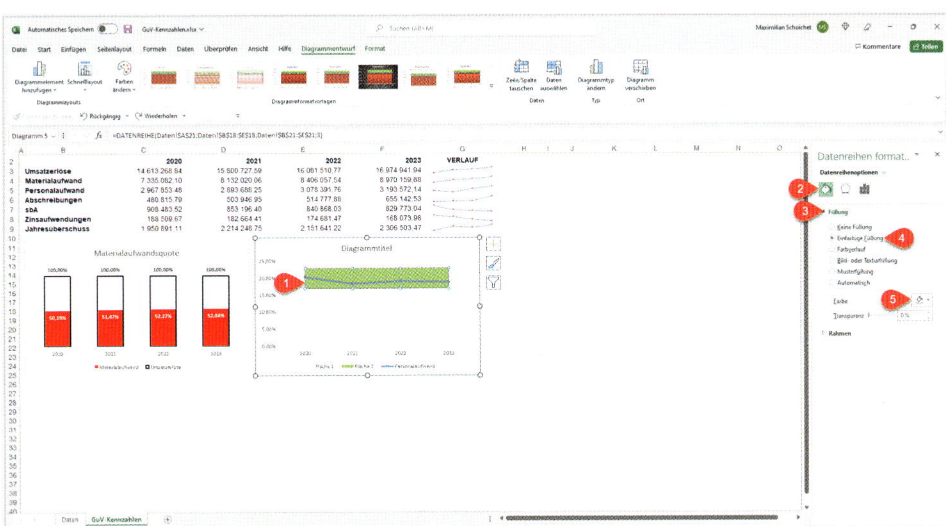

1 im Diagramm die Linie für den Personalaufwand des Unternehmens anklicken 2 im Aufgabenbereich das Symbol *Füllung und Linie* anklicken 3 die Optionen für die Linie öffnen 4 die Option *Einfarbige Linie* auswählen 5 als Linienfarbe die schwarze Farbe auswählen 6 die Linienstärke auf 1 Pt. festlegen

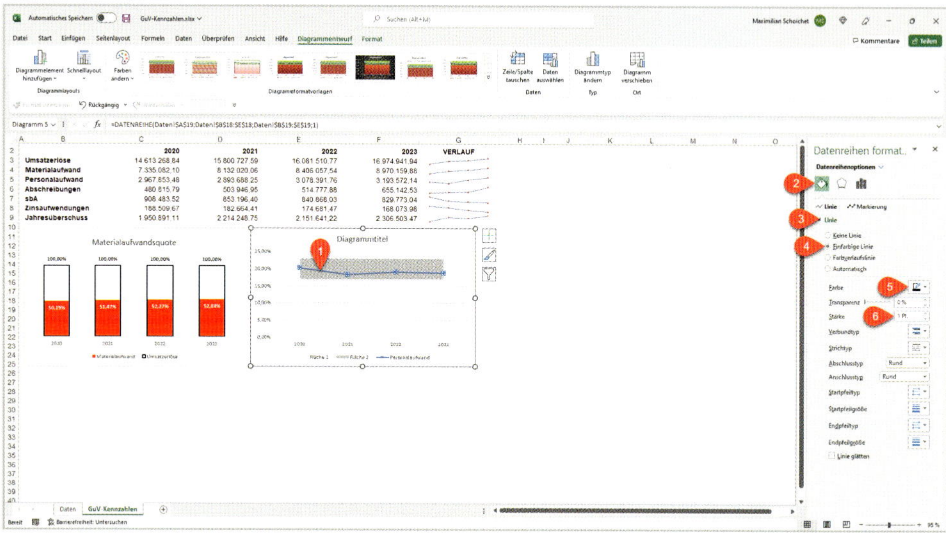

1 im Aufgabenbereich das Symbol *Markierungen* anklicken 2 die Markierungsoptionen öffnen 3 die Option *Integriert* auswählen 4 die Größe der Markierungen auf 6 setzen 5 für die Füllung der Markierungen die Option *Einfarbige Füllung* auswählen 6 als Füllungsfarbe die rote Farbe auswählen

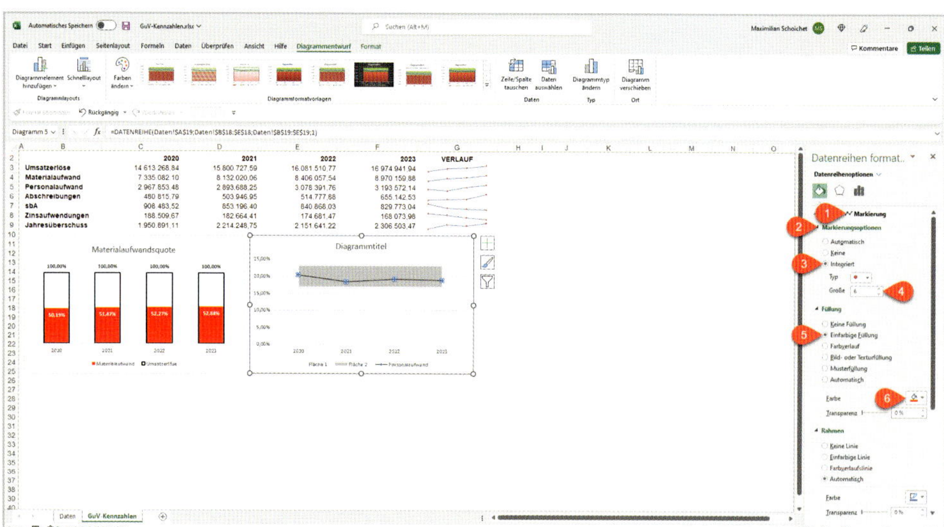

❶ das Pluszeichen rechts neben Diagramm anklicken ❷ das kleine Pfeilsymbol bei der Option *Datenbeschriftungen* anklicken ❸ die Unteroption *Über* anklicken

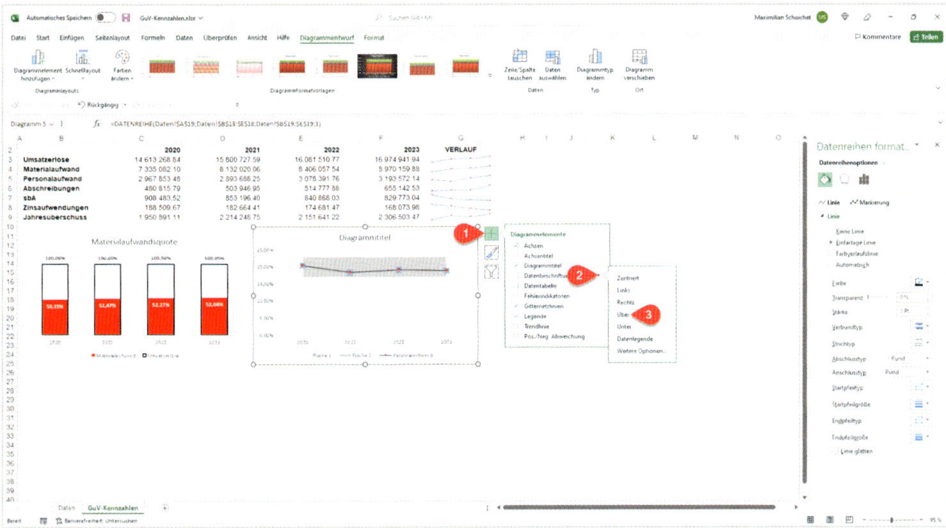

Eine der horizontalen Gitternetzlinien in der Diagrammfläche anklicken und mit der Taste *Entf* alle horizontalen Gitternetzlinien entfernen.

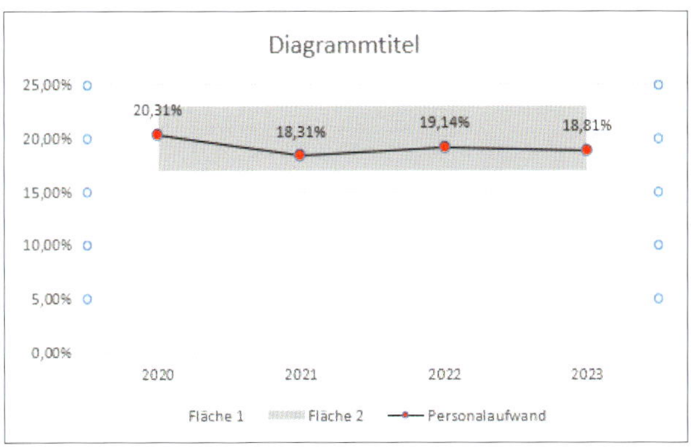

Die Legende unter dem Diagramm anklicken und diese mit der Taste *Entf* entfernen.

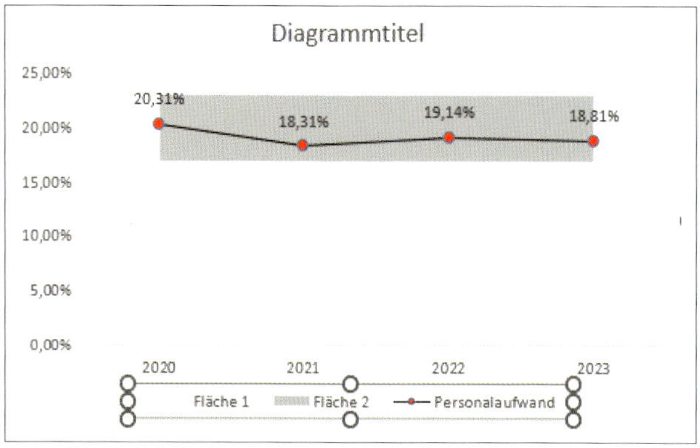

Den Diagrammtitel auf *Personalaufwandsquote* verändern.

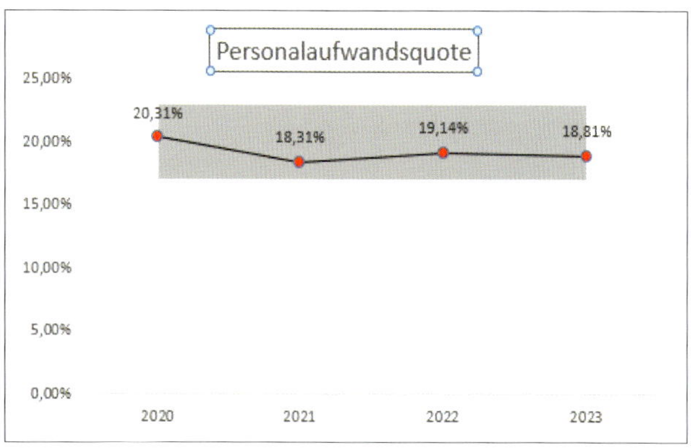

Unser drittes Diagramm wird ebenfalls ein Kombidiagramm mit zwei unterschiedlichen Diagrammtypen sein. Dabei geht es um einen Vergleich zwischen der Umsatzrentabilität in der Branche, welche jahresübergreifend als Linie zu sehen sein wird, und der Umsatzrentabilität des einzelnen Unternehmens, die wiederum für jedes Jahr in Säulenform angezeigt wird.

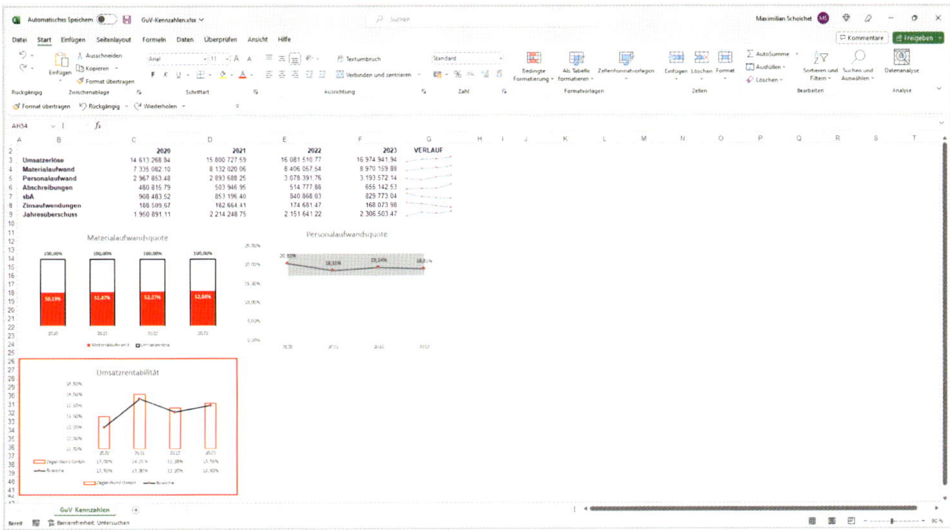

Die beispielhaften Daten befinden sich im Zellbereich A25 bis E27 des Tabellenblattes *Daten*.

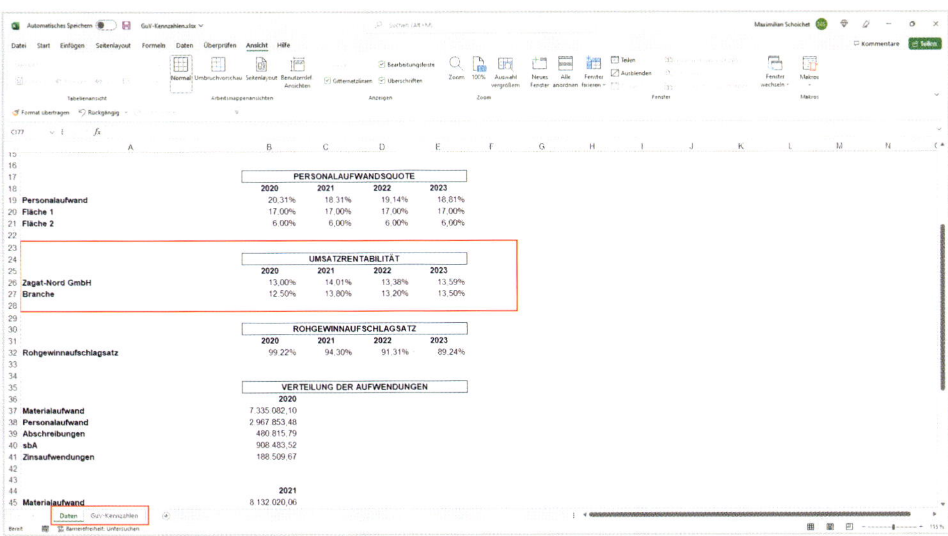

1 den Zellbereich A25 bis E27 markieren 2 die Registerkarte *Einfügen* anklicken 3 in der Gruppe *Diagramme* das Symbol *Empfohlene Diagramme* anklicken

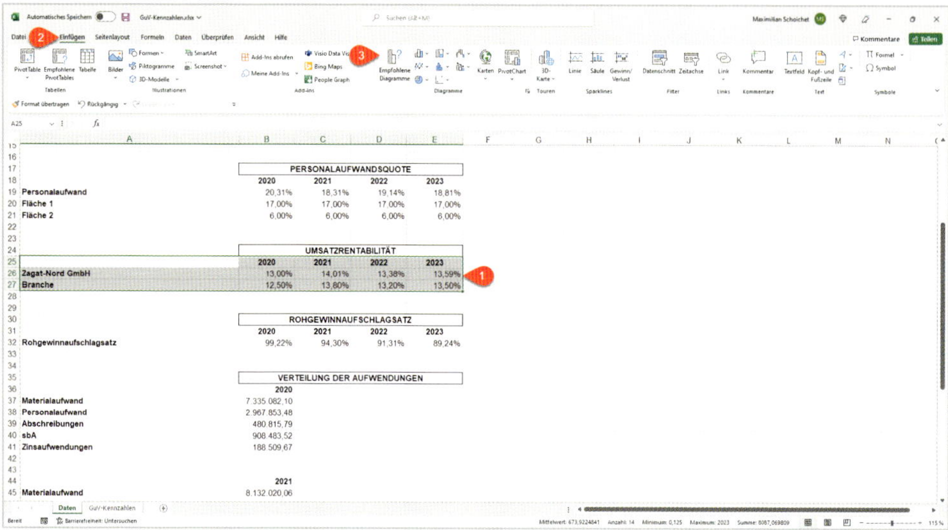

4 die Registerkarte *Alle Diagramme* anklicken 5 den Diagrammtyp *Kombi* (in älteren Excel-Versionen *Verbund*) wählen 6 für die Datenreihe *Zagat-Nord GmbH* den Diagrammuntertyp *Gruppierte Säulen* wählen / für die Datenreihe *Branche* den Diagrammuntertyp *Linie mit Datenpunkten* wählen 7 mit Klick auf *OK* bestätigen

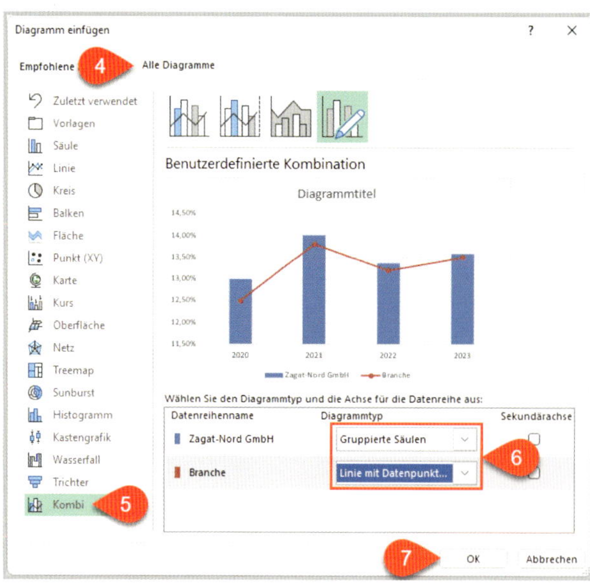

Das erstellte Diagramm mit der Tastenkombination *STRG X* ausschneiden und mit der Tastenkombination *STRG V* in das Tabellenblatt *GuV-Kennzahlen* einfügen.

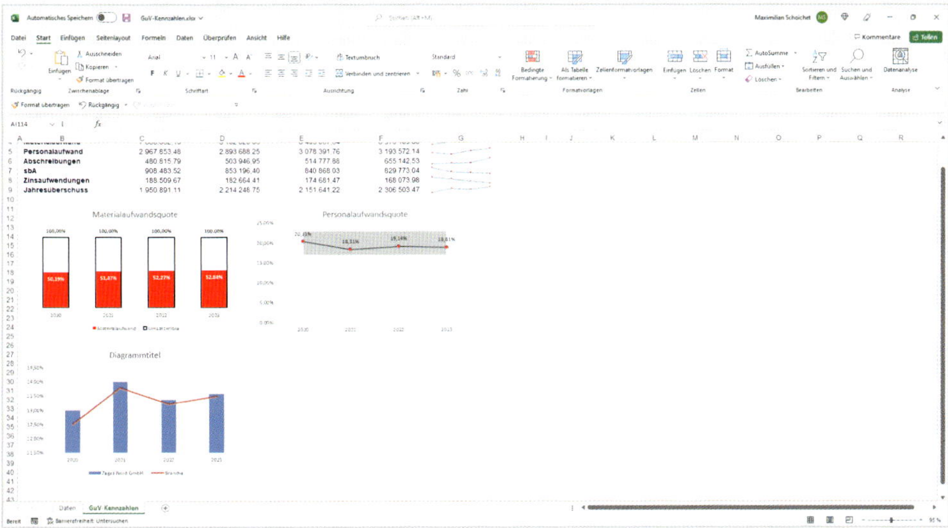

❶ im Diagramm einer der Säulen der Zagat-Nord GmbH anklicken ❷ im Aufgabenbereich das Symbol *Füllung und Linie* anklicken ❸ die Optionen für die Füllung öffnen ❹ die Option *Keine Füllung* auswählen ❺ die Optionen für die Rahmen öffnen ❻ die Option *Einfarbige Linie* auswählen ❼ für die Kontur der Rahmenlinie die rote Farbe auswählen ❽ für die Stärke der Rahmenlinie den Wert 1,25 Pt. festlegen

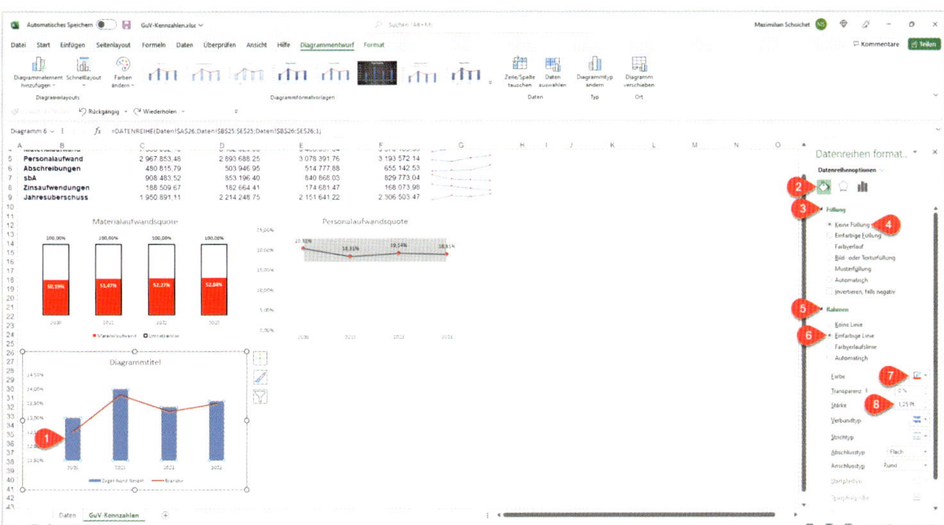

1 im Diagramm die Linie für die Umsatzrentabilität der Branche anklicken 2 im Aufgabenbereich das Symbol *Füllung und Linie* anklicken 3 die Optionen für die Linie öffnen 4 die Option *Einfarbige Linie* auswählen 5 als Linienfarbe die schwarze Farbe auswählen 6 die Linienstärke auf 1.25 Pt. festlegen

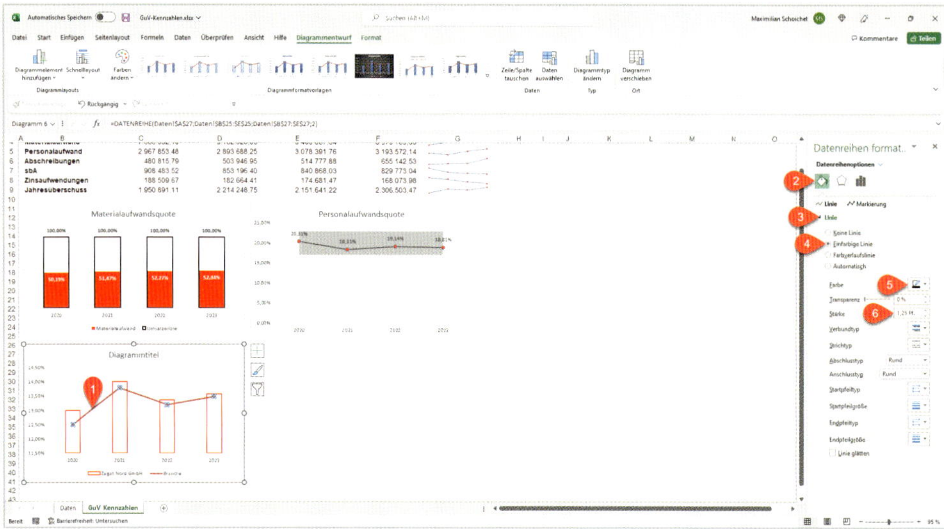

1 das Pluszeichen rechts neben Diagramm anklicken 2 das kleine Pfeilsymbol bei der Option *Datentabelle* anklicken 3 die Unteroption *Mit Legendensymbolen* anklicken

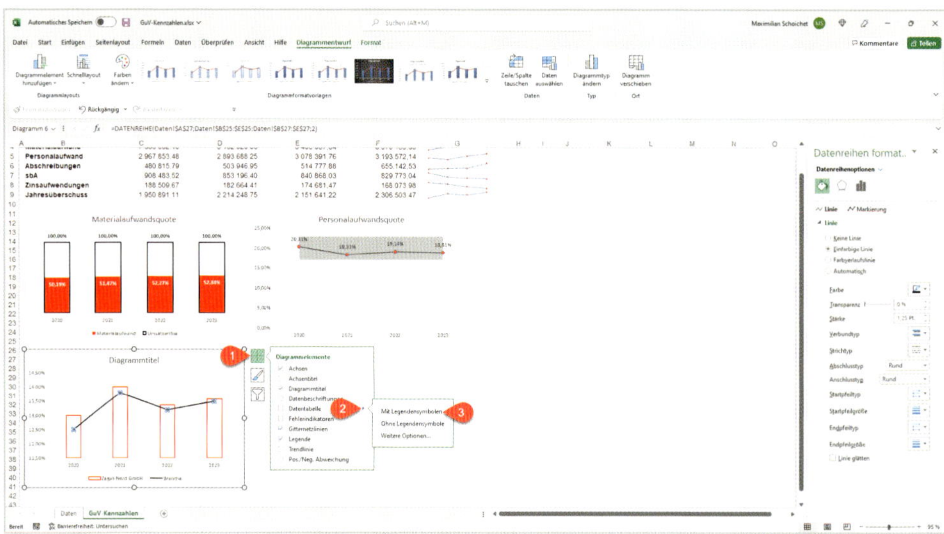

Eine der horizontalen Gitternetzlinien in der Diagrammfläche anklicken und mit der Taste *Entf* alle horizontalen Gitternetzlinien entfernen.

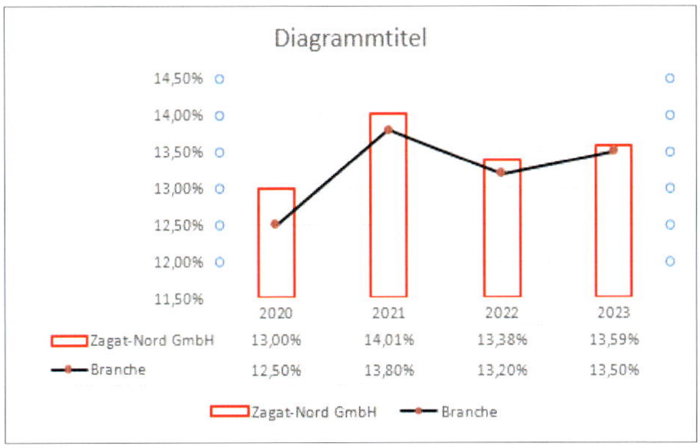

Die Legende unter dem Diagramm anklicken und diese mit der Taste *Entf* entfernen.

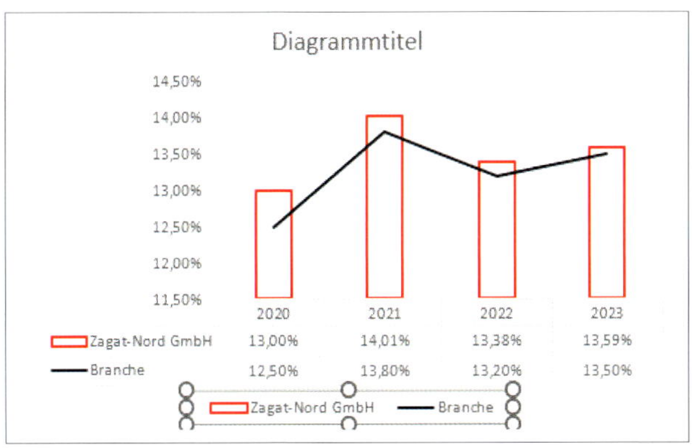

Den Diagrammtitel auf *Umsatzrentabilität* verändern.

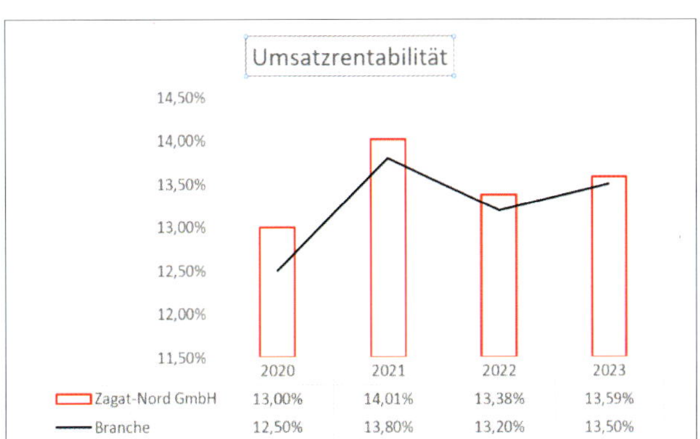

Im vierten und letzten Diagramm wird die jahresübergreifende Entwicklung von Rohgewinnaufschlagsatz als Linienverlauf visualisiert. Die Besonderheit dabei wird sein, dass wir darauf eine Diagrammformatvorlage anwenden werden, um mit wenigen Klicks das Design zu verbessern. Die Diagrammformatvorlagen bieten sich insbesondere dann an, wenn ein erstelltes Diagramm optisch ansprechender gestaltet werden soll, ohne jedoch unverhältnismäßig viel Zeit in die Formatierung einzelner Diagrammelemente zu investieren.

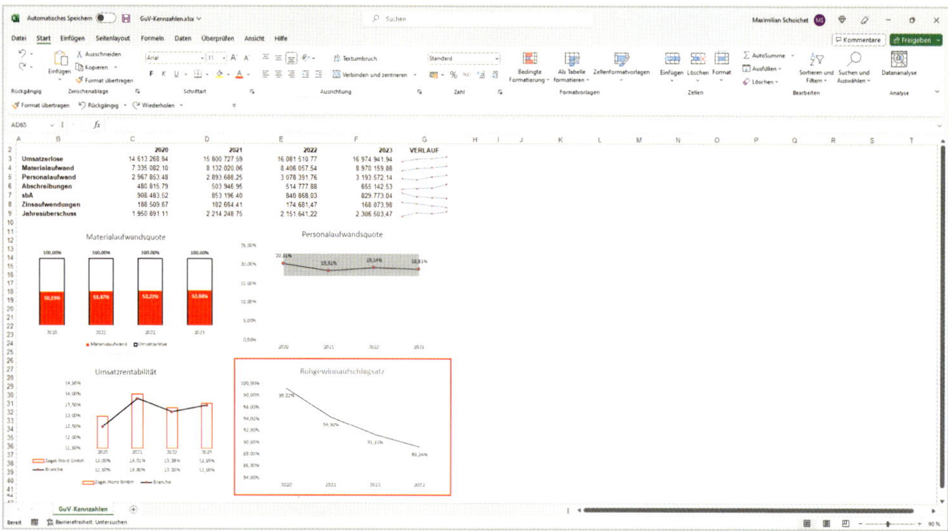

Die beispielhaften Daten befinden sich im Zellbereich A31 bis E32 des Tabellenblattes *Daten*.

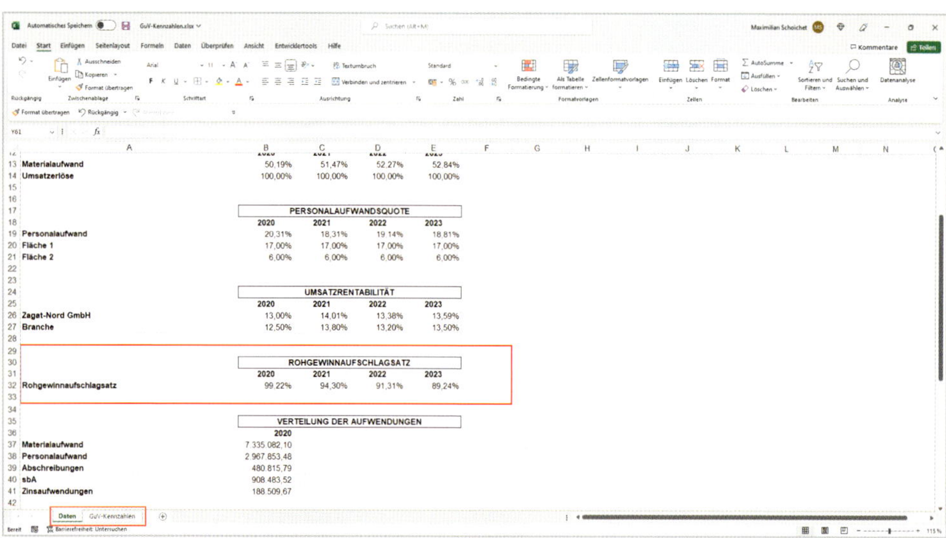

❶ den Zellbereich A31 bis E32 markieren ❷ die Registerkarte *Einfügen* anklicken ❸ in der Gruppe *Diagramme* den Diagrammtyp *Liniendiagramm* anklicken ❹ den Diagrammuntertyp *Liniendiagramm* anklicken

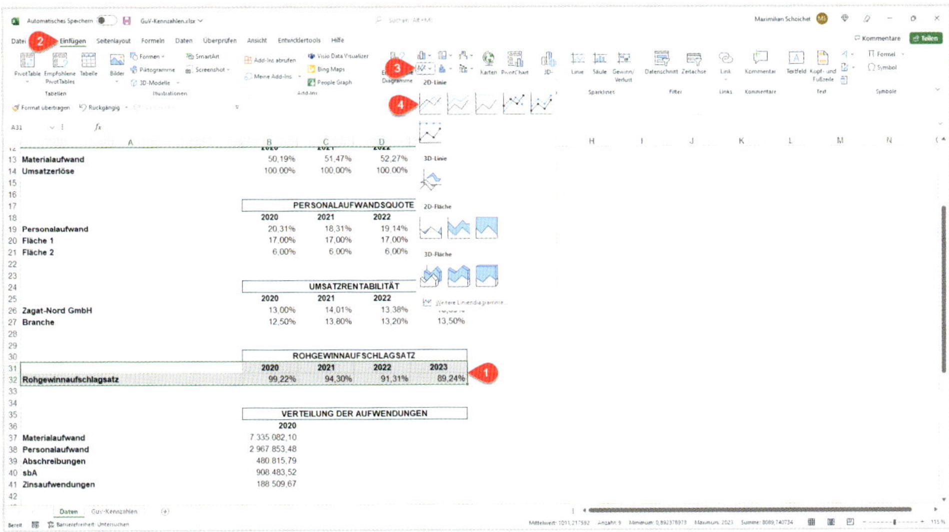

Das erstellte Diagramm mit der Tastenkombination *STRG X* ausschneiden und mit der Tastenkombination *STRG V* in das Tabellenblatt *GuV-Kennzahlen* einfügen.

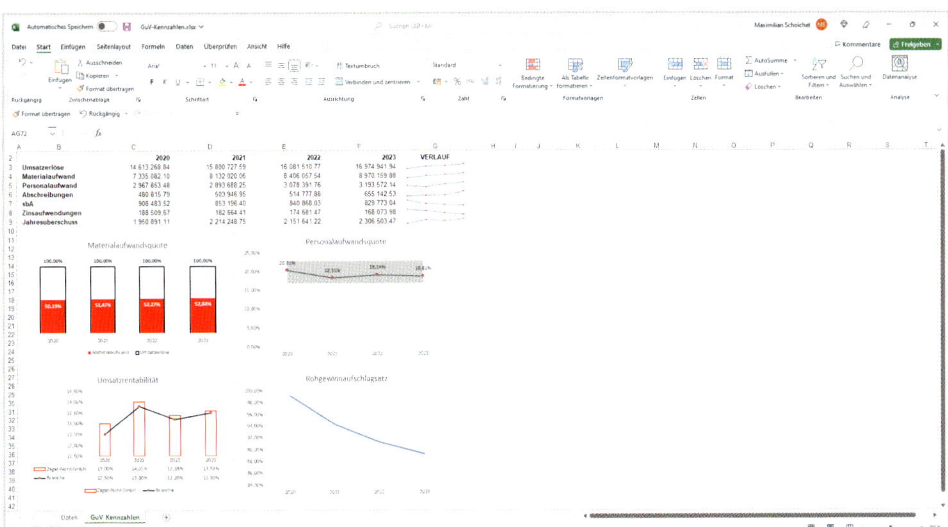

1 das Liniendiagramm anklicken 2 die Registerkarte *Diagrammentwurf* (in älteren Excel-Versionen *Entwurf*) anklicken 3 eine Diagrammformatvorlage auswählen (in unserem Beispiel wurde die *Formatvorlage 4* ausgewählt)

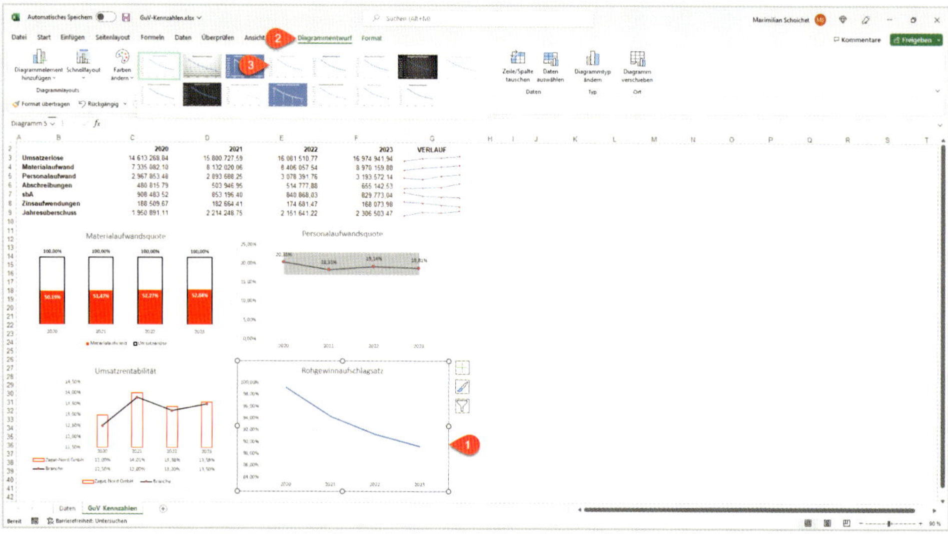

1 die Zeichnungsfläche des Diagramms anklicken 2 im Aufgabenbereich das Symbol *Füllung und Linie* anklicken 3 die Optionen für die Füllung öffnen 4 die Option *Keine Füllung* auswählen

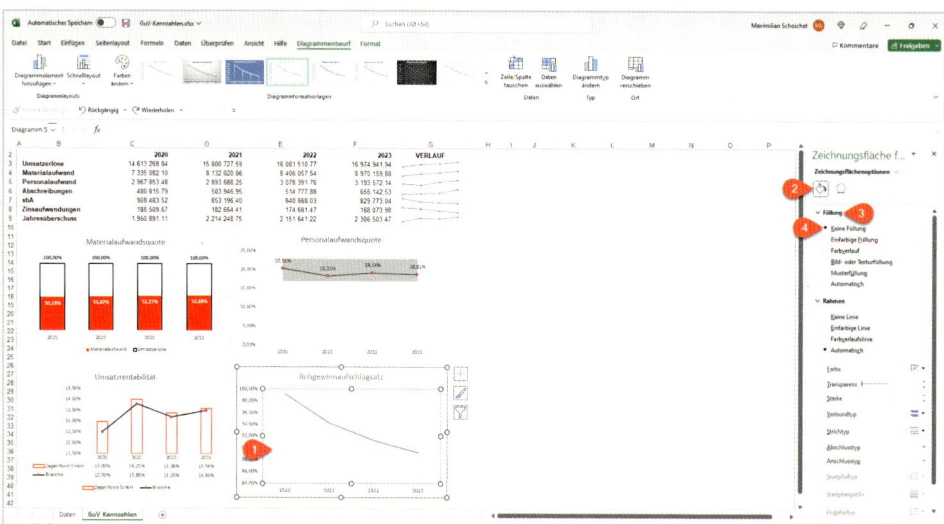

❶ im Diagramm die Linie für den Rohgewinnaufschlagsatz anklicken ❷ im Aufgabenbereich das Symbol *Füllung und Linie* anklicken ❸ die Optionen für die Linie öffnen ❹ die Option *Einfarbige Linie* auswählen ❺ als Linienfarbe die schwarze Farbe auswählen ❻ die Linienstärke auf 0,75 Pt. festlegen

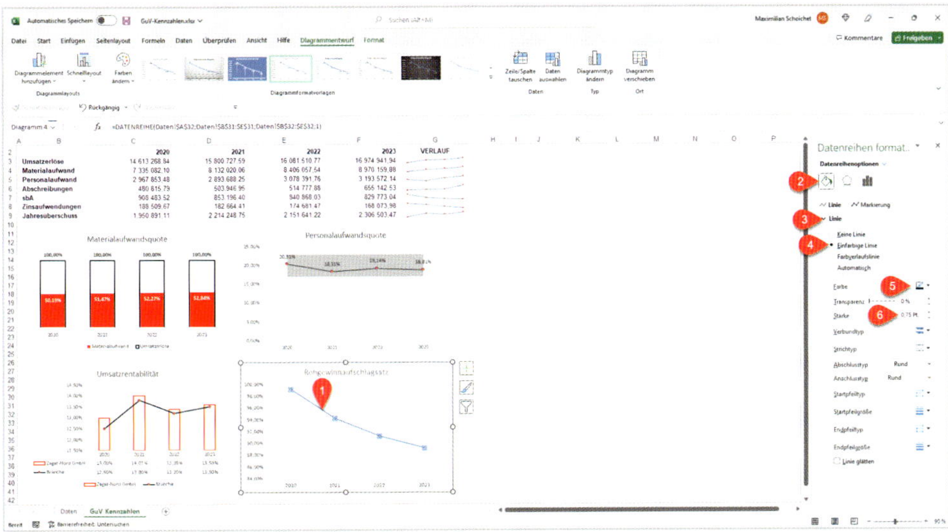

❶ das Pluszeichen rechts neben Diagramm anklicken ❷ das kleine Pfeilsymbol bei der Option *Datenbeschriftungen* anklicken ❸ die Unteroption *Unter* anklicken

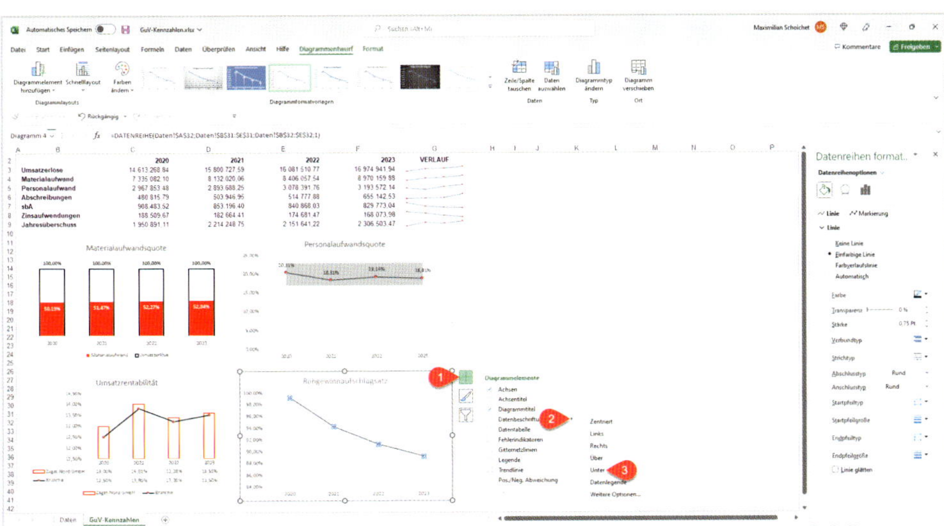

Wir haben unser Ziel erreicht – die beispielhaften betriebswirtschaftlichen Daten sind mit Sparklines und mit den vier unterschiedlichen Diagrammen visualisiert worden. Solche Visualisierungen kann man zum Beispiel in den Prüfungsbericht mit den entsprechenden Erläuterungen und Schlussfolgerungen übernehmen oder auch im Rahmen der betriebswirtschaftlichen Beratung verwenden.

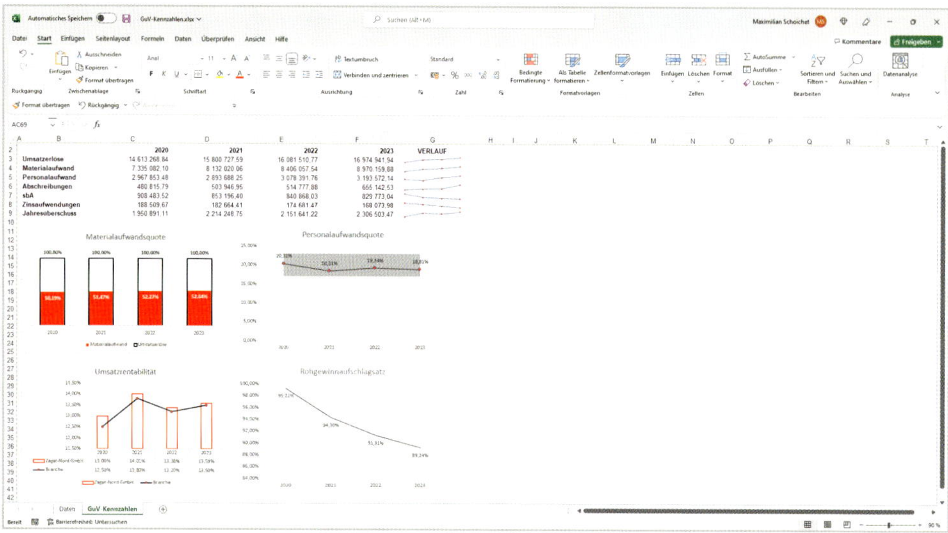

Bei der letzten Nachjustierung geht es um die Ausrichtung der vier Diagramme, sodass diese sich oben und seitlich parallel zueinander befinden. Es erfordert viel Fingerspitzengefühl, um die Diagramme manuell entsprechend auszurichten. Als Beispiel zeigt die nachfolgende Abbildung, dass das zweite Diagramm nicht auf genau der gleichen Höhe wie das erste Diagramm platziert ist.

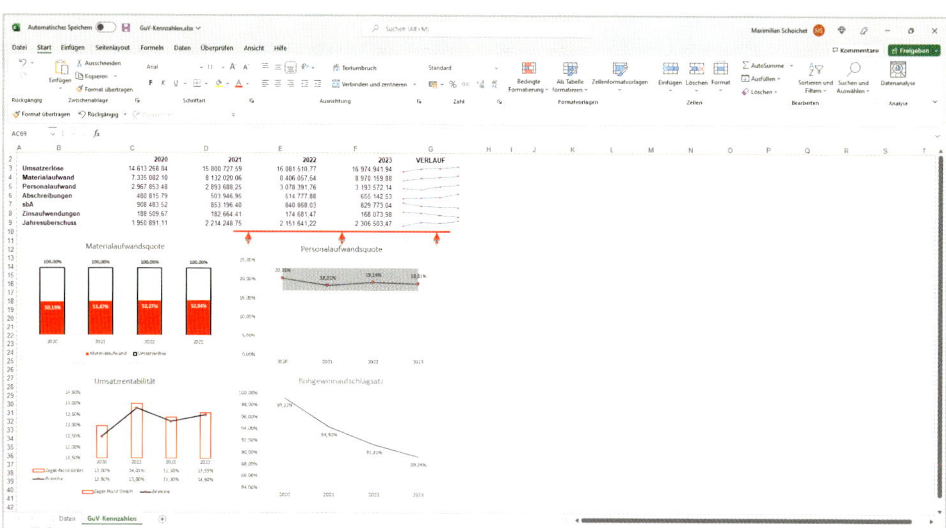

Um das zweite Diagramm auf die Höhe des ersten Diagramms anzuheben, sind einige wenige Klicks erforderlich.

1 beide Diagramme bei gedrückter Taste *STRG* markieren 2 die Registerkarte *Formformat* (in älteren Excel-Versionen *Format*) anklicken 3 die Option *Ausrichten* anklicken 4 die Unteroption *Oben ausrichten* anklicken

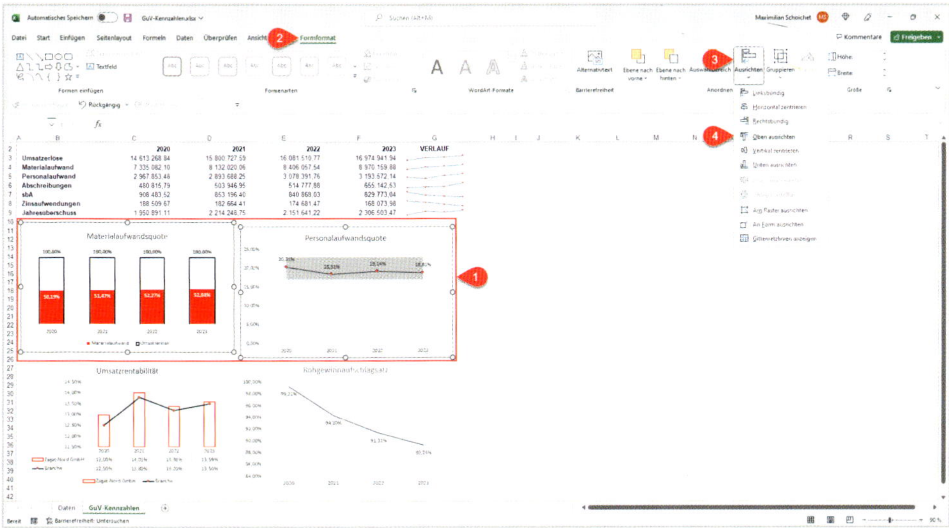

Analog können die Diagramme auch seitlich ausgerichtet werden. In der folgenden Abbildung befindet sich das vierte Diagramm nicht genau unter dem zweiten Diagramm.

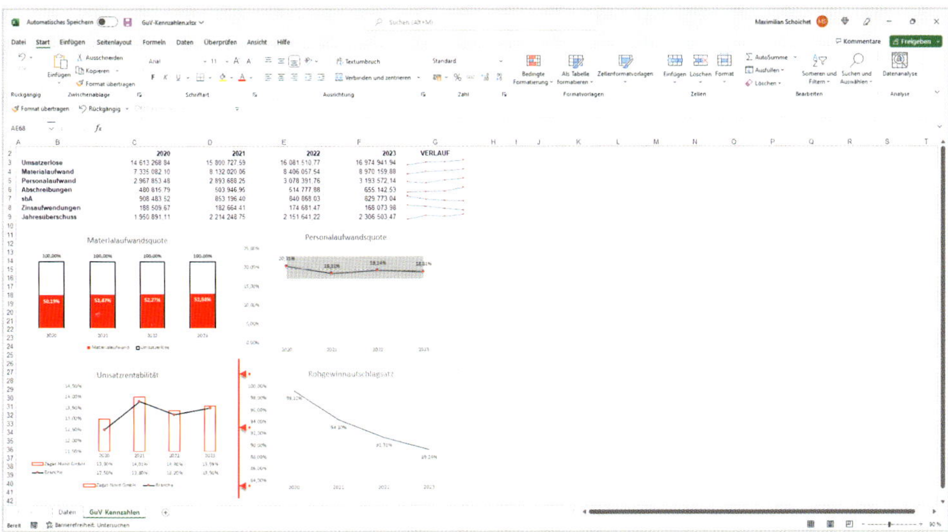

❶ beide Diagramme bei gedrückter Taste *STRG* markieren ❷ die Registerkarte *Formformat* (in älteren Excel-Versionen *Format*) anklicken ❸ die Option *Ausrichten* anklicken ❹ die Unteroption *Linksbündig* anklicken

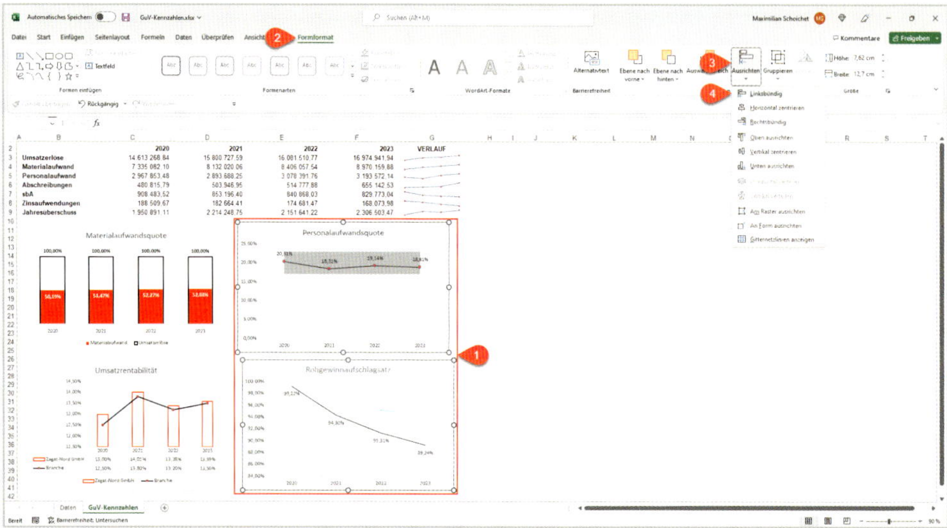

Zum Abschluss wollen wir als Autoren das Thema Visualisierungen nutzen, um eine Überleitung von Excel zu Power BI Desktop zu schaffen. Power BI Desktop ist ein sogenanntes Self-Service Business Intelligence Program von Microsoft mit dem sich automatisierte Tools und Berichte mit interkativen Visualisierungen aus kleinen und großen Datenmengen erstellen lassen. Daten können dabei aus unterschiedlichsten Quellen extrahiert, bereinigt, umfangreich transformiert und in einem Datenmodell miteinander verknüpft werden.

Power BI Desktop ist ein kostenloses Programm und man muss kein ausgebildeter Datennalyst oder Programmierer sein, um sich in das Programm einzuarbeiten.

Nachfolgend sind drei Beispiele abgebildet, welche von Maximilian Schoichet im Rahmen seiner Seminartätigkeit für das Seminar *Einführung in Power BI Desktop* erstellt wurden.

Das erste Beispiel heißt *Analytische Prüfungshandlungen* und zeigt einen interaktiven Bericht, der aus einem Buchungsjournal erstellt wurde. Dabei kann man in einem Datenschnitt zwischen Konten der Bilanz und GuV sowie Kreditoren- und Debitorenkonten wählen. Ein weiterer Datenschnitt ermöglicht einen Wechsel zwischen den verfügbaren Jahren. Die Auswahl in den beiden Datenschnitten filtert die untere Tabelle, in der anschließend ein Konto angeklickt werden kann, um die monatliche Entwicklung auf diesem Konto in dem Säulen- und Liniendiagramm zu begutachten.

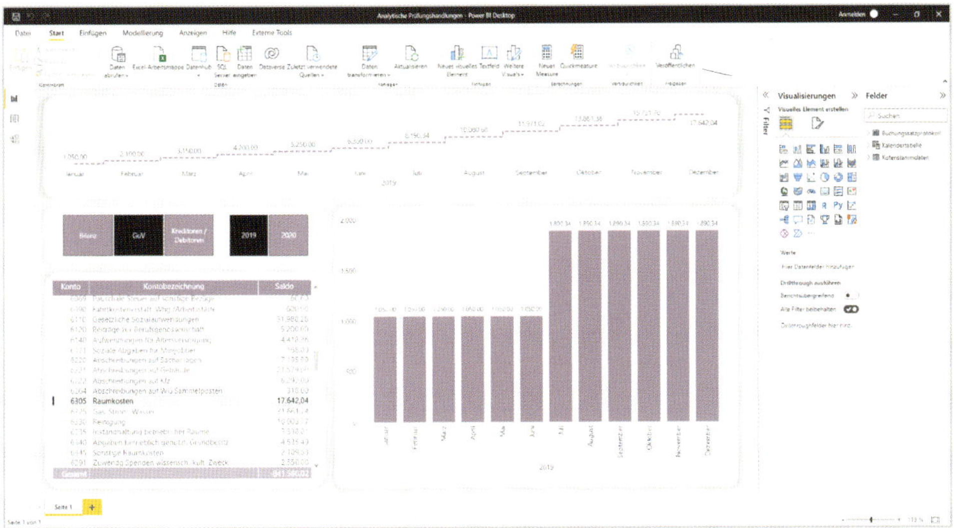

Das zweite Beispiel ist ein automatisiertes Tool für die Prüfung der Eröffnungsbilanzwerte. Power BI Desktop zieht sich die Daten aus zwei Excel-Dateien (Eröffnungsbilanz und Schlussbilanz) und zeigt, ob die Salden beider Bilanzen in der Summe auf null aufgehen und auf welchen Konten ggf. unterschiedliche Salden zu finden sind. Eine dauerhafte Verwendung des Tools erfordert lediglich neue Eröffnungs- und Schlussbilanzen sowie einen Klick auf die Schaltfläche *Aktualisieren*.

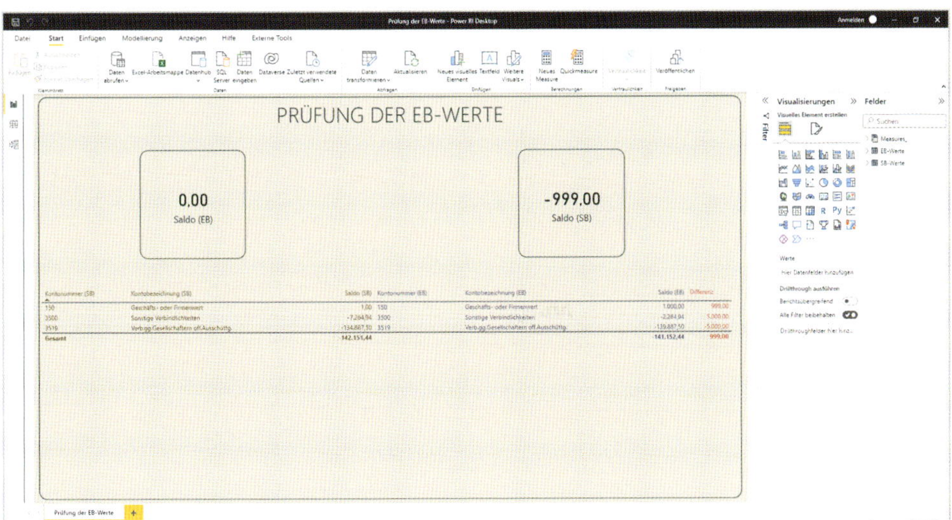

Im dritten Beispiel werden Währungskurse visualisiert, wobei unterschiedliche Währungen und Jahre frei wählbar sind. Zusätzlich wird auch der letztverfügbare Tageskurs für die ausgewählte Währung separat angezeigt. Als Quelle dient eine Internetseite, von der die Währungskurse durch einen Web-Connector bezogen werden.

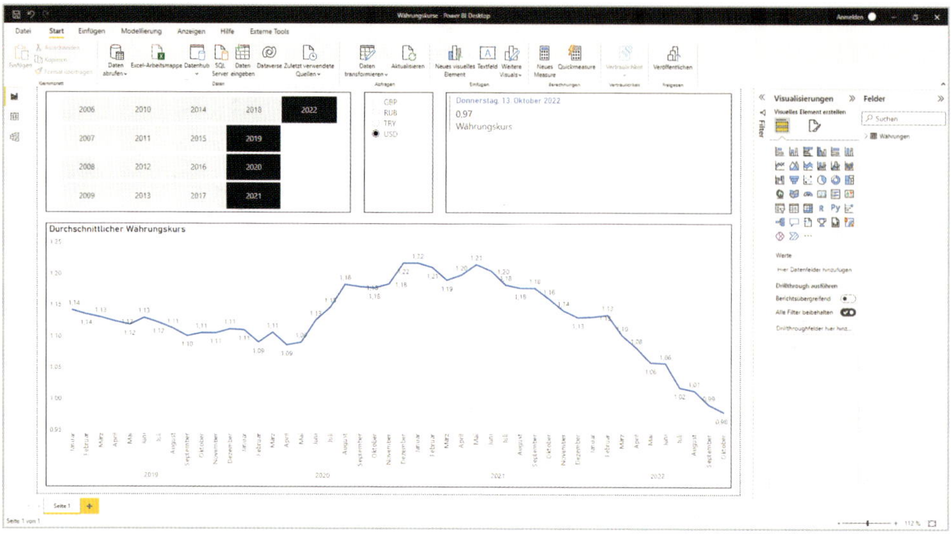
Währungskurse - Power BI Desktop
Datei
Start
Einfügen
Modellierung
Anzeigen
Hilfe
Externe Tools
2006
2010
2014
2018
2022
2007
2011
2015
2019
2008
2012
2016
2020
2009
2013
2017
2021
GBP
RUB
TRY
USD
Donnerstag, 13. Oktober 2022
0,97
Währungskurs
Durchschnittlicher Währungskurs
Visualisierungen
Felder
Suchen
Währungen
Seite 1